U0287753

硅通孔三维封装技术

于大全　主编

电子工业出版社

Publishing House of Electronics Industry

北京·BEIJING

内 容 简 介

硅通孔（TSV）技术是当前先进性最高的封装互连技术之一，基于 TSV 技术的三维（3D）封装能够实现芯片之间的高密度封装，能有效满足高功能芯片超薄、超小、多功能、高性能、低功耗及低成本的封装需求。本书针对 TSV 技术本身，介绍了 TSV 结构、性能与集成流程、TSV 单元工艺、圆片级键合技术与应用、圆片减薄与拿持技术、再布线与微凸点技术；基于 TSV 的封装技术，介绍了 2.5D TSV 中介层封装技术、3D WLCSP 技术与应用、3D 集成电路集成工艺与应用、3D 集成电路的散热与可靠性。

本书既可作为集成电路封装与测试的工程技术参考书，也可作为高等学校相关专业的教学用书。

图书在版编目（CIP）数据

硅通孔三维封装技术 / 于大全主编. —北京：电子工业出版社，2021.9

（集成电路系列丛书. 集成电路封装测试）

ISBN 978-7-121-42016-0

Ⅰ. ①硅… Ⅱ. ①于… Ⅲ. ①集成电路－封装工艺 Ⅳ. ①TN405

中国版本图书馆 CIP 数据核字（2021）第 188751 号

责任编辑：张　剑　柴　燕　　　　特约编辑：田学清
印　　刷：河北迅捷佳彩印刷有限公司
装　　订：河北迅捷佳彩印刷有限公司
出版发行：电子工业出版社
　　　　　北京市海淀区万寿路 173 信箱　　　　邮编：100036
开　　本：720×1000　1/16　印张：19.25　字数：345 千字
版　　次：2021 年 9 月第 1 版
印　　次：2021 年 9 月第 1 次印刷
定　　价：128.00 元

凡所购买电子工业出版社图书有缺损问题，请向购买书店调换。若书店售缺，请与本社发行部联系，联系及邮购电话：(010) 88254888，88258888。

质量投诉请发邮件至 zlts@phei.com.cn，盗版侵权举报请发邮件到 dbqq@phei.com.cn。

本书咨询联系方式：zhang@phei.com.cn。

"集成电路系列丛书"编委会

主　　编：王阳元

副主编：李树深　　吴汉明　　周子学　　刁石京

　　　　许宁生　　黄　如　　丁文武　　魏少军

　　　　赵海军　　毕克允　　叶甜春　　杨德仁

　　　　郝　跃　　张汝京　　王永文

编委会秘书处

秘 书 长：王永文（兼）

副秘书长：罗正忠　　季明华　　陈春章　　于燮康　　刘九如

秘　　书：曹　健　　蒋乐乐　　徐小海　　唐子立

出版委员会

主　　任：刘九如

委　　员：赵丽松　　徐　静　　柴　燕　　张　剑

　　　　　魏子钧　　牛平月　　刘海艳

"集成电路系列丛书·集成电路封装测试"
编委会

主　编：毕克允

副主编：王新潮

编　委：（按姓氏笔画排序）

编委会秘书处

"集成电路系列丛书"主编序言

培根之土 润苗之泉 启智之钥 强国之基

王国维在其《蝶恋花》一词中写道:"最是人间留不住,朱颜辞镜花辞树",这似乎是人世间不可挽回的自然规律。然而,人们还是通过各种手段,借助于各种媒介,留住了人们对时光的记忆,表达了人们对未来的希冀。

图书,尤其是纸版图书,是数量最多、使用最悠久的记录思想和知识的载体。品《诗经》,我们体验了青春萌动;阅《史记》,我们听到了战马嘶鸣;读《论语》,我们学习了哲理思辨;赏《唐诗》,我们领悟了人文风情。

尽管人们现在可以把律动的声像寄驻在胶片、磁带和芯片之中,为人们的感官带来海量信息,但是图书中的文字和图像依然以它特有的魅力,擘画着发展的总纲,记录着胜负的苍黄,展现着感性的豪放,挥洒着理性的张扬,凝聚着色彩的神韵,回荡着音符的铿锵,驰骋着心灵的激越,闪烁着智慧的光芒。

《辞海》中把书籍、期刊、画册、图片等出版物的总称定义为"图书"。通过林林总总的"图书",我们知晓了电子管、晶体管、集成电路的发明,了解了集成电路科学技术、市场、应用的成长历程和发展规律。以这些知识为基础,自20世纪50年代起,我国集成电路技术和产业的开拓者踏上了筚路蓝缕的征途。进入21世纪以来,我国的集成电路产业进入了快速发展的轨道,在基础研究、设计、制造、封装、设备、材料等各个领域均有所建树,部分成果也在世界舞台上拥有一席之地。

为总结昨日经验，描绘今日景象，展望明日梦想，编撰"集成电路系列丛书"（以下简称"丛书"）的构想成为我国广大集成电路科学技术和产业工作者共同的夙愿。

2016 年，"丛书"编委会成立，开始组织全国近 500 名作者为"丛书"的第一部著作《集成电路产业全书》（以下简称《全书》）撰稿。2018 年 9 月 12 日，《全书》首发式在北京人民大会堂举行，《全书》正式进入读者的视野，受到教育界、科研界和产业界的热烈欢迎和一致好评。其后，《全书》英文版 *Handbook of Integrated Circuit Industry* 的编译工作启动，并决定由电子工业出版社和全球最大的科技图书出版机构之一——施普林格（Springer）合作出版发行。

受体量所限，《全书》对于集成电路的产品、生产、经济、市场等，采用了千余字"词条"描述方式，其优点是简洁易懂，便于查询和参考；其不足是因篇幅紧凑，不能对一个专业领域进行全方位和详尽的阐述。而"丛书"中的每一部专著则因不受体量影响，可针对某个专业领域进行深度与广度兼容的、图文并茂的论述。"丛书"与《全书》在满足不同读者需求方面，互补互通，相得益彰。

为更好地组织"丛书"的编撰工作，"丛书"编委会下设了 12 个分卷编委会，分别负责以下分卷：

☆ 集成电路系列丛书·集成电路发展史论和辩证法

☆ 集成电路系列丛书·集成电路产业经济学

☆ 集成电路系列丛书·集成电路产业管理

☆ 集成电路系列丛书·集成电路产业教育和人才培养

☆ 集成电路系列丛书·集成电路发展前沿与基础研究

☆ 集成电路系列丛书·集成电路产品、市场与投资

☆ 集成电路系列丛书·集成电路设计

☆ 集成电路系列丛书·集成电路制造

☆ 集成电路系列丛书·集成电路封装测试

☆ 集成电路系列丛书·集成电路产业专用装备

☆ 集成电路系列丛书·集成电路产业专用材料

☆ 集成电路系列丛书·化合物半导体的研究与应用

2021 年，在业界同仁的共同努力下，约有 10 部"丛书"专著陆续出版发行，献给中国共产党百年华诞。以此为开端，2021 年以后，每年都会有纳入"丛书"的专著面世，不断为建设我国集成电路产业的大厦添砖加瓦。到 2035 年，我们的愿景是，这些新版或再版的专著数量能够达到近百部，成为百花齐放、姹紫嫣红的"丛书"。

在集成电路正在改变人类生产方式和生活方式的今天，集成电路已成为世界大国竞争的重要筹码，在中华民族实现复兴伟业的征途上，集成电路正在肩负着新的、艰巨的历史使命。我们相信，无论是作为"集成电路科学与工程"一级学科的教材，还是作为科研和产业一线工作者的参考书，"丛书"都将成为满足培养人才急需和加速产业建设的"及时雨"和"雪中炭"。

科学技术与产业的发展永无止境。当 2049 年中国实现第二个百年奋斗目标时，后来人可能在 21 世纪 20 年代书写的"丛书"中发现这样或那样的不足，但是，仍会在"丛书"著作的严谨字句中，看到一群为中华民族自立自强做出奉献的前辈们的清晰足迹，感触到他们在质朴立言里涌动的满腔热血，聆听到他们的圆梦之心始终跳动不息的声音。

书籍是学习知识的良师，是传播思想的工具，是积淀文化的载体，是人类进步和文明的重要标志。愿"丛书"永远成为培育我国集成电路科学技术生根的沃土，成为润泽我国集成电路产业发展的甘泉，成为启迪我国集成电路人才智慧的金钥，成为实现我国集成电路产业强国之梦的基因。

编撰"丛书"是浩繁卷帙的工程，观古书中成为典籍者，成书时间跨度逾十年者有之，涉猎门类逾百种者亦不乏其例：

《史记》，西汉司马迁著，130 卷，526500 余字，历经 14 年告成；

《资治通鉴》，北宋司马光著，294 卷，历时 19 年竣稿；

《四库全书》，36300 册，约 8 亿字，清 360 位学者共同编纂，3826 人抄写，耗时 13 年编就；

《梦溪笔谈》，北宋沈括著，30 卷，17 目，凡 609 条，涉及天文、数学、物理、化学、生物等各个门类学科，被评价为"中国科学史上的里程碑"；

《天工开物》，明宋应星著，世界上第一部关于农业和手工业生产的综合性著作，3 卷 18 篇，123 幅插图，被誉为"中国 17 世纪的工艺百科全书"。

这些典籍中无不蕴含着"学贵心悟"的学术精神和"人贵执着"的治学态度。这正是我们这一代人在编撰"丛书"过程中应当永续继承和发扬光大的优秀传统。希望"丛书"全体编委以前人著书之风范为准绳，持之以恒地把"丛书"的编撰工作做到尽善尽美，为丰富我国集成电路的知识宝库不断奉献自己的力量；让学习、求真、探索、创新的"丛书"之风一代一代地传承下去。

王阳元

2021 年 7 月 1 日于北京燕园

前　言

过去 20 年，我国封装测试产业实现了跨越式发展，从传统的双列直插封装（DIP）、小外形封装（SOP）到四面无引脚扁平（QFN）封装、球栅阵列（BGA）封装、倒装芯片（Flip-Chip），再到圆片级封装（WLP）、三维圆片级封装（3D WLCSP），整体技术已经接近国际先进水平，在某些技术领域已经达到世界领先水平。2010 年以来，随着新兴智能终端产品多功能化需求日益迫切，先进封装技术成为集成电路发展的新引擎。新型封装技术层出不穷，技术创新竞争日趋激烈。其中，硅通孔（TSV）技术成为高密度三维集成的关键核心技术。通过多年的研发和发展，硅通孔技术在三维芯片堆叠、三维圆片级封装和基于 2.5D 中介转接层的多芯片系统集成方面得到了广泛应用。随着产品性能需求的不断提升，硅通孔技术在未来将发挥更加重要的作用。

本人有幸参与了国内硅通孔技术的研发和产业化：2010 年从新加坡回国后，加入中国科学院微电子研究所，选择硅通孔技术作为研究方向，在微电子研究所叶甜春所长、室主任万里兮研究员支持下组建研发团队，开展科技攻关，推动产业技术进步；2011 年，在江苏物联网研究发展中心建立系统级封装实验室，承担硅通孔技术研发的国家 02 重大专项课题任务研究；2012 年 9 月，成立华进半导体封装先导技术研发中心有限公司，进一步开展硅通孔产业技术应用研发；2014 年 3 月，加入天水华天科技股份有限公司，开始圆片级后通孔互连技术研发，实现了其在图像传感器、指纹传感器上的量产应用；2019 年起，任职厦门大学电子科学与技术学院，开展先进封装技术基础研究、人才培养和产业实践，探索产教融合发展新模式。

自 2016 年 9 月 10 日 "集成电路系列丛书·集成电路封装测试" 编委会首次会议确定由我来主编《硅通孔三维封装技术》至今，4 年多的时间过去了。这期间，我和诸位合作者进行了多次交流、沟通，对书稿进行了多次修订。本书主要作者及其分工如下：于大全、王腾编写了第 1 章，宋崇申、于大全编写了第 2、3

章,赫然编写了第 4 章,姜峰、于大全编写了第 5 章,姚明军编写了第 6 章,于大全、薛恺编写了第 7 章,于大全、马书英编写了第 8 章,姚明军、钟毅编写了第 9 章,王珺编写了第 10 章。本书初稿完成后,提交给"集成电路系列丛书·集成电路封装测试"编委会,由编委会组织上海交通大学李明教授、北京工业大学秦飞教授、长电科技原总裁赖志明先生审阅,并在审稿完成后依据审稿意见完成了修订。

感谢中国半导体行业协会封装分会荣誉理事长毕克允先生、新潮集团董事长王新潮先生、华天电子集团董事长肖胜利先生给予的指导和大力支持,感谢"集成电路系列丛书·集成电路封装测试"编委会沈阳先生、周健先生在本书撰写过程中给予的热忱帮助。在本书撰写过程中,厦门大学博士研究生李威、陈作桓、喻甜和硕士研究生胡芝慧、周庆、马浩哲等,北京工业大学硕士研究生赵瑾,在编辑、排版、文献调研等方面给予了大力支持和帮助,在此向他们表示衷心感谢。

在本书完成之际,由衷感谢过去数年间一起开展硅通孔技术研发的合作者、同事和学生,以及在技术研发过程中给予大力支持的朋友们,感谢华天科技、北方华创、上海微电子装备、沈阳拓荆、沈阳芯源、上海安集、上海盛美、上海新阳、中微半导体、厦门云天半导体等公司给予的大力支持和帮助。

由于硅通孔三维封装技术涉及面宽、文献众多,加之编写人员的理解水平和知识面有限,书中难免存在错误和疏漏之处,恳请广大读者提出宝贵意见,以便我们在修订时改正。

谨以此书向为中国集成电路先进封装技术和产业发展努力拼搏的奋斗者致敬!

于大全

2021 年 2 月

目　录

第1章

三维封装发展概述

1.1 封装技术发展

自硅晶体管商业化以来，半导体芯片已经广泛地应用在计算机、通信、汽车电子和工业电子等领域，给人们的生活带来了巨大的便利[1,2]。半导体芯片的发展直接或间接地推动了人类社会的发展。一般情况下，芯片制造过程主要包括前道（Front End of Line，FEOL）工艺、后道（Back End of Line，BEOL）工艺。前道工艺主要完成晶体管相关结构的制造；后道工艺用来完成互连层的制备，也就是将前道工艺制作的晶体管通过多层导电孔和金属线路层连接起来以实现各种功能。芯片制作完成之后，需要通过封装工艺完成芯片和系统之间的互连，为芯片提供电源分配、信号分配、保护和散热等功能。随着芯片制造技术的不断提升，微电子封装技术也实现了飞速发展[3-6]。

绝大多数的半导体芯片都需要经过封装，以保证芯片能够正常工作，且不受外部恶劣环境的影响。封装主要有五种基本功能：①信号分配，作为器件与电路板之间电学信号的互连通道，将信号从密集的芯片焊盘区散布到更大的空间；②电源分配，实现器件与电路板之间电源电压的分配和导通；③散热通道，将器件产生的热量传递到外部空间（如散热器），以保证器件工作在可承受的温度范围内；④机械支撑，为器件提供一个牢固可靠的机械支撑，使其适应不同的工作环境和外部条件变化；⑤器件保护，防止受到外界电磁、湿气、灰尘、振动等复杂环境的影响，提高器件的可靠性和寿命。

20 世纪 60 年代，Fairchild 公司发明了一种 14 个引脚并成两排的陶瓷双列直插封装（DIP）[7]，并在 20 世纪 70 年代初投入批量生产。随后，基于塑封的表面贴装型封装[8,9]，如四面扁平封装（QFP）、小外形封装（SOP）等开始陆续出现。20 世纪 80 年代，受到计算机、网络等高端芯片的推动，球栅阵列（BGA）[10]和针栅阵列（PGA）[11]封装被发明出来以解决越来越多的 I/O 问题。随后，低成本的有机层压板开始取代最初的陶瓷基板[12,13]，降低成本的同时进一步提高了布线密度。20 世纪 90 年代，受笔记本电脑、电话等电子设备驱动，半导体封装继续向小型化方向发展，各种类型的芯片尺寸封装（CSP）应运而生，如四面扁平无引脚（QFN）封装[14,15]、圆片级芯片尺寸封装（WLCSP）[16]等，以小尺寸的优势一直沿用至今。

进入 21 世纪，伴随着各种轻薄、便携的手持移动电子设备的迅速增长，人工智能（Artificial Intelligence，AI）、物联网（Internet of Things，IoT）、自动驾驶（Autonomous Vehicles）、5G 和增强现实/虚拟现实（Augmented Reality，AR/Virtual Reality，VR）等新兴应用领域不断涌现，不仅改变着人们的生活，也显著地影响着集成电路（Integrated Circuit，IC）芯片的发展进程。基于新兴领域的需求，半导体行业的发展趋势主要有：①延续摩尔定律；②拓展摩尔（More than Moore）定律的应用；③增加集成度；④技术快速更新迭代。先进封装技术的重要性越来越突出，因此其迅速发展以满足新兴应用领域的需求。特别是在 2010 年以后，圆片级封装（Wafer Level Packaging，WLP）、2.5D 中介层（2.5D Interposer）、三维集成电路（Three Dimensional Integrated Circuits，3DIC）[17-19]、扇出（Fan-Out，FO）型封装等技术的研发及产业化，极大地提升了先进封装技术水平。从线宽互连尺寸来讲，在过去几十年，线宽从 1000μm 缩小到 1μm，甚至亚微米。图 1-1 所示为主要封装技术的发展趋势。

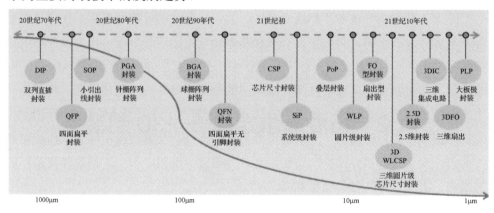

图 1-1　主要封装技术的发展趋势

2

先进封装向着系统集成、高速、高频、三维（3D）和超细互连节距（Pitch）方向发展；3D 圆片级封装成为多方争夺的焦点，以台积电、英特尔、三星半导体为代表的代工厂（Foundry）或 IDM 企业在先进封装技术研发与产业化方面具有技术、人才和资源优势，利用前道技术的前道封装技术逐渐显现，引领封装技术创新发展。

当前，先进封装技术主要包括倒装芯片（Flip Chip）封装、圆片级芯片尺寸封装、扇出型封装、3D 圆片级芯片尺寸封装（3D WLCSP）、3DIC 集成、2.5D 中介层封装六项重要技术。图 1-2 所示为先进封装技术平台与工艺，其中绝大部分封装技术与圆片级封装技术息息相关。圆片级封装在实现器件高性能、多功能封装的同时，可以充分利用圆片级工艺的批量生产、低成本、高精度制造和易实现小尺寸封装等优势。支撑圆片级先进封装技术的主要工艺包括微凸点（Microbump）制作与微组装、再布线、植球、堆叠集成方式、临时键合/拆键合、硅通孔（Through Silicon Via，TSV）互连工艺等。先进封装技术需要不断创新发展，以适应更加复杂的 3D 集成需求。

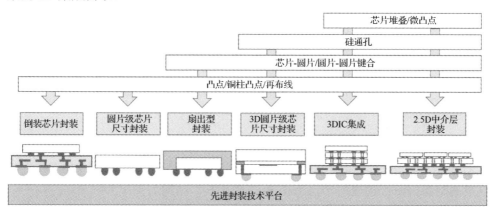

图 1-2　先进封装技术平台与工艺

1.2　拓展摩尔定律——3D 封装

1.2.1　3D 封装驱动力

自摩尔定律提出以来，晶体管尺寸不断减小，芯片性能不断提升，成本逐渐降低。但是晶体管特征尺寸已逐渐接近物理极限，从 90nm 工艺节点缩小至 7nm、5nm、3nm 工艺节点，其量了效应和短沟道效应越来越严重。芯片制造的工艺节点（如 7nm、5nm 等）是指前道工艺制造的晶体管的导电沟道尺寸。在芯片发展过程中，整个产业链的进步主要是由不断缩小晶体管尺寸来驱动的，这就是著名的摩尔定律。按照摩尔定律，同样的芯片面积能够集成的晶体管数量每两年左右翻一番[20, 21]。缩小晶体管尺寸不仅提高了集成密度，也带来了性能的提升和功耗的降低。但是随着先进工艺节点中晶体管的尺度迅速逼近物理极限（达到原子尺度），继续缩小晶体管尺寸变得越发困难。从技术角度看，这些困难主要体现在光刻精度、沟道材料及漏电流控制等方面。

在最新的工艺节点中，为了缩小晶体管尺寸并实现半导体芯片的性能和功耗的优化，半导体业界采用了一些新结构（如应变硅[22]）、新材料（如高介电常数栅极[23]）和新制造方法（如双重曝光[24]），使得新工艺节点的研发和制造费用大幅攀升。在世界范围内，只有屈指可数的几家公司能够独立研发和量产最先进的工艺节点。英特尔的工艺早在 2015 年就已经开发出 14nm 工艺节点，而 10nm 工艺节点于 2019 年才得以推出。目前积极研发 5/3nm 先进制程的公司主要有台积电、三星和英特尔三家。联电和格罗方德已经放弃继续研发先进制程。可见，继续按照摩尔定律通过缩小晶体管的特征尺寸来提升集成电路的性能已变得越发困难。解决上述问题主要有两个途径：一是探索新材料以继续缩小晶体管特征尺寸并延续摩尔定律；二是不再单纯地缩小晶体管尺寸，而是寻找拓展摩尔定律的方法。

为继续缩小晶体管尺寸，2016 年，美国劳伦斯伯克利国家实验室采用单壁碳纳米管（Single-walled carbon nanotube，SWCNT）和二硫化钼（MoS_2）等新材料成功制备出栅极物理尺寸为 1nm 的晶体管[25]，结构如图 1-3 所示。在截止和导通状态下，晶体管的有效沟道长度分别约为 3.9nm 和 1nm。虽然该研究证实了采用新材料实现 1nm 晶体管的可能性，理论上可以继续推动摩尔定律的发展，然而碳纳米晶体管仅处于实验室研发阶段，且成本高昂，目前还没有商业化量产的能力。

通过缩小晶体管尺寸来驱动技术进步的模式越发难以维持，先进封装技术被普遍认为是推动集成电路芯片性能持续提升的最重要的途径之一。各半导体厂商都在不断加大在先进封装技术研发和生产上的投资。例如，世界上最大的集成器件制造商（IDM）英特尔和最大的圆片代工厂台积电在近几年推出新一代工艺节点的同时，也着重研发先进封装技术的解决方案。其中主要包括英特尔的 EMIB 技术[26]，以及台积电的 CoWoS（Chip on Wafer on Substrate）[27]和 InFO（Integrated Fan-out）[17]技术。三星、海力士和美光三大内存厂商也都开始量产多层芯片堆叠的、由 TSV 互连的动态随机存储器（DRAM）芯片。这些先进封装集成技术突破了传统的在封装基板表面［二维（2D）平面］上进行集成的限制，使用垂直方向也就是 3D 互连进行芯片的封装与集成，即 3D 封装。

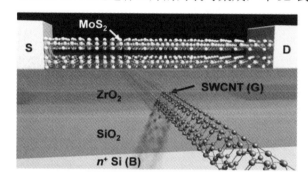 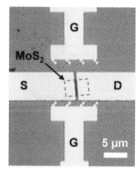

（a）包含 MoS$_2$ 沟道和 SWCNT 栅极的　　　（b）显示 MoS$_2$ 薄片、栅极（G）、源极（S）
　　　场效应晶体管（FET）示意图　　　　　　和漏极（D）电极的代表性器件的光学照片

图 1-3　栅极物理尺寸为 1nm 的晶体管示意图和光学照片

　　根据国际半导体技术发展路线图（International Technology Roadmap for Semiconductors，ITRS）[28]可知，侧重于向高价值、多类型、多功能化方向发展的拓展摩尔定律有望继续推动集成电路技术的发展。基于堆叠互连集成的 3D 封装是拓展摩尔定律的一个至关重要的研究应用方向。集成电路技术由 2D 向 3D 方向发展，最早由诺贝尔奖获得者物理学家费曼于 1985 在日本所作的《未来的计算机》报告中提出，"推进计算机性能的一个方法是采用 3D 物理结构代替 2D 芯片。该技术分段实现，首先实现几层的 3D 集成，随着时间的推移，3D 集成芯片层数将会不断增加[29]"。3D 封装将多个芯片或系统（如图像传感器、MEMS、RF、储存器等）在垂直方向堆叠，如图 1-4 所示，以形成功能更加多元化、更智能的系统，为 5G、IoT、AI 等新兴领域提供有效的解决方案。芯片堆叠方式主要有三种：芯片-芯片（Chip-to-Chip，C2C）、芯片-圆片（Chip-to-Wafer，C2W）和圆片-圆片（Wafer-to-Wafer，W2W）。W2W 是一种真正意义上的圆片级集成，即所有的工艺流程，如微凸点制作、键合、圆片减薄及 TSV 制作等工艺均在圆片级上进行。由于 W2W 集成方式的高效率、低成本等独特优势，基于 W2W 的 3D 封装已成为高性能、高密度封装领域的研究热点。W2W 技术难度大，集成良率是其面临的关键挑战。通过研究并优化键合工艺和材料，3D 封装将逐渐由 C2C 向 C2W、W2W 方向发展，以提高集成度和集成效率。

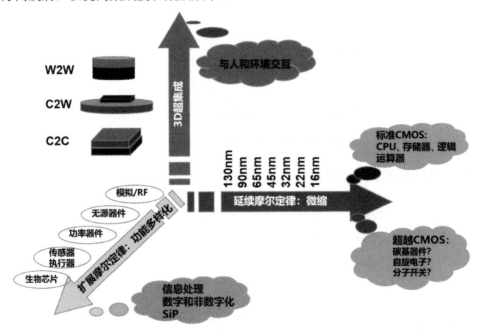

图 1-4　3D 集成技术的应用与前景[30]

本书将重点介绍 TSV 3D 封装技术，即主要通过 TSV 和微凸点来实现垂直互连的封装集成技术。目前，业界普遍将 3D 封装分类为 3D 芯片堆叠和 2.5D 中介层封装，如图 1-5 所示。值得注意的是，从本质上讲，2.5D 中介层封装也属于 3D 封装范畴，只是由于目前中介层中不含有源器件（Active Element），所以采用中介层的集成通常称为 2.5D 中介层。随着技术的发展，在中介层中集成有源器件已经逐渐成熟，能够提供更加丰富的功能[31]。无论采用何种形式，其核心理念都是在垂直方向堆叠两层或更多层的芯片以形成高价值的系统。从电信号传输的角度考虑，3D 封装需要完成三个主要任务：①将信号从芯片的正面（晶体管所在的那一面）传递到背面；②实现堆叠的多层芯片之间的信号传输；③提供整个 3D 芯片和系统之间的信号传输接口。负责第一个任务的便是 TSV 技术，这也是 3D 封装中的核心工艺模块之一。因此，下面将重点介绍 TSV 技术。

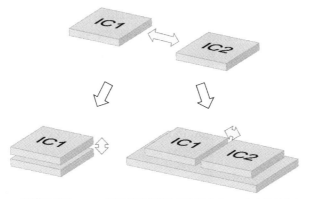

3D芯片堆叠　　　　基于硅转接板的三维集成（2.5D中介层封装）

图 1-5　3D 芯片堆叠和 2.5D 中介层对比示意图

1.2.2　3D TSV 封装优势

对于 3D 封装技术来讲，由于多个芯片在垂直方向堆叠，所以芯片之间的互连方式尤为重要。典型的互连方式如图 1-6 所示，主要有引线键合（Wire Bonding，WB）、球栅阵列（BGA）和 TSV 三种互连方式。其中，引线键合是目前工艺最成熟的互连方式。但是引线技术不适用于多个芯片堆叠的情况，并且随着芯片层级增多，互连线长度增加，将引起互连延迟及功耗的增加。BGA 互连技术主要通过回流方式将多个芯片堆叠，常用于叠层封装（Package on Package，PoP）。相对于引线键合，BGA 互连方式的互连线的长度和功耗均有所减小，但基于 BGA 的 PoP 封装体难以制备小型化的封装结构。随着智能手机、物联网、汽车电子、高性能计算、5G、人工智能等新兴领域不断涌现，对更高性能和更高带宽的需求不断增加，采用高密度 TSV 互连的芯片堆叠技术被开发出来，并成为研究热点。如图 1-6（c）所示，上下多个芯片之间通过垂直 TSV 和微凸点互连，可以更好地满足芯片更高宽带、更多功能的需求。

TSV 互连技术通常与微凸点技术、薄芯片技术结合，将多个芯片在垂直方向上堆叠。TSV 实现垂直堆叠芯片之间的信号连接是 3DIC 集成的核心技术之一。威廉·肖克利（William Shockley）于 1958 年提出的专利申请"Semiconductive wafer and method of making the same"首次提出了 TSV 结构，并获得批准[32]。图 1-7（a）为威廉·肖克利提出的 TSV 结构示意图。TSV 的主要作用有两个：一是实现了芯片正反面之间的电导通；二是热管理（如 Thermal TSV，TTSV）。TTSV 有利于释放热并提高热管理性能[33]。目前应用最广泛的是 Cu-TSV，即 TSV 中填充铜。而使用铜作为 TSV 填充材料的 3D 集成，主要是由日本超级先锋协会首创电子技术联盟（1999—2003 年）率先实现的。图 1-7（b）展示了不同尺寸下的 Cu-TSV 截面形貌。通过完善 TSV 刻蚀、阻挡层/种子层沉积、电镀（Electroplating）等关键技术，可制备深宽比（TSV 深度与 TSV 直径的比值）达 20∶1 的 TSV，显著地提高了互连密度。典型的 Cu-TSV 的制作主要包括以下 6 个关键工艺步骤：

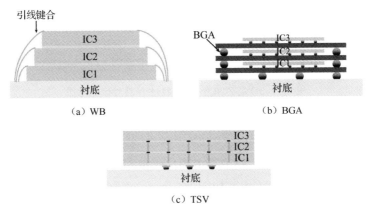

（a）WB　　　　　　　　　　　　　（b）BGA

（c）TSV

图 1-6　典型的互连方式

（1）通过深反应离子刻蚀（Deep Reactive Ion Etching，DRIE）技术或者激光打孔技术制作 TSV；

（2）通过等离子体增强化学气相沉积（Plasma Enhanced Chemical Vapor Deposition，PECVD）或者热氧化技术制作绝缘层（如 SiO$_2$）；

（3）通过物理气相沉积（Physical Vapor Deposition，PVD）技术制作阻挡层（如 Ti）和种子层（如铜）；

（4）通过电镀技术将铜填充于 TSV 中，而对于小尺寸的 TSV，可以采用化学气相沉积技术填充金属钨；

（5）通过化学机械抛光（Chemical Mechanical Polishing，CMP）技术去除多余的铜或钨；

（6）TSV 铜从圆片背面露出工艺。

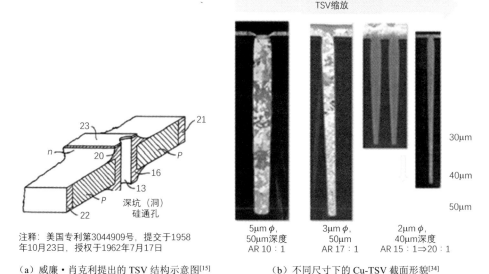

注释：美国专利第3044909号，提交于1958年10月23日，授权于1962年7月17日

（a）威廉·肖克利提出的 TSV 结构示意图[15]　　　（b）不同尺寸下的 Cu-TSV 截面形貌[34]

图 1-7　TSV 结构及形貌图

　　基于 TSV 工艺模块在整个芯片制造流程中的相对位置，主流的 TSV 技术可分为 Via-middle 和 Via-last 两条路线。在 Via-middle 技术路线中，TSV 工艺模块被置于前道工艺和后道工艺之间，也就是在前道工艺将晶体管制造完成后形成 TSV 再进行后道工艺，即金属互连层的制造。而在 Via-last 技术路线中，前道工艺和后道工艺都完成后再完成 TSV 工艺模块。基于不同应用的实际需求和经济上的考虑，不同的厂商往往会选择不同的 TSV 技术路线。图 1-8 为基于 Via-middle 或 Via-last 的 3D 封装流程图。整个制造流程由多个紧密相连的工艺模块组成，主要包括 TSV（Via-middle 或 Via-last）制作、临时圆片键合/拆键合、圆片减薄、再布线、微凸点、预组装、芯片堆叠、集成封装等。采用不同 TSV 技术，整个工艺流程中工艺模块的先后顺序需要做出不同的安排。在实际生产中，针对不同的应用需求，不仅需要对某些基本工艺模块进行优化，也需要对工艺集成流程进行灵活调整。

　　目前，工艺成熟、成本较低的封装互连结构包括金属引线、焊球、微凸点、铜柱和金属布线等，而 TSV 技术是唯一能实现芯片内部上下互连的技术。TSV 技术可以使多个芯片实现垂直互连，是实现芯片之间最短互连的关键技术。虽然目前 TSV 技术成本较高，但是 TSV 技术优势非常明显：

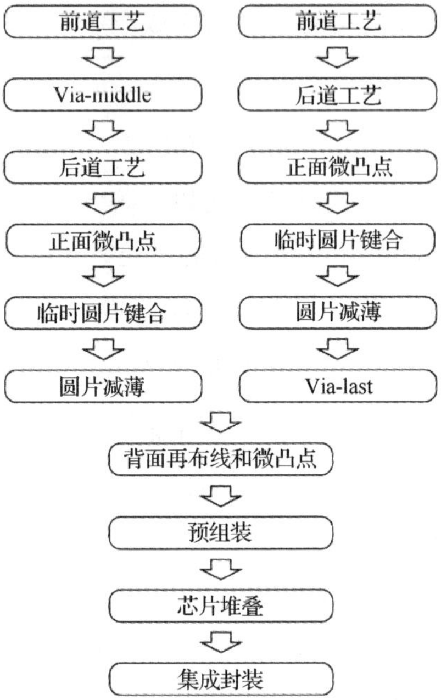

图 1-8 基于 Via-middle 或 Via-last 的 3D 封装流程图

（1）易实现堆叠芯片之间最短的电信号连接通道；

（2）更小的封装尺寸；

（3）信号损失小；

（4）高带宽、低功耗、低信号延迟；

（5）能够实现圆片级三维封装和异构集成；

（6）提供高效的系统级封装（System in Package，SiP）解决方案。

由于 TSV 技术所具有的独特优势，其主要用于高性能和高密度的封装中，可以充分发挥圆片级工艺、超精细布线和微凸点等技术优势，非常重要的一点是可将多个芯片垂直堆叠并通过 TSV 互连以使互连线长度显著缩短，将传统印制电路板上的毫米级的互连线路缩短至几十微米级别。对于在芯片间需要大量高速数据传输的应用（如在处理器芯片和存储芯片之间），将互连长度大幅缩短对整个系统的性能提升具有极为重要的意义。具体来讲，线路中信号传输的延时一般可以简

单地由 RC 延时常数（τ）来表征，即延时正比于线路的电阻（R）和电容（C）。由于电阻和电容的大小都和线路的长度（L）成正比，所以延时和线路长度的平方成正比，可以表述为

$$\tau = RC \propto L^2 \tag{1-1}$$

由式（1-1）可知，缩短互连线长度可以显著地降低互连延迟。FPGA 的仿真结果表明，使用 3D 集成可以降低约 30%的系统延迟[35]。另外，缩短互连线长度也有利于降低系统功耗。互连线本身功耗（P）可以表示为

$$P = fCV^2 \propto L \tag{1-2}$$

式中，f 为频率；C 为电容；V 为电压。由于 C 与 L 成正比，所以 P 和 L 也成正比。因此，缩短互连长度不仅可以降低导线本身的功耗，还可以降低对驱动电路功耗的要求。基于 OpenSPARCT23 处理器核心的模拟研究显示，使用两层芯片堆叠的 3D 设计可使其功耗降低约 20%[36]。

图 1-9 展示了三星公司采用 PoP 和 3D TSV 两种解决方案制备宽 I/O 3D 储存器的对比图。可见，3D TSV 解决方案具有显著的优势。相对于 PoP 封装结构，3D TSV 封装尺寸缩小了 35%，能源功耗降低了 50%，带宽增加了 8 倍。

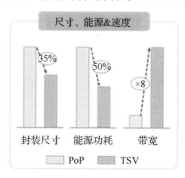

图 1-9　三星公司采用 PoP 和 3D TSV 两种解决方案制备宽 I/O 3D 储存器的对比图

对于一些传感器，如图像传感器和指纹传感器，如何在尽量小的封装尺寸内有效地将传感器信号传递到系统中（通常情况下，是芯片的背面），是封装需要解决的核心问题。使用 3D TSV 能够有效地满足这一需求。在一些最新的图像传感器芯片和指纹识别芯片中，3D TSV 已被广泛采用。

综上所述，近些年来，3D 封装的迅猛发展是由技术、经济和市场应用共同驱

动的。从技术角度看，3D 封装可以显著降低系统的延时和功耗，并大幅提高集成密度；从经济角度考虑，3D 封装提供了一条有效降低高端芯片制造成本和提高良率的途径。此外，3D 封装能够满足很多应用在小尺寸内有效传输信号的需求。

1.3 3D 封装技术发展趋势

经过整个产业链的努力，3D 封装成功地从概念演进为应用于大批量生产的技术。技术发展的步伐不会停滞，3D 封装技术还在持续地迅速进步。3D 封装技术未来的发展趋势主要体现在以下几个方面。

（1）与半导体领域的其他技术发展方向类似，3D 封装中的关键尺寸需要不断地缩小，主要包括 TSV 的直径、深度和间距，微凸点的尺寸和节距，减薄后圆片或芯片的厚度等。例如，在成熟的先进 TSV 工艺中，直径为 5～10μm，节距为10～20μm，深度为 50～100μm，而更小尺寸和更细节距的 TSV 技术（如直径为1～3μm）已在研发中[37]。目前量产的微凸点节距最小为 40～50μm，逐步缩小到10～20μm，而无凸点互连也将得到应用。最近，台积电提出了集成芯片系统（System on Integrated Chips，SoIC）的概念[38,39]。如图 1-10 所示，SoIC 技术本质上属于 3DIC 技术范畴，主要采用 W2W、C2W 混合键合（Hybrid Bonding）技术，实现 10μm 以下 I/O 节距互连，减少寄生效应，提高性能。芯片本身可以具有用于 3D 互连的 TSV 结构，由于取消了凸点，所以集成堆叠的厚度更小。该技术适用于多种封装形式、不同产品的应用，不仅可以持续维持摩尔定律，而且有望进一步突破单一芯片运行效能瓶颈。

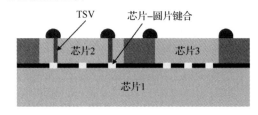

图 1-10 SoIC 技术示意图

现有最小线宽和间距（L/S）约为 2μm、1μm 及以下的 L/S 再布线技术已进入研发阶段。一方面，关键尺寸的缩小是提升性能、降低功耗、提高互连和集成密度的关键；另一方面，缩小尺寸是降低制造成本的重要途径之一。

（2）应用领域的多样化将导致 3D 封装的技术路线持续多样化。基于不同的应用场景，Via-middle 和 Via-last 两种 TSV 集成方式将会被灵活采用。在多层圆片堆叠的特殊应用中，两种 TSV 集成方式甚至可能被结合使用。圆片键合和芯片级的堆叠作为两条并行又互补的技术路线将同时演进，在很多应用上也会被结合使用。3D 芯片堆叠和基于硅中介层的 2.5D 集成也将并存。

（3）3D 封装将和圆片级的嵌入式封装及扇出型封装紧密结合。台积电开发的集成扇出封装（InFo）技术就是一个典型的例子。这种结合一方面发挥了 3D 封装在提升性能和降低功耗上的优势，另一方面利用了圆片级封装在产量和成本上的优势。同时，在圆片级封装技术中，使用先进的圆片级工艺设备，有助于满足 3D 封装对各种高端工艺使用的需求。

从应用的角度看，已进入量产的 3D 封装技术主要集中在高端可编程器件、图像处理器、存储芯片及传感器芯片等几个领域。未来，3D 封装的应用范围将会更加广阔。例如，随着电子设计自动化（Electronic Design Automation，EDA）系统和超精细互连的 3D 堆叠技术的成熟，现有的片上系统芯片（System on Chip，SoC）的量产模式有可能向 3D 集成方向转变。将现有系统内的运算核心、存储模块、读/写控制和辅助系统（如时钟和电源分配电路）等在设计中分块，用各自最优、最经济的工艺分别制作于不同的圆片上，再用 3D 封装技术集成在一起，能够在不使用更先进的前道工艺节点的情况下，有效地提高系统的性能，并降低功耗和制造成本。又如，快速扩张的物联网应用通常需要将不同技术制造的芯片［包括逻辑芯片、射频（Radio Frequency，RF）通信芯片、电源管理芯片和传感器芯片等］通过异质集成的方式封装于一个对尺寸有严格要求的微系统内。3D 封装提供了应对这种高密度异质集成挑战的最佳方案。对于通信芯片，特别是将硅基芯片和化合物半导体芯片（如三-五族化合物半导体）进行异质集成的光电通信或射频通信的应用，3D 封装也能提供高效的、兼顾性能和成本的集成方案。

未来，3D 封装技术的发展有赖于整个半导体产业链的协同努力。设备、材料、集成、散热、可靠性等技术领域都需要不断地发展和创新。同时，为了充分发挥 3D 封装的潜力，支持 3D 堆叠芯片的功能分块、布线、时钟和电源分配，考虑系统的散热和可靠性的 EDA 系统也至关重要。

1.4 本书章节概览

如图 1-11 所示，3D-TSV 封装技术包括三个主要技术模块，涉及设计、制造工艺、材料、测试、散热管理、可靠性评估等紧密相连的技术领域。本书重点介绍 TSV 3D 封装的制造工艺，对制造工艺中应用的关键材料和装备进行简要介绍；对于制造后的相关技术，如散热管理和可靠性等重要课题，本书也安排了相应的章节进行介绍。本书旨在成为一本详尽介绍 3D TSV 封装制造工艺各个模块的参考书。

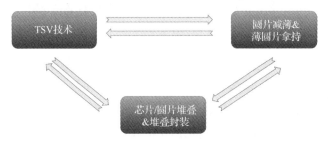

图 1-11 3D TSV 技术模块

本章简要概述了封装技术发展趋势、3D-TSV 技术的发展背景。第 2 章将介绍并比较不同的 TSV 集成方案。第 3 章将对 TSV 技术中的各个重要步骤作详细讲述。第 4 章着重于圆片永久键合。第 5 章着重于圆片临时键合和其后的圆片减薄技术。第 6 章侧重于再布线、微凸点，以及其后的芯片堆叠工艺和材料。第 7 章将介绍中介层工艺和相关的集成技术。第 8 章将针对不同应用介绍相应的圆片级封装方案。第 9 章将介绍 3D 芯片的集成和异质芯片的应用。第 10 章将讨论 3D 集成芯片中的各种散热和可靠性问题。

第2章

TSV 结构、性能与集成流程

2.1 TSV 定义和基本结构

国际半导体技术发展路线图（ITRS）报告中把 TSV 定义为：连接硅圆片两面并与硅衬底和其他通孔绝缘的电互连结构[40]。由此可见，TSV 是一种垂直互连结构，特点是穿透硅衬底，并实现从对应电路层一面到另一面的电气连接。根据 TSV 的定义，可以知道 TSV 的基本结构包括穿透硅衬底的导电通道及与衬底间的绝缘隔离层，如图 2-1 所示。为了实现衬底上下面的电气连接，还需要有正面和背面的互连层，以实现信号的互连和再分布。

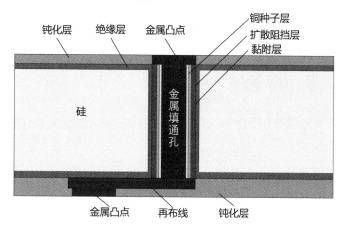

图 2-1　TSV 基本结构示意图

2.2 TSV 工艺流程概述

根据具体应用，TSV 有多种集成方案，除了 TSV 制造本身，还涉及上下面配套互连层、电路层的加工方案及加工次序。根据 TSV 制造及堆叠集成的具体方案选择，图 2-2 列出了众多 TSV 堆叠集成方案[41]。每种集成方案对应具体的工艺流程，包括 TSV 制造、减薄、堆叠等具体工艺选择和加工次序。如果仅考虑 TSV 的制造顺序，那么可以将 TSV 集成方案分为先通孔（Via-first）、中通孔（Via-middle）和后通孔（Via-last）三种主要类型。Via-first 是指 TSV 在硅衬底上最先加工，然后加工电路器件、互连等，目前主要指 TSV 中介层的制造，在 TSV 制造之后，不再加工有源器件，直接加工互连层；Via-middle 一般是指 TSV 在芯片加工之后在后道互连加工之前加工，是目前集成电路工厂主要采用的方案，目前很多机构将 TSV 中介层的加工也归为 Via-middle 类型；Via-last 是指 TSV 在集成电路工厂所有工艺完成之后加工，可以由圆片级封装工厂独立完成，是目前 TSV 产业化最成熟的方案之一。

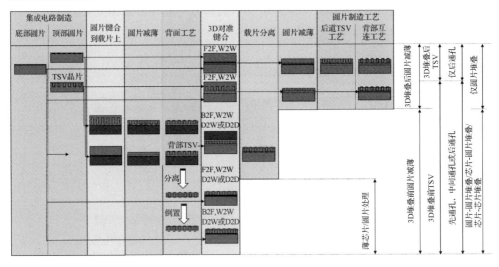

F2F 为芯片正面对正面键合；B2F 为芯片背面对正面键合；D2W 为芯片对圆片键合；D2D 为芯片对芯片键合。

图 2-2 TSV 堆叠集成方案

2.3　Via-middle 技术

Via-middle 技术集成方案所涉及的 TSV 在互连线（BEOL）加工之前加工，是目前主流集成电路工厂加工 TSV 选用的集成方案，主要应用包括 TSV 中介层封装和预埋 TSV 的集成电路芯片。

对于无源 TSV 中介层来说，衬底上不涉及电路器件，TSV 中介层典型工艺流程如图 2-3 所示。首先，在硅衬底上通过刻蚀、薄膜沉积、金属填充、平坦化等步骤实现盲孔（Blind Pore）TSV 的制造；其次，进行正面多层金属互连，并加工用于正面贴装芯片的焊盘或凸点；再次，借助承载圆片的键合保护，对 TSV 衬底进行减薄，并实现 TSV 的背面引出；最后，去除承载圆片，即完成全流程加工。由于不涉及有源器件的加工，该方案可以由圆片厂，如台积电、联电、中芯国际等制造代工厂独立完成，也可以由封测工厂独立完成。但由于圆片厂可以使用大马士革（Damascene）工艺加工更加细密的互连，具备封测工厂不可比拟的优势，所以目前的主要业务均由圆片厂主导，封测工厂仅在减薄露孔、组装等工序存在加工机会。

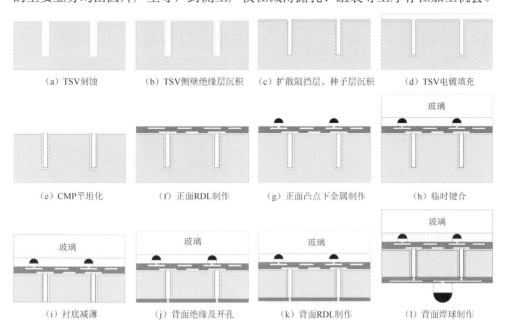

（a）TSV 刻蚀	（b）TSV 侧壁绝缘层沉积	（c）扩散阻挡层、种子层沉积	（d）TSV 电镀填充
（e）CMP 平坦化	（f）正面 RDL 制作	（g）正面凸点下金属制作	（h）临时键合
（i）衬底减薄	（j）背面绝缘及开孔	（k）背面 RDL 制作	（l）背面焊球制作

图 2-3　TSV 中介层典型工艺流程

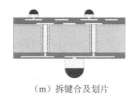

（m）拆键合及划片

图 2-3 TSV 中介层典型工艺流程（续）

利用 TSV 中介层进行 2.5D 集成已经在多款高端产品中得到应用，典型的包括 Xilinx 的 FPGA 产品（见图 2-4[42]）、AMD 集成 GPU 及堆叠 DRAM 的显卡产品[43, 44]、Nvidia 集成 GPU 及 HBM2 存储器的人工智能芯片产品等。这些典型产品中使用的 TSV 中介层均来自 TSMC、MMC 等圆片厂，相关组装服务可以来自圆片厂的封装技术扩展，如 TSMC 的 CoWoS 技术[27]；也可以来自合作的封测工厂[44]，如 Amkor、ASE 等。

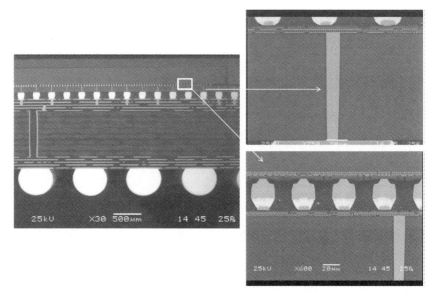

图 2-4 使用 TSV 中介层进行 2.5D 集成的 FPGA 产品

预埋 TSV 的集成电路圆片加工流程如图 2-5 所示。在衬底上首先完成前道器件和互连结构制造，接着进行 TSV 加工，之后再进行后道互连的加工，典型应用是 DRAM 堆叠产品，如美国美光科技有限公司的混合存储立方（Hybrid Memory Cube，HMC）产品[45]、韩国 SK 海力士公司的高带宽存储器（High Band Width Memory，HBM）产品[46]等。

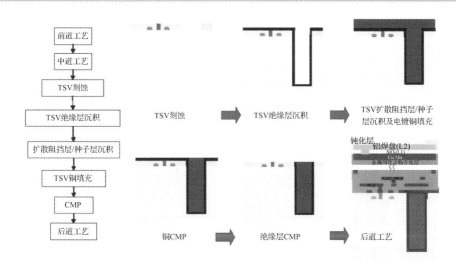

图 2-5　预埋 TSV 的集成电路圆片加工流程

图 2-6 所示为美国美光科技有限公司的 HMC 产品示例，4 层或 8 层 DRAM 芯片堆叠在 1 层逻辑芯片之上，每层 DRAM 和底层逻辑芯片均加工有 Via-middle 型 TSV，通过芯片间的微凸点互连，实现多层芯片的堆叠和通信。

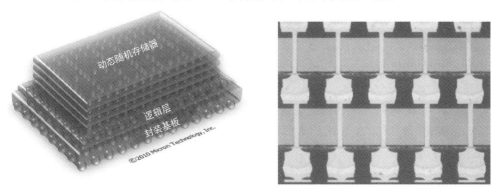

图 2-6　美国美光科技有限公司的 HMC 产品示例

用于 3DIC 的 TSV 开口直径通常为 5μm，深度为 50μm。进一步减少 TSV 直径可以显著减小铜填充 TSV 附近的应力，避免影响器件性能。2015 年，校际微电子研究中心（Interuniversity Microelectronics Centre，IMEC）报道了基于 Via-middle 技术的、开口直径为 3μm、深度为 50μm 的 TSV 制造工艺[37]。其中，TSV 采用了高保型原子层沉积（ALD）氧化层绝缘，厚度为 125nm、覆盖率为 100%。采用 ALD 方法，在单纯热工艺下，按顺序驱动多种前驱体和反应体沉积 WN 作为扩散阻挡层，沉积温度为 375℃，覆盖率大于 90%。利用 Lam Research 公司开发的镀液和机台（Lam ELD2300）化学镀 NiB 作为电镀种子层，采用快速深孔电镀工艺完成 TSV 填充。基于高保型工艺的 WN 扩散阻挡层和化学镀 NiB 作为电镀种子层保证了阻挡层和种子层在深孔底部和侧壁的连续性。图 2-7 为 3μm×50μm TSV 无空洞填充 FIB-SEM 图。对基于上述工艺制备的 TSV 进行了电性能测试，结果表明，这种先进的高深宽比 TSV 结构具有良好的可靠性。

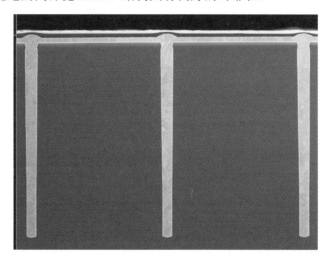

图 2-7　3μm×50μm TSV 无空洞填充 FIB-SEM 图

2.4　Via-last 技术

Via-last 技术集成方案中的 TSV 是芯片制造工艺完成之后进行的，可以从圆片背面加工 TSV，也可从圆片正面加工 TSV。目前产业界量产的主要是从圆片背面加工 TSV，与正面焊盘直接形成电互连通道。最典型的产品应用是 CMOS 图像传感器（CMOS Image Sensor，CIS）产品。图 2-8 所示的是一种典型的从圆片背面加工 TSV 的 Via-last 技术集成方案。主要流程：①由制造厂加工 CMOS 器件及多层互连线之后，做必要正面工艺（根据需要可加工用于钎焊的金属焊盘或者微凸点）；②借助承载圆片的保护，对衬底进行减薄；③在背面刻蚀深孔；④沉积绝缘层并填充导电材料，获得 TSV；⑤在背面加工互连层及凸点，形成有效互连；⑥拆掉承载圆片，用于后续操作。针对 CIS 应用，承载圆片一般使用透光的玻璃衬底，最终不需要拆除，在圆片背面加工 TSV、金属再布线层（Redistribution Layer，RDL）、钝化层和焊球，实现 3D 圆片级封装集成。

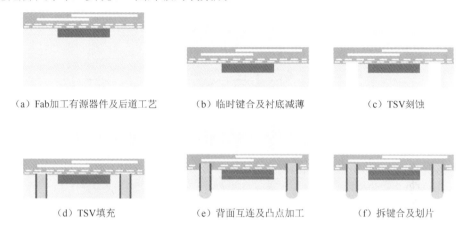

（a）Fab加工有源器件及后道工艺　　（b）临时键合及衬底减薄　　　　（c）TSV刻蚀

（d）TSV填充　　　　　　　　（e）背面互连及凸点加工　　　　（f）拆键合及划片

图 2-8　从圆片背面加工 TSV 的 Via-last 技术集成方案

从圆片背面加工的 TSV 可以完全填充，如图 2-9 所示。这种完全填充型适合密度较高的 TSV 加工。TSV 也可部分填充，仅在侧壁覆盖一层金属，典型填充效果如图 2-10 所示。部分填充 TSV 技术适用于对密度要求不高的场合，如 CIS 产品等[47]。

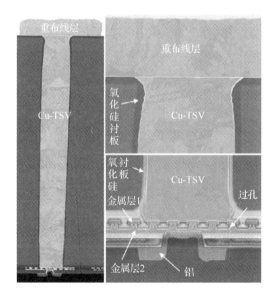

图 2-9　完全填充型 Via-last TSV

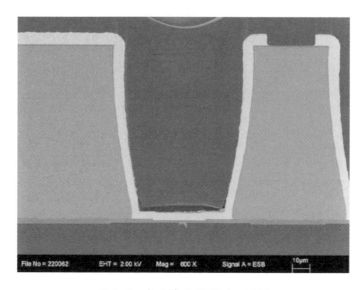

图 2-10　部分填充型 Via-last TSV

采用圆片-圆片异质键合后将键合的上层圆片减薄，再利用 Via-last 技术，将键合界面的圆片金属层连接到圆片背部引出，是实现超细节距互连的一个重要方案。IMEC 在 2017 年就实现了 1.4μm 节距的圆片异质键合[48]。为了进一步实现高密度 3D 互连，2019 年，IMEC 研究出了 1.4μm 超细节距的 Via-last 技术[49]。在该工艺中，圆片-圆片异质键合后，上层圆片要减薄到 5μm，然后在涂胶、光刻后进行干法刻蚀，其光刻胶选用厚度为 2μm 的正性深紫外胶（Fujifilm KrF DUV）。如图 2-11 所示，刻蚀后，实际 TSV 在顶部介质硬掩模下是 0.85μm，在 TSV 中部直径减小到 0.70μm，在孔底部直径为 0.65μm。高保型原子层沉积 TiN 介质层嵌入氧化介质层中，用来阻挡刻蚀底部金属铜时，铜二次沉积到孔侧壁氧化层后扩散，同时保护底部介质层刻蚀开窗时侧壁氧化层不被攻击。为降低成本，分别采用传统的物理气相沉积钽和铜作为阻挡层和种子层。利用 30nm 碱性电镀种子层增强剂来修复不连续铜种子层，获得了无孔隙电镀铜填充。通过开尔文和菊花链测试结构对 TSV 进行测试，良率达 100%。采用可控的 I-V 测试方法研究了 TSV 介质层的可靠性，结果证实，微缩的 0.7μm×5μm TSV 具有高击穿电压、高可靠性。

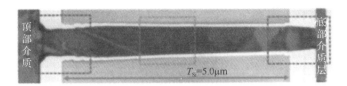

（a）TSV 整体形貌

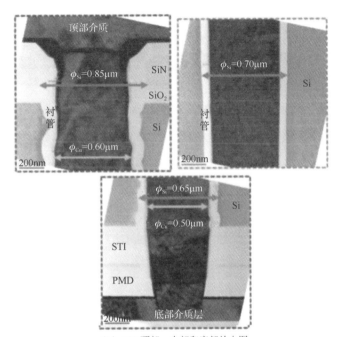

（b）TSV 顶部、中部和底部放大图

图 2-11 铜填充 0.7μm×5μm TSV 的投射电镜图片

还有一些研究机构采用从正面加工 Via-last 型 TSV，典型工艺流程如图 2-12 所示[50]。首先在完成正面工艺的衬底正面依次刻蚀钝化层、介质层和硅衬底，获得 TSV 深孔；然后进行填充和平坦化，获得盲孔 TSV；接着刻蚀钝化层并在正面加工一层再布线层，实现 TSV 正面与电路的连接；再借助承载圆片的支撑，对衬底进行减薄，实现 TSV 背面露头，并在背面加工再布线层和焊盘；接下来在背面键合第二张承载圆片，将正面的承载圆片去除，并在正面加工微凸点，完成衬底加工；最后该芯片可以进行正面堆叠芯片的焊接。

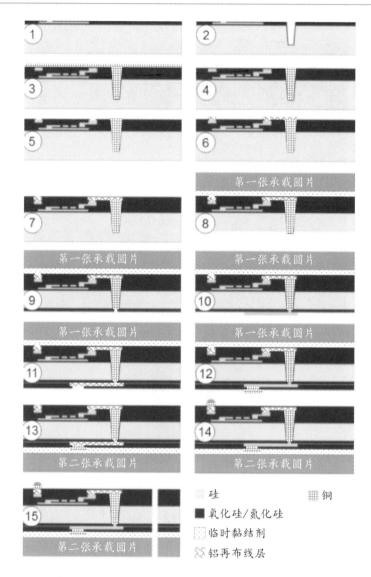

图 2-12 从正面加工 Via-last 型 TSV 的典型工艺流程

2.5 其他 TSV 技术路线

除了以上提到的两类主要 TSV 集成方案,还有一些其他方案,主要针对特殊应用进行特殊的 TSV 形状和流程设计。面向背照式图像传感器(BSI CIS)使用永久键合搭配 TSV 实现处理电路与 CIS 芯片的堆叠和互连。图 2-13 所示的是日本 SONY 公司针对图像传感器产品开发的三层堆叠产品剖面照片，三层分别是处理电路、存储层和传感层，层间通过穿透键合层的 TSV 实现互连[51]。通过图 2-13 可以推断，在加工过程中，底层逻辑电路作为永久衬底，通过氧化硅永久键合叠加 DRAM 或传感层之后，首先将衬底减薄，然后采用改进的大马士革工艺，实现两种深度 TSV 的加工。由于 TSV 可以穿透键合层，所以可以实现三层的有效通信。

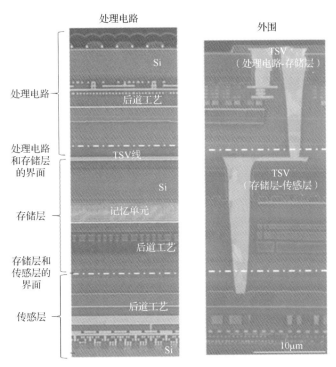

图 2-13　日本 SONY 公司开发的三层堆叠产品剖面照片[51]

另外一类特殊应用，采用双面刻蚀获得 X 形 TSV，典型工艺流程如图 2-14 所示[52]。首先，通过刻蚀获得大尺寸深孔；然后，第二次刻蚀获得小尺寸深孔；进一步刻蚀，使得小尺寸一面的孔变成倾斜状；在衬底双面进行绝缘层、扩散阻挡层、种子层沉积，并进行双面铜电镀；最后，去除光刻胶并刻蚀种子层，实现 X 形 TSV 的制造。X 形 TSV 加工结果如图 2-15 所示[52]。

针对不同的应用需求，新的材料和工艺在不断开发，未来还会出现更多的 TSV 集成方案，具体的 TSV 制造工艺也会有很多选择。

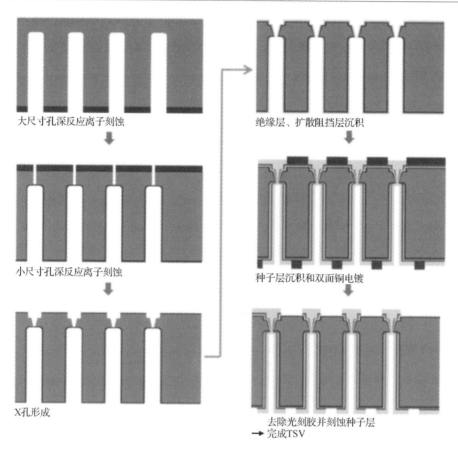

大尺寸孔深反应离子刻蚀

绝缘层、扩散阻挡层沉积

小尺寸孔深反应离子刻蚀

种子层沉积和双面铜电镀

X孔形成

去除光刻胶并刻蚀种子层
完成TSV

图 2-14　X 形 TSV 典型工艺流程[52]

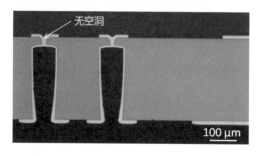

图 2-15　X 形 TSV 加工结果[52]

2.6　本章小结

作为 3D 封装的关键技术和典型应用，TSV 技术已日臻成熟。本章给出了 TSV

定义、基本结构和三种工艺流程。对于 TSV 堆叠的技术方案，本章重点介绍了 Via-middle 技术和 Via-last 技术，并对比了两种技术的异同点和典型的应用领域。在 Via-middle 技术中，利用 TSV 中介层的 2.5D 集成方案已经在多款高端 FPGA、GPU、CPU 产品中得到应用，预埋 TSV 的工艺应用于 HMC 和 HBM 产品。Via-last 技术集成方案中，目前产业界量产的主要是从圆片背面加工 TSV，与正面焊盘直接形成电互连通道，典型产品应用是 CMOS 图像传感器。无论是 Via-middle 技术还是 Via-last 技术，TSV 都向微米直径和高深宽比方向发展，以满足芯片高密度封装和集成的需要。最后，本章给出了其他几种针对特殊应用的 TSV 集成技术路线：一个是使用 TSV 穿透键合层的三层堆叠图像传感器方案；另一个是双面刻蚀 X 形 TSV 和双面电镀技术方案。未来，TSV 集成的方案将更加丰富和灵活。

第 3 章

TSV 单元工艺

根据 TSV 的基本结构和加工流程，TSV 制造工艺主要包括 TSV 刻蚀、绝缘层沉积、导电材料填充和 TSV 平坦化等，从正面加工的 TSV 方案，还涉及背面露孔工艺。TSV 工艺复杂，工艺之间相互关联度高。经过多年研发，TSV 单元工艺日趋成熟，本章将详细介绍相关单元工艺。

3.1 TSV 刻蚀技术

制作 TSV 的第一步是获得高深宽比的孔，要实现这一目标，需要采用各向异性非常好的刻蚀方式。常用的各向异性刻蚀，如 KOH、TMAH 湿法刻蚀，只能获得深宽比很小的孔，并且孔侧边与刻蚀表面的夹角离 90° 很远。为获得足够大的深宽比，目前大都采用干法深反应离子刻蚀（DRIE）的方式制备盲孔。

DRIE 技术分为两种：一种是德国 Bosch 公司发明的时分复用法，被称为 Bosch 方法；另一种是日本 Hitachi 公司发明的低温刻蚀法。这两种方法都使用氟基化合物（如 SF_6）产生的等离子体进行刻蚀，但这种等离子体刻蚀是各向同性的，因此要实现各向异性刻蚀，还需要特殊的工艺控制。采用不同的转换方法，就形成了上述两种 DRIE 技术。

Bosch 方法是将刻蚀过程分为很多周期，每一周期又分为刻蚀时间、钝化时间和间歇时间。在刻蚀时间内，等离子体对衬底进行各向同性刻蚀后进入钝化时间，此时通入的氟化物 C_4F_8 在等离子体作用下形成类似特氟龙的保护层沉积到各个刻蚀表面，阻止等离子体对衬底的进一步刻蚀。到下一个刻蚀时间，由于等离子体的方向性，底部保护层在离子的轰击之下首先被去除，从而刻蚀主要向下进行，这样刻蚀和钝化的结合，就形成了总体趋势朝下的各向异性刻蚀方式。图 3-1 为 Bosch DRIE 示意图。

这种刻蚀方式下，刻蚀和钝化保护在不同时间内进行，一个周期向下刻蚀一定距离，这样在多个周期之后，就获得了很深的槽或者孔。由于刻蚀速度在时间上的周期性，刻蚀的侧壁会形成一些微小的凸起或者下凹，称为扇贝效应，使得刻蚀侧壁不够光滑，Bosch 型刻蚀侧壁扇贝效应问题如图 3-2 所示。扇贝效应对后面的工艺可能会产生一定的影响，但这种凸凹是非常微小的，大约在几十纳米量级，在孔的尺寸足够大时，可以不考虑其影响。

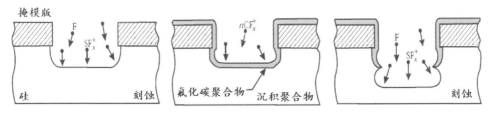

图 3-1　Bosch DRIE 示意图

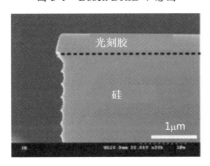

图 3-2　Bosch 型刻蚀侧壁扇贝效应问题[53]

Bosch DRIE 的另一个问题是滞后效应，体现在两个方面，对于同一个刻蚀结构，随着深度的增加，刻蚀速率逐渐变慢，呈现非线性关系；对于不同开口尺寸，同样的刻蚀参数和时间，刻蚀深度有明显差异。一般来说，开口尺寸越大，刻蚀速率越大，如图 3-3 所示。因而在 TSV 设计时，一般采用统一的开口尺寸，并采用尽量均匀的排布，保证刻蚀深度在片内尽可能均匀。背面加工的 Via-last 型 TSV，由于刻蚀穿透硅衬底后需要停止在介质层上，而介质层对刻蚀中的离子有不一样的性质，所以会有电荷的累积问题，会引起侧向钻蚀，如图 3-4 所示。侧向钻蚀给后续的薄膜制备带来很多问题，容易引起侧壁漏电，影响 TSV 的可靠性。

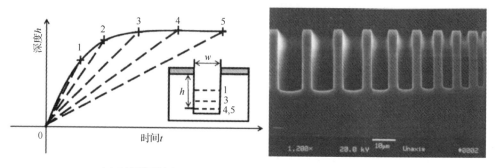

（a）时间滞后效应 　　　　　　　　　（b）尺寸滞后效应

图 3-3　滞后效应问题[53]

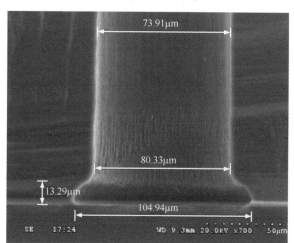

图 3-4　DRIE 底部侧向钻蚀问题[53]

等离子体具有一定的平均自由程，刻蚀反应物难以进入深微结构，反应物也难以被抽走，随着刻蚀深度的增加，刻蚀越难进行，最终往往形成 V 字形形貌。因此，在 DRIE 工艺中，调控沉积与刻蚀之间的平衡以获得高深宽比、高垂直度的硅微结构，具有非常重要的意义。目前，在 Bosch 工艺等离子体深硅刻蚀中提升深宽比和垂直度的方法主要是对刻蚀参数施加"递增"（Ramping），如 Tang 等人[54]对腔压、下电极功率和刻蚀时间同时施加"递增"，获得了深宽比高达 80∶1 的硅微结构。但该方法的刻蚀角度还具有一定的倾斜度，即刻蚀获得的形貌还存在一定的锥度，Zhao 和 Lin[55]也指出，即使对刻蚀时间施加"递增"，仍然会存在刻蚀深度的极限。因此，如何优化扇贝效应、滞后效应和刻蚀形貌是 Bosch 工艺等离子体深硅刻蚀存在的挑战。

当前，采用 Bosch 工艺，最先进的刻蚀机可实现高达 50μm/min 的刻蚀速率，深宽比高达 100∶1，扇形区小于 5nm，轮廓控制在 90°±0.2° 范围内，整个 300mm 圆片的不均匀性小于 5%，光刻胶选择性高达 100∶1[56]。

另外一种 DRIE 技术是低温刻蚀，其特点是刻蚀和钝化保护同时进行。在通入 SF_6 刻蚀气体的同时，还通入 C_4F_8 及 O_2，这样就在刻蚀的内壁上产生 10～20nm 的 SiO_xF_y 阻挡层，阻止刻蚀的深入进行。由于离子轰击的作用，底部的阻挡层不停地被打开，从而刻蚀一直向底部方向进行；而侧壁则受到阻挡层的保护不被进一步刻蚀，由于低温有助于阻挡层的形成，因而在低温之下，可以获得很好的各向异性刻蚀效果，获得很深的槽或者孔结构。在低温 DRIE 技术下，刻蚀是随时间连续的，因而可以获得光滑的刻蚀侧壁，有利于获得很小尺寸并且不会对后续工艺造成很大影响的深孔，低温型 DRIE 典型结果如图 3-5 所示。

孔径=0.6μm　　　　　　　　孔径=3μm　　　　　　　　　孔径=10μm
孔深=5.6μm　　　　　　　　孔深=26μm　　　　　　　　　孔深=31μm
E/R=1.9μm/min　　　　　　E/R=3.2μm/min　　　　　　　E/R=3.9μm/min

图 3-5　低温型 DRIE 典型结果[53]

以上两种 DRIE 方式，都需要控制很多工艺参数，如气体流量、等离子体功率等，只有这些参数充分配合，才能获得预期的高深宽比结构。目前主流 TSV 加工，由于 TSV 直径一般在 5μm 以上，所以一般采用 Bosch 刻蚀方式，以方便参数优化和工艺重复性控制。图 3-6 所示的是典型的 10μm×100μm TSV 刻蚀剖面 SEM 照片。

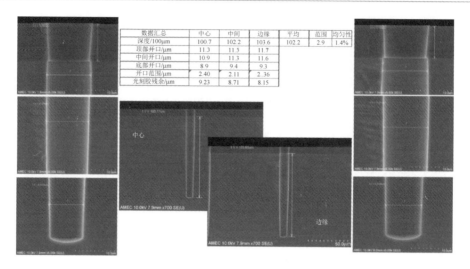

数据汇总	中心	中间	边缘	平均	范围	均匀性
深度/100μm	100.7	102.2	103.6	102.2	2.9	1.4%
顶部开口/μm	11.3	11.5	11.7			
中间开口/μm	10.9	11.3	11.6			
底部开口	8.9	9.4	9.3			
开口范围/μm	2.40	2.11	2.36			
光刻胶残余/μm	9.23	8.71	8.15			

图 3-6　典型的 10μm×100μm TSV 刻蚀剖面 SEM 照片

在 DRIE 之后，会在孔侧壁残留氟化物，需要特殊的清洗步骤，使得刻蚀侧壁清洁，以保证后续工艺的质量，图 3-7 所示的是 TSV 清洗前后的侧壁 SEM 照片。在清洗之前，侧壁明显存在有机物残留；清洗之后，侧壁很干净，无明显残留。

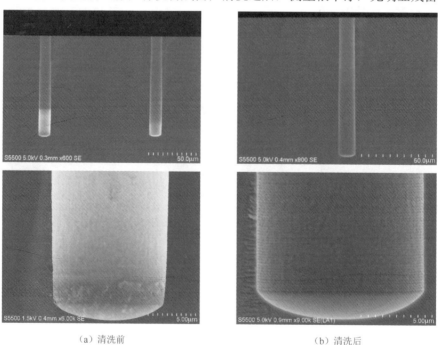

（a）清洗前　　　　　　　　　　　　（b）清洗后

图 3-7　TSV 清洗前后的侧壁 SEM 照片

在 TSV 刻蚀方面，除了主流的 DRIE 方式，还有激光烧蚀、光引导湿法腐蚀等方式。激光烧蚀适合尺寸较大、密度不高的应用场合，但激光烧蚀侧壁质量较差，也有局部的热损伤问题，目前在硅衬底上应用较少，但在玻璃衬底或有机衬底上有很好的应用。光引导湿法腐蚀对衬底电阻率和掺杂有严格要求，且对孔密度也有要求，应用受到很多限制，仅在学术期刊上有一些报道，并未见在产业界的应用。

激光烧蚀（钻孔）利用高能定向激光束和基板之间的相互作用，在硅、玻璃和聚合物上钻深孔[57-61]。纳秒激光器的激光脉冲持续时间（约 10^{-9}s）比大多数材料的声子—电子转换时间（约 10^{-12}s）长得多，允许在每个脉冲期间产生热量，并通过将基板加热到高于熔点的温度来立即熔化基板。相比之下，皮秒和飞秒激光器，每个脉冲的持续时间（10^{-12}s 或更短）不足以实现声子到电子的转换，通过将材料转变为等离子体来移除衬底。由于不发生热传递，飞秒激光器可以在基板上钻直径均匀、侧壁光滑、热区小的孔。飞秒激光器由于脉冲频率较低，向衬底传输的能量有限，因而在钻孔深度上不如纳秒激光器。

激光烧蚀获得的最小 TSV 直径已达到 10μm，但由于激光束聚焦困难，很难进一步缩小到 5μm。纳秒激光器达到的最高纵横比超过 20：1[60]。通孔的深度、直径、螺距和轮廓角可分别控制在±5μm、2μm、2～5μm 和 88°左右。由于热效应的影响，激光打孔后圆片的翘曲（Warpage）度会增加。由于激光打孔不需要掩模，并且能够在同一次打孔中穿透不同的材料（金属、电介质、硅和玻璃），因此刻蚀低密度过孔的成本比 DRIE 低得多。这些特点使得激光打孔技术在 MEMS 应用中具有广泛的前景。

3.2　TSV 侧壁绝缘技术

绝缘层主要用于 TSV 之间及 TSV 与硅衬底之间的导电隔离，目前主流使用的材料是氧化硅，制作方式根据温度限制有很多选择。使用液体源，如正硅酸乙酯（TEOS）的等离子体增强化学气相沉积（Plasma Enhanced Chemical Vapor Deposition，PECVD），对于深宽比为 10：1 的 TSV 盲孔，可以在底部获得超过 10% 的侧壁覆盖，沉积温度可以低至 180℃。图 3-8 所示的是典型 TEOS PECVD 工艺在 10μm×100μm TSV 的覆盖情况，最薄弱位置厚度不到表面厚度的 15%。针对大尺寸 TSV，只要最薄位置达到一定厚度，即可满足应用要求。PECVD 工艺不仅工艺温度相对较低，而且工艺产率较高，在 Via-last 型 TSV 方面有广泛的应用。使用 TEOS 和 O3 的次常压化学气相沉积（SACVD）沉积，工艺温度一般为 300～600℃，可以实现超过 60% 的台阶覆盖（Step-Coverage），典型结果如图 3-9 所示，在 Via-middle 型 TSV 制造方面有很好的应用。热氧化方案可以在 1000℃ 的高温下实现 100% 的台阶覆盖，且氧化硅层特别致密，可以应用于无源衬底 TSV 中介层的加工，典型覆盖效果如图 3-10 所示。热氧化工艺为前端制程，对清洗工艺和环境清洁度要求较高，一般的封装厂很难满足条件。等离子体增强原子层沉积（PEALD）技术可以在低温下实现接近 100% 的台阶覆盖，图 3-11 所示的是 PEALD 技术在 5μm×50μm TSV 的覆盖情况，但衬底生长速率较慢，仅适合直径较小、对介质层厚度要求不高的场合，否则产率方面将受到很多限制。也有一些设备商宣称可以采用类似热氧化的方式，一次加工很多圆片，以改善其产率低的问题。

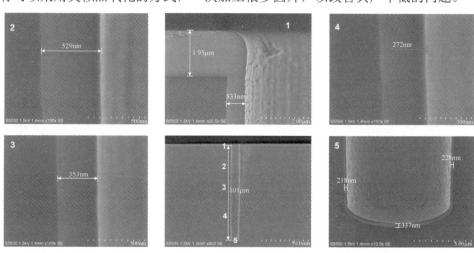

图 3-8　典型 TEOS PECVD 工艺在 10μm×100μm TSV 的覆盖情况

（a）顶部　　　　　　　（b）中间　　　　　　　（c）底部

图 3-9　脉冲式 TEOS/O3 SACVD 在 TSV 内的覆盖情况[41]

（a）TSV全孔

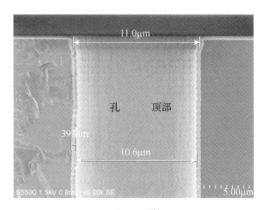

（b）TSV顶部

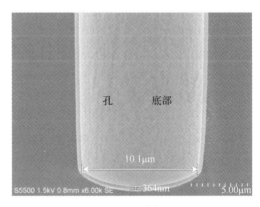

（c）TSV底部

图 3-10　热氧化工艺在 10μm×100μm TSV 内的覆盖情况

除了氧化硅材料，还有其他的一些材料可以作为侧壁绝缘层，最为典型的是有机聚合物材料。针对大尺寸低深宽比 TSV，可以采用喷涂（Spray Coating）或者特殊的旋涂（Spin Coating）方式直接在侧壁获得聚合物层，图 3-12 所示的是一个典型结果。针对高深宽比 TSV，也有一些聚合物绝缘层涂覆方式，如法国 Alchimer 公司提出使用湿法电接枝（Electro Grafting）的方式，可以在特定电阻率硅衬底上实现有效覆盖侧壁绝缘层的、高深宽比的 TSV[62]，典型结果如图 3-13 所示。

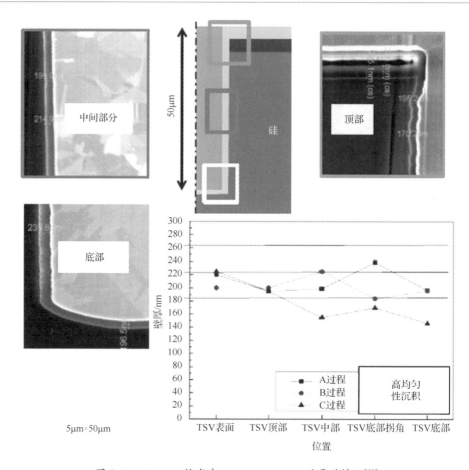

图 3-11　PEALD 技术在 5μm×50μm TSV 的覆盖情况[41]

图 3-12　大尺寸 TSV 侧壁涂覆聚合物胶层典型结果

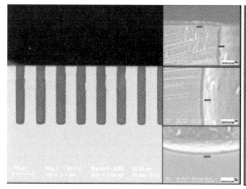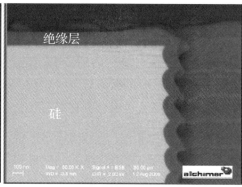

图 3-13　电接枝实现 TSV 侧壁绝缘层涂覆典型结果

相比传统的二氧化硅材料，聚合物材料具有较低的介电常数、良好的热稳定性和热机械性能，是一种优良的 TSV 绝缘层材料[63]。通常，利用低深宽比（如 1∶1）TSV 封装的图像传感器产品，通过传统的旋涂工艺可以在 TSV 孔壁和表面形成绝缘保护层[64, 65]。但是，旋涂工艺仅有效利用了大约 10%的材料，大量的聚合物材料被浪费，增加了经济和环境成本。

利用超声雾化原理的喷涂技术能够将聚合物溶剂雾化成直径小于 30μm 的液滴[66]，使得聚合物溶液能够进入较大直径的 TSV 中，待溶剂蒸发后在 TSV 孔壁形成聚合物绝缘层。喷涂工艺对聚合物材料的利用率达到了 80%以上，相较于旋涂而言，可以大幅降低该封装工艺的成本。喷涂所形成的聚合物涂层所面临的主要挑战是确保涂层达到一定厚度的同时依然有较高的台阶覆盖率，特别是在深宽比大于 1∶1 的 TSV 孔壁形成均匀完整的聚合物涂层成了该技术的难点。

结合 MEMS 封装工艺的相关技术，欧洲校际微电子研究中心（IMEC）的 Pham 等人[67]提出了一种应用 TSV 的 Zero-Level 的封装形式，在底部直径为 70μm、开口直径为 120μm、深度为 100μm 的 TSV 孔壁上喷涂了一层聚合物光刻胶材料，聚合物涂层最薄处为 0.7μm，并在 TSV 底部进行曝光，保留侧壁的聚合物材料作为绝缘层。德国夫琅禾费可靠性和微集成研究所（Fraunhofer IZM）的 Wilke 等人[68]研究了三种应用于图像传感器圆片级封装的聚合物绝缘层涂层工艺，分别为旋涂、喷涂及真空压入工艺，在底部直径为 65μm、开口直径为 80μm、深度为 50μm 的 TSV 中比较了三种工艺的聚合物涂层形貌，并且根据涂层之后的聚合物层用途比较了三种工艺各自的优势和劣势。Töpper 等人[69]还特别研究了适用于 TSV 绝缘层的多种聚合物材料及光刻胶产品，分析了大部分已经开始量产的聚合物材料的物理化学特性。Schott 公司的 Shariff 等人[70]研究了刻蚀形貌对聚合物喷涂工艺所形成的涂层形貌的影响。他们在底部直径为 80μm、深度为 125μm、开口角度为 68 的 TSV 内通过喷涂形成了内绝缘层（Inter Dielectric Layer，IDL），并讨论了采用聚合物绝缘层的 TSV 封装的良率。奥地利 EV Group 的 Matthias 等人[71]开发出了具有纳米颗粒尺度的喷涂设备，并且在 TSV 直径小于 100μm、深度大于 200μm 的深孔侧壁均匀喷涂了聚合物材料层，其台阶覆盖率接近 100%。

中国科学院微电子研究所庄越宸等人[72,73]采用正交实验设计的方法，研究了喷涂工艺中聚合物溶液流量、N₂ 流量和基板温度三个工艺参数对不同深宽比 TSV 侧壁绝缘层台阶覆盖率的影响。通过对实验数据的极差分析与方差分析，得到各因素对台阶覆盖率的影响规律。在选定的参数范围内，对 1.5∶1 深宽比的 TSV 来说，绝缘层台阶覆盖率随聚合物溶液流量的增加先减小再增大，随 N₂ 压强的增加先减小再增加，随温度的升高而不断减小；对于 2∶1 深宽比的 TSV，绝缘层台阶覆盖率随着聚合物溶液流量的增加先减小再增加，随着温度的升高而减小，N₂ 压强的增加对台阶覆盖率的影响可以忽略；对于 3∶1 深宽比的 TSV，绝缘层台阶覆盖率随着聚合物溶液流量的增加先增大再减小，随着温度的升高而减小，N₂ 压强的变化对台阶覆盖率的影响可以忽略。实验还得到了在深宽比为 1.5∶1 时最大为 16.52% 的台阶覆盖率、在深宽比为 2∶1 时最大为 15.16% 的台阶覆盖率，以及深宽比为 3∶1 时，最大为 9.66% 的台阶覆盖率。

3.3 TSV 黏附层、扩散阻挡层及种子层沉积技术

当前，TSV 导电填充主要使用电镀铜来实现。由于工艺和可靠性的需要，在电镀之前首先需要在绝缘层表面沉积黏附层、扩散阻挡层和种子层。对于铜填充的 TSV，沉积黏附层和扩散阻挡层的技术，如 Ti-TiN、Ti-TiW 和 Ta-TaN，沿用了集成电路的制造技术。

为了晶格匹配，种子层一般选择铜材料。针对黏附层、扩散阻挡层和种子层沉积，PVD 由于成本低、生产率高、一致性好等优点，是高深宽比（10∶1）通孔中最常用的制备方法[74]。离子化金属离子及二次溅射等技术，可以实现深孔上金属材料的连续覆盖，确保后续电镀工艺的有效进行。PVD 工艺一般只能实现金属

层大约 1%的覆盖效果,所以种子层要具有一定厚度才能保证电镀填充工艺的质量。图 3-14 所示的是 PVD Ti/Cu 薄膜在 10μm×100μm TSV 内的厚度分布,最薄弱位置的覆盖率仅约 1.5%,基本可以保证侧壁金属的连续覆盖,但表面厚度会达到 1.4～1.5μm,这不利于 TSV 尺寸的进一步缩小,并给后续表面平坦化工艺带来很大负担。

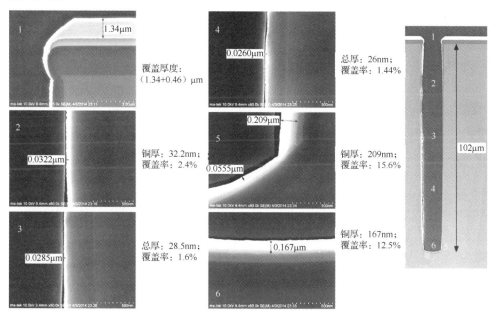

图 3-14　PVD Ti/Cu 薄膜在 10μm×100μm TSV 内的厚度分布

目前 PVD 设备是主流 TSV 工艺中最昂贵的设备之一,拥有很高的成本。近年来,包括法国 Alchimer 公司及美国设备商 Lam Research 在内的多家单位,都进行了扩散阻挡层及种子层的新型沉积工艺的研究和开发。法国 Alchimer 公司提出使用化学镀方式在侧壁绝缘层表面沉积 NiB 层作为扩散阻挡层,可以实现超过 90%的台阶覆盖率[62]。TSV 底部及开口位置的材料层覆盖情况如图 3-15 所示;进一步使用电接枝工艺制作种子层,法国 Alchimer 公司可以提供 TSV 侧壁薄膜的全湿法解决方案,实例如图 3-16 所示[62]。全湿法解决方案目前还没有得到应用,其工艺稳定性、良率和可靠性都还存在一些问题。

由于在微米尺度深孔内覆盖率低,因此通过 PVD 在更高深宽比(15:1 以上)TSV 中沉积连续的阻挡层和种子层面临巨大困难。ALD 和金属有机化学气相沉积

（MOCVD）是制备小直径高深宽比共形金属薄层 TSV 的替代技术。在直径小于 5μm、深宽比大于 25∶1 的 TSV 中，可以利用 ALD 共形沉积钌（Ru）种子层和 TaN 阻挡层[75]，利用 MOCVD 共形沉积 TiN 阻挡层[76]。

（a）TSV 底部　　　　　　　　　　　　　（b）TSV 开口

图 3-15　法国 Alchimer 使用化学镀方式制作 TSV 扩散阻挡层的覆盖情况[62]

 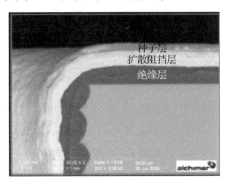

图 3-16　法国 Alchimer 公司使用全湿法工艺制作 TSV 侧壁绝缘层/扩散阻挡层/种子层实例

　　使用 ALD 工艺制备阻挡层，再以湿法工艺制备种子层成为一个极具竞争力的高深宽比 TSV 制备方案。对于 ALD 阻挡层，TiN 和 TaN 材料是可选材料，其中 TiN 在 TSV 结构中显示了优良的共性沉积和可靠性。但是这两种材料电阻率高，在其表面湿法沉积铜非常困难，结合力也差。ALD 沉积钌、钨虽然不能作为阻挡层，但可以沉积在阻挡层上作为铜的增黏剂。Kwon 等人[77]研究了通过 PE ALD 沉积钌薄膜作为铜和 TiN 之间的助黏层，衬底为 40nm TiN/100nm SiO_2，钌沉积温度为 270℃，每个周期沉积厚度为 0.038nm，电阻率是 12μΩ/cm。通过剥离法黏附力测试，确认 2nm 超薄钌薄膜能够增强 MOCVD 铜和阻挡层 TiN 之间的结合力，提高原因在于结合面区域的 Cu—Ru 化学键。直径为 2μm、深度为 30μm 的 TSV 结构，在 ALD-Ru（10nm）/ALD-TiN（12nm）/TEOS-SiO$_2$、ALD-W（5nm）/ALD-TiN（12nm）/TEOS-SiO$_2$ 上化学镀沉积铜，然后在 60℃、15min 条件下完成 TSV 电镀铜填充。结果表明，化学镀铜和 ALD-Ru 之间的结合强度大于 100MPa。

MOCVD 钴可以作为电镀种子层衬底，电镀铜可以在钴纳米晶层上生长。研究表明，虽然钴在铜电解液中有腐蚀倾向，但即使是 5nm 钴薄膜，在电镀过程中腐蚀程度也很小[78]。因此，即使是超薄的钴薄膜，特别是考虑到腐蚀的主要影响因素铜离子浓度，电镀铜是可行的。Armini 等人[79]报道了使用化学气相沉积（CVD）钴作为增黏剂，利用碱性药液电镀铜作为种子层，再用酸性电镀药液完成盲孔电镀填充的工艺方案。结果表明，开口为 5μm、深宽比为 8∶1 的 TSV，实现了无孔洞填充。电镀铜种子层在孔表面和孔底的厚度比约为 2，而利用 PVD 铜的方法，厚度比高达 50。电镀铜种子层优异的共形性，使得电镀填充有较大的工艺窗口。

美国设备商 Lam Research 提出新型 TSV 解决方案，侧壁绝缘层使用 PEALD 方式，扩散阻挡层使用高温 ALD 沉积的 WN 薄膜，而种子层使用电化学沉积的 NiB 合金薄膜，结合这几种工艺的高台阶覆盖性能，提出更小尺寸 TSV 的集成方案，图 3-17 所示的是新型 TSV 侧壁薄膜方案的结果，由于各薄膜层厚度很小，整体制造成本具备一定优势[37]。

图 3-17　美国 Lam Research 公司提供的新型 TSV 侧壁薄膜方案的结果[37]

3.4　TSV 电镀填充技术

　　TSV 填充是 TSV 3D 集成技术的关键和核心步骤，也是 TSV 3D 集成成本的决定因素之一，占总生产成本的 26%～40%[80]。TSV 常用的填充材料有铜（Cu）、银（Ag）和钨（W）[81, 82]。铜由于其优异的导电性、低的电迁移和相对成熟的电沉积过程，成为目前主流的 TSV 填充材料。TSV 电镀铜工艺是基于 CMOS 中成熟的铜大马士革技术发展起来的[83]。相比于大马士革电镀，TSV 具有深宽比更高、电镀过程中更容易产生缺陷等特点，在直流电镀过程中，孔口部位铜离子浓度和电流密度集中，从而导致口部沉积铜生长速度高于底部形成夹口缺陷。因此，为了确保 TSV 可靠性，需要控制电镀填充过程，一般需要孔底部的填充速度高于孔开口和孔侧壁位置的填充速度，以保证填充后不在孔内部形成孔洞。同时需要控制填充后表面铜层的厚度，以减少后续平坦化工艺的难度。针对大尺寸 Via-last 型 TSV 加工，一般使用共形电镀，只在侧壁电镀一层与表面厚度基本一致的镀层。

　　对于 TSV 无孔洞电镀铜填充，影响其填充效果的因素主要有以下五点：

　　（1）TSV 的形状、大小和深宽比；

　　（2）TSV 刻蚀质量，侧壁形貌；

　　（3）种子层覆盖质量，种子层厚度；

　　（4）电镀药水能力，电源波形；

　　（5）电镀设备能力。

　　TSV 的形状直接决定了铜电镀填充的难易程度。TSV 的形状由以下几个工艺来决定：刻蚀、CVD、PVD。刻蚀确定了 TSV 的大致形状；CVD、PVD 工艺的覆盖率大小确定了 TSV 最终的形状。目前，最常见的 3 种形状分别是锥形、垂直和凹角[84]。

　　垂直和凹角的 TSV 由于开口较小，电镀液在孔内交换流动较为困难，填充难度会比锥形大很多。锥形孔虽然填充起来比较容易，但是会占用较大的芯片面积，一般只在较低端或输出端口不多的产品上采用。凹角孔的电镀填充难度是最大的，而且开口小，PVD 工艺也较难形成连续的种子层，另外需要使用一些高性能的添加剂，抑制开口处电镀，同时促进底部淀积，因此使用比较少。目前业界主要采用的是垂直通孔，工艺难度介于锥形孔和凹角孔之间，也能够满足目前的设计需求。如果电镀药水不作特别改进，那么 TSV 口部的电镀速率一定会大于 TSV 底部的电镀速率，这样 TSV 在完全填满之前会在口部封口，形成孔洞。因此，TSV 电镀药水必须能抑制 TSV 口部电镀速率，同时还要促进 TSV 底部的电镀速率，这样才能形成无孔洞的完全填充。另外，圆片表面的电镀速率也必须被抑制，因为 TSV 填孔的下一步工序是化学机械抛光（CMP），而 CMP 成本高昂，必须控制 TSV 表面的铜覆盖层不能过厚。

TSV 侧壁形貌也是影响电镀结果的一个关键因素。TSV 电镀要求孔内的种子层连续，不能有断点。如果 TSV 侧壁形貌过于粗糙，那么极有可能导致 PVD 种子层不连续，从而导致电镀后 TSV 内出现孔洞。Bosch 工艺导致 TSV 刻蚀后不可避免地出现扇贝状轮廓，对种子层的覆盖有不良影响，必须尽可能地优化刻蚀工艺，减小扇贝形状的尺寸，将不良影响降到最低。

种子层的连续性和均匀性被认为是通孔填充中最重要的影响因素。根据淀积方法、形状和深宽比的不同，种子层的特点也会各不相同。淀积质量（厚度、均匀性、黏结强度）是很重要的指标。

电镀液的主要成分是酸和铜盐，目前主要有两类：一类是硫酸铜基溶液，主要成分是硫酸和硫酸铜；另一类是甲级硫磺酸基溶液，主要成分是甲级硫磺酸和甲级硫磺酸铜。

TSV 电镀药水需要对圆片表面及 TSV 孔口都有极强的电镀抑制效果，同时能够很好地促进 TSV 底部电镀，实现 TSV 的自底向上电镀填充，实现超共形电镀。超共形电镀层是添加剂之间相互作用和竞争的结果[85]。TSV 电镀药水一般含有 3 种添加剂：抑制剂、加速剂和整平剂，如图 3-18 所示。抑制剂和整平剂能起到抑制 TSV 圆片表面和孔口电镀速率的作用；加速剂能加速 TSV 孔底的电镀速率。当 TSV 填满时，整平剂又能防止 TSV 口部过电镀[86]。

氯离子是无机物，是电镀基本组成成分之一，电镀铜添加剂有机物成分常要与氯离子相互作用来影响电镀过程。2002 年，Hayase 等人[87]发现氯离子的浓度会影响抑制剂（PEG）对铜离子电化学沉积的抑制作用。2005 年，Dow 等人[88-90]提出氯离子是 TSV 无缺陷镀铜填充的决定性因素，因为它不仅是 Cu^{2+} 和 Cu^+ 之间的电子桥[91, 92]，而且是抑制剂分子和 Cu+ 之间的离子锚[93]，可作为加速剂的启动器[88]。

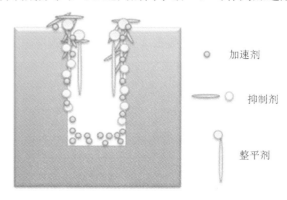

图 3-18　添加剂吸附模型

　　加速剂也可以称作光亮剂，通过加速铜界面处的电荷转移过程来改变铜的成核过程，提供活性生长位点[94]，通常是含有二硫键（—S—S—）、磺酸基（—SO3H）和巯基（—SH）等典型官能团的有机酸盐[80]。常用的加速剂有聚二硫二丙烷磺酸钠（SPS）和 3-巯基-1-丙烷磺酸钠（MPS）[95, 96]。加速剂由于分子量小，扩散速度快，在 TSV 镀铜填充过程中更容易扩散到孔底[97]。加速剂由于在氯离子的催化作用下能够促进溶液中的二价铜离子转变为一价铜离子，因此能够加快铜离子的电化学沉积速度[98]。

　　抑制剂通常是具有大分子量的长链聚合物，扩散速度慢。常见的抑制剂为聚乙二醇（PEG）和聚丙二醇（PPG）。抑制剂之所以能够抑制铜离子的还原速度，是因为它能够在阴极表面形成一层极化膜。2008 年，Dow 等人[99]提出抑制剂的分子量决定了抑制剂的覆盖率，从而决定了抑制剂对铜离子电化学沉积的抑制作用。

　　整平剂通常是含氮的高分子聚合物，扩散系数较小，抑制较高位置的电镀速度，形成平坦化效果，如阿尔新蓝（Alcian Blue）和健那绿（JGB）。

　　各种添加剂物质并不是单一地影响电镀过程，而是存在相互作用，不同物质的浓度配比会影响填充效果，因此浓度配比是影响添加剂扩散和竞争吸附的关键因素，也是可以通过人工调控进行优化的电化学沉积参数。2009 年，Malta 等人[100]在研究 TSV 镀铜填充添加剂最佳浓度配比时发现，在添加剂浓度配比相同的条件下，不同深宽比的 TSV 镀铜填充过程中沉积铜的形貌不同。2010 年，Delbos 等人[101]证实，TSV 深宽比变动，其无缺陷镀铜填充添加剂的浓度配比也要随之改变。因此，通过合适的添加剂浓度配比可以达到理想的镀铜效果，但是要通过大量的实验来调配浓度配比，且不同 TSV 所需的浓度配比是不同的，这将增大成本和延长时间。

电流也是影响镀铜效果的关键因素。电流分为直流电流和脉冲电流，其中直流电流的电流密度大小会直接影响 TSV 镀铜填充过程中孔口和孔底的沉积铜厚度差异。2008 年，Beica 等人[84, 102]发现电流密度和电流波形是影响 TSV 镀铜填充的关键因素，控制电流密度和电流波形可以改变 TSV 的填充形貌。因此，控制 TSV 镀铜填充过程的电流密度和电流波形成为减少添加剂用量的有效方法[103, 104]。电流波形要通过脉冲电流来控制。

电流波形主要有脉冲反向电流（Pulse Reverse Current，PRC）[105, 106]和周期脉冲反向电流（Periodic Pulse Reverse Current，PPRC）[107-109]两种。在 TSV 镀铜填充过程中，脉冲电流通过交替沉积（还原电流）和溶解（氧化电流）的方法，解决高电流密度电镀过程中孔口电流集中的问题[104, 110]。在正电流期间，由于高离子浓度和密集电场，通孔开口处的铜沉积速率很高[111]。在负电流期间，由于大电流集中，电化学反应以比其他区域更快的速率刻蚀开口边缘的铜。因此，脉冲反向电流通过与厚度成比例的回蚀来平衡不同位置的铜沉积速率。但是脉冲反向电镀过程中沉积铜的溶解会造成电镀液中铜离子和添加剂的扰动。铜离子和添加剂浓度不均可能会造成 TSV 镀铜填充缺陷。在脉冲反向电流波形中加入足够长的电流关闭时间可以解决脉冲反向电镀的电镀液中铜离子和添加剂浓度不均的问题[112]。在电流关闭期间，消耗铜离子的电镀停止，而继续将铜离子传输到通孔中，在下一个电镀期间在通孔内部补充离子。因此，PPRC 通过快速刻蚀厚的铜并传输离子但不消耗来实现共形沉积。

通过调整电镀液内各添加剂配比及电镀参数，可以实现不同的电镀填充效果。图 3-19 所示的是三种典型电镀填充形态：第一种，表面电镀速度快于孔侧壁及底部，在直孔电镀中容易形成开口首先被封闭的情形；第二种，表面和底部电镀速度基本一致，适合大尺寸 TSV 的挂壁填充；第三种，底部电镀速度快于表面和侧壁，可以实现自底向上的填充效果，适合实心填充 TSV 的制造。

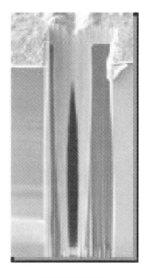

（a）次保角沉积　　　　　　　　（b）保角沉积　　　　　　　　（c）超保角沉积

图 3-19　三种典型电镀填充形态[85]

从 TSV 集成角度考虑，对于实心 TSV 来说，除了要实现孔的完全填充，还需要控制表面电镀层的最终厚度，以减少后续平坦化工艺的负担。一般来说，对于 10μm×100μm TSV，除了种子层厚度，电镀填充过程表面厚度还需要控制在 2μm 以内。图 3-20 所示的是 10μm×100μm TSV 的典型填充效果。在电镀填充后，使用 X-Ray 方式可以无损检查是否存在填充孔洞，电镀填充后典型的 X-Ray 检测结果如图 3-21 所示。

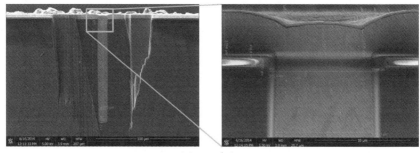

（a）TSV中心

图 3-20　10μm×100μm TSV 的典型填充效果

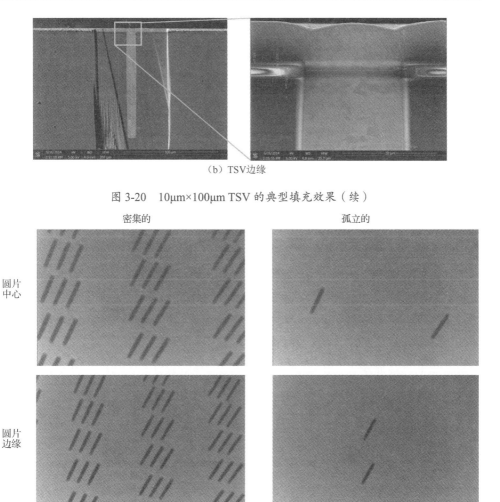

（b）TSV边缘

图 3-20　10μm×100μm TSV 的典型填充效果（续）

密集的　　　　　　　　　　　　　　　孤立的

圆片
中心

圆片
边缘

图 3-21　电镀填充后典型的 X-Ray 检测结果

　　TSV 电镀设备对于实现无孔洞完全填充起着特别关键的作用。首先，需要提供良好的预湿条件，确保 TSV 内完全被液体填充，不能有残留的气泡。预湿工艺用来去除通孔里的滞留气团，一般通过浸润或液体喷涂的方式实现。在有挑战性的几何特征（小直径、高深宽比）下，需要更极端的预湿工艺深入通孔内部，在一些严峻的情况下，还会在预湿过程中或电镀液中用到提高浸润能力的表面活性剂。另外，药水交换要充分，边界层厚度尽可能小，确保充足的离子供应。还有整片圆片的电场分布要均匀，电镀速率一致，这样才能保证较少的电镀时间和均匀的电镀覆盖层。目前 TSV 填充的主流电镀设备商包括美国应用材料公司（收购自 Semitool）、美国 Lam Research（收购自 Novellus）、ASM-NEXX 和盛美半导体设备（上海）股份有限公司（ACM）等。电镀药水材料商包括美商陶氏化学公司、德商安美特（中国）化学有限公司和上海新阳半导体材料股份有限公司等。

3.5 TSV 平坦化技术

在 TSV 电镀填充之后，需要将表面多余的铜层去除，这需要平坦化技术。目前主要通过化学机械抛光（CMP）工艺实现。这一工艺过程通过使用抛光设备，经过抛光液中的固体磨料机械磨削结合化学成分腐蚀实现，如图 3-22 所示。抛光机、抛光液和抛光垫是 CMP 工艺的三大因素，其性能和相互匹配决定了 CMP 工艺能达到的表面平坦化水平。抛光液是 CMP 的第一关键要素，其性能直接影响抛光后表面的质量。抛光液一般由超细固体粒子研磨剂（如纳米级 SiO_2、Al_2O_3 和 CeO_2 粒子等）、表面活性剂、络合剂、抑制剂、氧化剂等组成。固体粒子提供研磨作用，化学成分提供所期待的溶解和保护作用。成功的抛光液是找到化学作用和机械作用的最佳匹配点，以获得去除速率高、平整度好、均匀性优及选择性高等性能。此外，还要考虑后续清洗需求、对设备的腐蚀性、废料的处理费用及安全性等问题。为了提高抛光性能（最小凹坑效应、低缺陷率、高选择性）并降低成本，目前抛光液的整体趋势朝着低固含量、高化学反应活性、更温和的机械作用方向发展。在 CMP 工艺加工过程中，需要调整的参数还包括载样盘及抛光机台转速、抛光液供给速度、压力大小、抛光垫材质等。这些控制参数加上 CMP 抛光液的配方，构成 CMP 工艺技术开发和优化调试的核心。

针对 TSV 的 CMP 工艺与传统铜互连工艺所用的 CMP 工艺相比，前者需要去除的铜层更厚，一般会超过 2μm，因而需要更快的磨削速度，使用目前主流的抛光设备和针对 TSV 的 CMP 抛光液，铜的磨削速率可以超过 1μm/min。TSV CMP 工艺另一个需要控制的参数是凹陷效应，即要控制 CMP 之后 TSV 顶部高度与衬底表面的高度差，目前典型的尺寸在 100nm 以内。TSV 平坦化一般分成三个步骤：①铜镀层的快速去除，须保证此步结束时表面剩余铜层约 500nm；②以较慢的速度去除剩下的电镀铜层，并停留在扩散阻挡层表面；③去除扩散阻挡层，并去除部分绝缘层，该过程需要控制表面绝缘层剩余厚度的片内和片间均匀性。每个步骤的控制需要相应的终点检测机制，目前有多种实现方式。一般来说，针对金属层可以利用机械扭矩的变化或者涡流的变化来侦测终点；而对于剩余介质层厚度的控制，一般使用光学干涉的方式实现侦测。图 3-23 与图 3-24 所示的分别是 TSV CMP 各阶段的圆片表面宏观照片及显微照片。

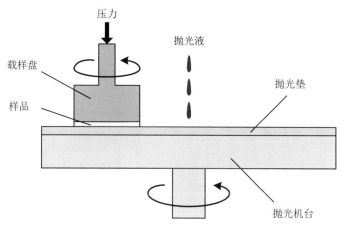

图 3-22　CMP 平坦化示意图

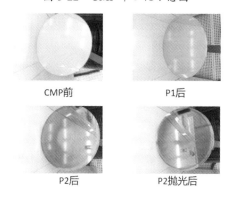

图 3-23　TSV CMP 各阶段的圆片表面宏观照片

在 CMP 之前，一般需要对电镀后的圆片进行退火处理，使 TSV 在抛光后的高温工艺中保持稳定，否则容易在后续高温工艺中出现 TSV 铜凸出问题，会影响顶部互连层与 TSV 间互连的可靠性[113]。图 3-25 所示的是 TSV 铜凸出引起的可靠性问题[113]。退火温度一般是后续工艺的最高温度，以保证后续工艺中的稳定性，对于 Via-middle 技术来说，一般需要 400℃退火半小时。

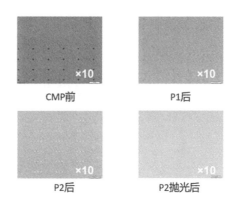

图 3-24　TSV CMP 各阶段的圆片表面显微照片

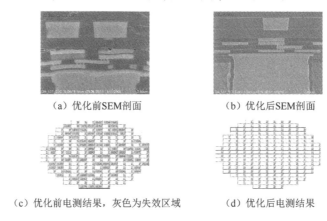

（a）优化前 SEM 剖面　　　　　　　　（b）优化后 SEM 剖面

（c）优化前电测结果，灰色为失效区域　　（d）优化后电测结果

图 3-25　TSV 铜凸出引起的可靠性问题

3.6　TSV 背面露铜技术

对于 Via-middle 技术来说，TSV 一般在圆片正面加工，为了实现 TSV 的有效互连，需要在背面进行露孔处理并实现互连引出。一般来说，需要承载圆片键合、圆片减薄、TSV 露孔刻蚀、背面绝缘层覆盖、TSV 金属露出等步骤，典型 TSV 露孔工艺流程如图 3-26 所示[114]。

首先进行承载圆片的键合，提供减薄的支撑；之后进行背面减薄，包括粗研磨、细研磨、抛光等步骤，将 TSV 顶部的剩余硅厚度（Remaining Silicon Thickness，RST）控制在 10μm 左右；接着进行整面的硅干法刻蚀或湿法腐蚀，将 TSV 背面露出，但要保持 TSV 背面被绝缘层包覆；然后在背面表面沉积或涂覆绝缘层，实现背面保护；最后通过抛光等工艺实现 TSV 背面金属的露出，为背面互连的加工做好准备。

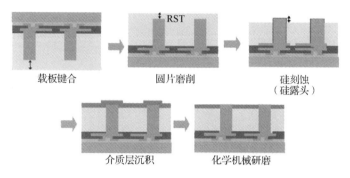

载板键合　　　　　圆片磨削　　　　　硅刻蚀
　　　　　　　　　　　　　　　　　　（硅露头）

介质层沉积　　　　化学机械研磨

图 3-26　典型 TSV 露孔工艺流程

美国应用材料公司提供典型的 TSV 背面露头集成方案[115]，在传统减薄工艺后，首先使用 CMP 工艺抛光减薄后的表面，接着使用干法刻蚀的方式实现 TSV 背面的露出，通过使用终点检测机制提供工艺反馈，可以将 300mm 圆片内露孔高度差异控制在 1.4μm 量级，典型 TSV 露头结果如图 3-27 所示。之后采用改进的低温 PECVD 工艺沉积 SiN、SiO 等薄膜实现背面保护，最终通过 CMP 工艺实现 TSV 背面金属的暴露。由于 TSV 背露后侧边台阶较高，传统的 PECVD 工艺容易在垂直拐角附近形成缝隙，影响可靠性。经过优化 PECVD 工艺，可以避免该问题，并且在 CMP 之后获得优异表面，工艺改善前后典型对比结果分别如图 3-28、图 3-29 所示。

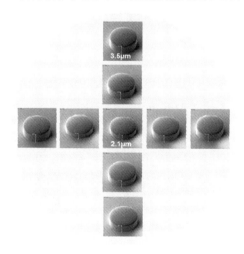

图 3-27　美国应用材料公司获得的典型 TSV 露头结果

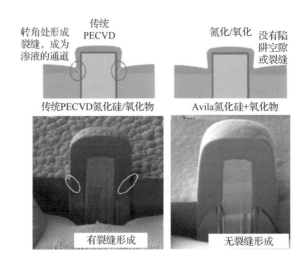

图 3-28　沉积后对比

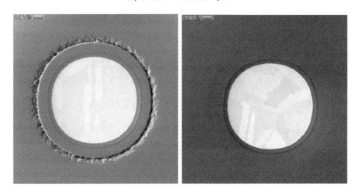

图 3-29　CMP 后对比

　　美国应用材料公司采用改进的 PECVD 工艺获得了优化的表面保护和 TSV 露铜结果。比利时 IMEC 采用类似的方式实现 TSV 露头，工艺流程如图 3-30 所示。在 TSV 露铜过程中，要避免使用 CMP 工艺，而使用无掩模板的干法刻蚀工艺，借助 TSV 背面露头的凸起特点，在介质层沉积后，采用旋涂光刻胶的方式覆盖表面，采用整面刻蚀的方式，首先去除 TSV 背面表面偏薄的光刻胶层，然后继续刻蚀，将 TSV 背面金属露出，为后续互连加工提供准备。图 3-31 所示的是 IMEC 完成 TSV 背面露铜后的 SEM 照片，可以清晰看到，表面是非平坦表面，TSV 背面凸出于圆片背部表面[116]。

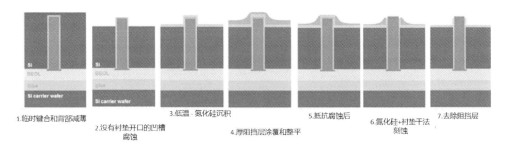

1.临时键合和背部减薄

2.没有衬垫开口的凹槽腐蚀

3.低温 - 氮化硅沉积

4.厚阻挡层涂覆和整平

5.抵抗腐蚀后

6.氮化硅+衬垫干法刻蚀

7.去除阻挡层

图 3-30　比利时 IMEC 提供的 TSV 露头工艺流程

图 3-31　IMEC 完成 TSV 背面露铜后的 SEM 照片

　　设备商 Lam Research 提供类似的集成思路，但为了简化工艺，将减薄后抛光、干法刻蚀露头两个步骤替换为湿法腐蚀步骤[117]，为了兼顾刻蚀速率和刻蚀选择比，结合使用高速腐蚀液和 TMAH 型腐蚀液，并结合单片腐蚀设备的工艺优化，可实现 300mm 圆片内部优于 2% 的腐蚀速率均匀性，腐蚀 20μm 的硅层，平整度可以控制在 0.5μm 以内，典型腐蚀数据如图 3-32 所示。该方案工艺简单，可有效降低 TSV 露头的集成成本，而且设备配置要求也大大降低，原本需要价格昂贵的 CMP 和干法刻蚀设备，目前只需一台湿法腐蚀设备即可实现[117]，进一步降低了工艺的成本。

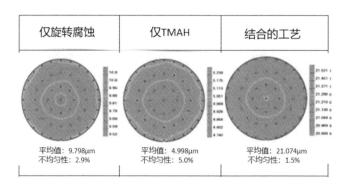

图 3-32　典型腐蚀数据[117]

　　国内华进半导体封装先导技术研发中心有限公司在 TSV 集成方面开展了很多量产技术开发工作，在 TSV 背面露头方面提供更具成本优势的集成方案[118]，工艺流程如图 3-33 所示。不仅使用湿法腐蚀的方式实现 TSV 露头，还直接使用聚合物层涂覆实现背面保护，并使用特殊的光刻方法结合干法刻蚀，实现 TSV 端头金属的暴露，避免了使用高成本的 CMP 工艺。

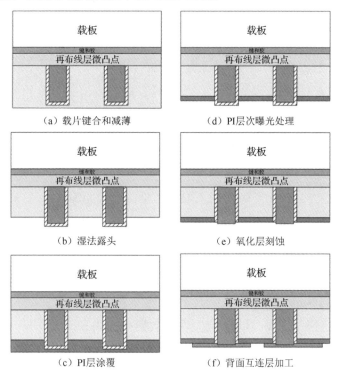

图 3-33　TSV 背面露头集成方案工艺流程[118]

华进半导体封装先导技术研发中心有限公司结合自配的高速硅腐蚀药液及 TMAH 基药液，通过 1 步或 2 步刻蚀成功实现 TSV 背面的露出，并保证 TSV 背面依然被氧化层保护[118,119]，典型湿法 TSV 露头结果如图 3-34 所示。接着在背面涂覆聚酰亚胺（PI）层，并做特殊的欠曝光处理，通过显影将 TSV 背面覆盖的 PI 层去除，接着即可实施干法刻蚀工艺，将 TSV 背面表面氧化层去除，实现 TSV 背面金属的暴露，为背面互连层的加工做好准备。图 3-35 所示的是完成背面 RDL 加工后的剖面 SEM 照片。

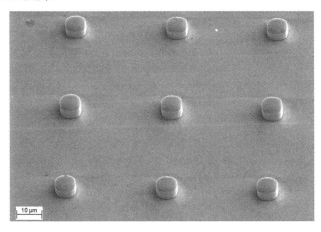

图 3-34　典型湿法 TSV 露头结果[118]

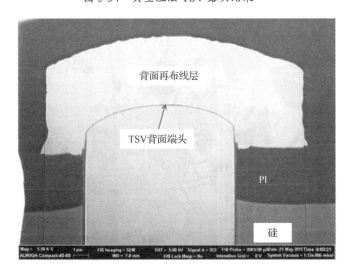

图 3-35　完成 TSV 背面 RDL 加工的剖面 SEM 照片[118]

3.7　本章小结

TSV 制造包含了比较复杂的工艺过程。TSV 较多的工艺步骤和 TSV 与平面互连不同的性能需求，使 TSV 在工艺设备和材料等方面与已有的 CMOS 制造体系差异较大。

为获得足够的深宽比，大都采用干法深反应离子刻蚀。DRIE 技术分为两种：一种是时分复用法的 Bosch 工艺；另一种是低温刻蚀法。这两种方法都使用氟基化合物产生的等离子体进行刻蚀。采用 Bosch 工艺，可实现高达 50μm/min 的刻蚀速率，深宽比高达 100∶1。

对于 TSV 绝缘工艺，PECVD 不仅工艺温度相对较低，而且产率较高，在 Via-last 型 TSV 方面有广泛的应用。使用 TEOS 和 O3 的 SACVD 沉积，工艺温度一般为 300～600℃，可以实现超过 60% 的台阶覆盖，在 Via-middle 型 TSV 制造方面有很好的应用。热氧化方案可以在 1000℃ 的高温下实现 100% 的台阶覆盖，且氧化硅层特别致密，可以应用于无源衬底 TSV 中介层的加工。大尺寸低深宽比 TSV，可以采用喷涂或者特殊的旋涂方式直接在侧壁获得聚合物层。

针对扩散阻挡层和种子层沉积，目前的主流工艺方法是 PVD 技术，通过离子化金属离子及二次溅射等技术，实现深孔上金属材料的连续覆盖，确保后续电镀工艺的有效进行。由于在微米尺度深孔内覆盖率低，通过 PVD 在更高深宽比（15∶1 以上）TSV 中沉积连续的阻挡层和种子层面临巨大困难。ALD 和金属有机化学气相沉积（MOCVD）是制备小直径高深宽比 TSV 中共形金属薄层的替代技术。使用 ALD 工艺制备阻挡层，再以湿法工艺制备种子层，成为一个极具竞争力的高深宽比 TSV 制备方案。

针对高密度 Via-middle 技术，通常需要通过自底向上生长实心填充 TSV。针对大尺寸 Via-last 型 TSV 加工，一般使用共形电镀，只在侧壁电镀一层与表面厚度基本一致的镀层。为了获得所需的填充效果，还需要在电镀液中添加多种有机添加剂，一般包括抑制剂、加速剂和整平剂三种。

针对 TSV 的 CMP 工艺，需要去除的铜层厚度一般会超过 2μm，因而需要更快的磨削速度，但要控制凹陷效应，即要控制 CMP 之后 TSV 顶部高度与衬底表面的高度差在 100nm 以内。TSV 平坦化一般分成三个步骤：第一个步骤是铜镀层的快速去除；第二个步骤是以较慢的速度去除剩下的电镀铜层，并停留在扩散阻挡层表面；第三个步骤是去除扩散阻挡层，并去除部分绝缘层，该过程需要控制表面绝缘层剩余厚度的均匀性。

　　TSV 背面露铜技术比较复杂，需要根据产品性能要求采取相应技术方案。其中，先采用湿法刻蚀硅基体，再进行涂胶保护，最后进行研磨露铜的方法具有较低的成本。

第4章

圆片级键合技术与应用

本章主要讨论圆片级键合技术，主要涉及圆片-圆片（W2W）键合和芯片-圆片（C2W）键合。圆片级键合是实现拓展摩尔定律的 3D 集成与先进封装的一项关键性技术。根据键合界面材料的不同，圆片级键合主要分为三种方式：介质键合［包括无机介质材料直接键合（Driect Bonding）与有机聚合物胶热压键合（Thermo-Compression Bonding，TCB）］、金属键合（焊料凸点键合与无凸点金属直接键合）及金属/介质混合键合。本章首先介绍圆片级键合技术在 3D 集成和先进封装中的应用与特点，然后详细介绍几种主要的低温永久性键合技术的基本机理、发展脉络与最新研究进展，最后进行总结与展望。

4.1 圆片级键合与 3D 封装概述

4.1.1 圆片-圆片键合与芯片-圆片键合

圆片级键合通过将两个圆片或芯片与圆片表面相连接的技术，实现 3D 集成与先进封装中的垂直堆叠结构和电气互连。图 4-1 所示的一个典型 3D 封装，包含了通过多种键合技术实现的堆叠结构：①通过圆片-圆片键合实现的相同尺寸芯片的 3D 芯片堆叠；②通过芯片-圆片键合或芯片-芯片键合实现的不同尺寸芯片的 3D 芯片堆叠；③芯片和封装基板之间键合实现的倒装芯片微组装；④封装对封装键合实现的 3D 叠层封装（PoP）；⑤通过表面贴装技术实现的封装对印制电路板之间的键合。采用多种键合技术是出于对不同的技术特点和成本等方面的考虑。本章主要介绍用于 3D 芯片堆叠的圆片-圆片键合与芯片-圆片键合技术。

图 4-2 为圆片–圆片键合和芯片–圆片键合的简化工艺流程示意图。圆片–圆片键合的优势是可以得到很高的对准精度和单位时间产量，缺点是无法在键合前将不合格芯片剔除，以及对上下层芯片尺寸必须进行相同的限制。芯片–圆片键合及芯片–芯片键合则可在键合前挑选出检测合格的芯片（Known Good Die，KGD），并且上层芯片尺寸可以小于底层芯片尺寸，缺点是对准精度较低，且需要对每个芯片进行单独对准和键合，难以同时实现高对准精度和高单位时间产量。另外，若采用芯片–圆片键合技术，芯片需足够厚以满足芯片拾取和放置工具的要求。

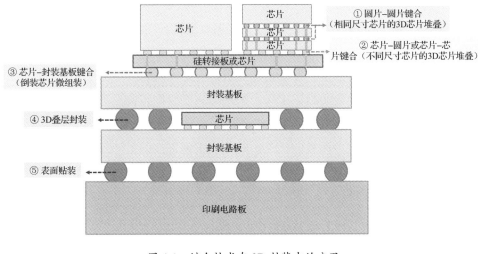

图 4-1　键合技术在 3D 封装中的应用

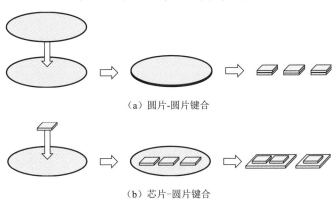

图 4-2　圆片–圆片键合和芯片–圆片键合的简化工艺流程示意图

4.1.2 直接键合与间接键合

根据是否使用中间层，圆片级键合还分为直接键合与间接键合。间接键合是指在键合过程中使用黏结剂（如聚合物胶）或低熔点金属焊料或共晶合金，以实现低温键合；直接键合则是指不使用黏结剂或低熔点金属而实现键合。

另外，根据键合界面材料的不同，圆片级键合可分为介质键合（包括无机介质材料直接键合与有机聚合物胶热压键合）、金属键合（焊料凸点键合与无凸点金属直接键合）及同时使用金属和介质材料的金属/介质混合键合三种键合方式。有机聚合物胶热压键合和焊料凸点键合属于间接键合，这是因为这两种键合工艺使用了黏结剂或低熔点金属；而氧化硅键合和金属直接键合（如铜-铜键合）不使用黏结剂或低熔点金属，属于直接键合。表 4-1 比较了介质键合和金属键合的不同特征。其中，两者最显著的区别在于，在介质键合中，键合界面无法实现直接的电气互连，因此需要在键合后制作 TSV；采用金属键合则可实现键合界面的直接电气互连，且在很多情况下可同时增强键合结构的导热性。金属/介质混合键合则结合了介质键合与金属键合两者的优点，既可以实现直接的电气互连，又可以得到无间隙的键合界面结构（金属键合之间的间隙由介质键合材料填充），增强了结构的机械稳定性和可靠性。

表 4-1　介质键合和金属键合的不同特征

键 合 类 型	介 质 键 合		金 属 键 合	
键合材料	氧化硅或其他无机介质材料薄膜	聚合物胶	焊料	铜等高熔点金属
直接/间接键合	直接	间接	间接	直接
键合界面的绝缘性/导电性	绝缘	绝缘	导电性良好	导电性最好
键合界面的光学特性	透光	透光	不透光	不透光
导热性	差	差	好	最好
热稳定性	好	差	差	中
有无凸点	无凸点	无凸点	焊料凸点	铜（金）凸点或无凸点
垂直互连（信号）	电磁耦合或键合后制作 TSV	电磁耦合或键合后制作 TSV	金属键合+TSV	金属键合+TSV
垂直互连（电源）	键合后制作 TSV	键合后制作 TSV	金属键合互连+TSV	金属键合互连+TSV
垂直互连密度	中-高	中	低-中	高

4.1.3　正面-正面键合与正面-背面键合

圆片级键合还可分为正面-正面键合和正面-背面键合两种方式。通常，我们称带有器件和导电布线的一面为圆片正面，并称与之对应的另一面为背面。目前，3D 堆叠背照式图像传感器采用的是正面-正面键合方式，可以在圆片键合之后再进行 TSV 的制作。动态随机存储器（DRAM）堆叠则采用正面-背面键合方式，由于 DRAM 堆叠的每一层为相同圆片，正面-背面键合可减少因镜面设计而产生的额外成本。需要注意的是，在正面-背面键合中，只能在键合工艺之前完成背面薄化和其他背面工艺。因此，需要采用临时键合技术才能实现圆片薄化至 20μm 以下，目前常规的 DRAM 单层厚度为 50μm。

4.1.4　圆片级键合与多片/单片 3D 集成

圆片级键合与芯片制造（包括 FEOL 和 BEOL）、其他 3D 集成及封装工艺技术存在多种不同的整合方式，主要可分为两大类：多片 3D 集成方式和单片 3D 集成方式。根据所采用的键合材料和 TSV 制造工序的不同，可采用不同的键合方案，如图 4-3 所示。

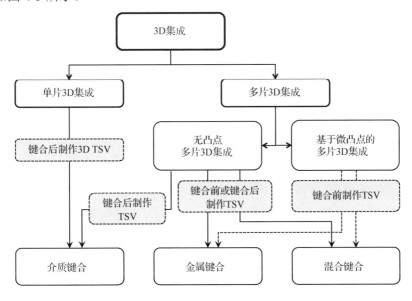

图 4-3　单片/多片 3D 集成与其适用的圆片级键合技术

在多片 3D 集成中，各层电路可首先采用各自的优选材料和成熟工艺在不同的圆片上分别（并行）制造，然后通过键合技术实现 3D 堆叠。多片集成的键合可以采用多种键合材料，包括二氧化硅和聚合物胶等绝缘介质材料，以及焊料凸点和高熔点金属（如铜）等金属材料。图 4-4（a）和（b）所示为采用介质材料作为键合材料，分别通过背面-正面和正面-正面的键合方式实现的 3D 电路结构；图 4-4（c）所示为采用凸点键合（正面-正面）实现的 3D 结构；图 4-4（d）所示为采用金属/介质混合键合（正面-正面）实现的无凸点直接互连的 3D 结构。

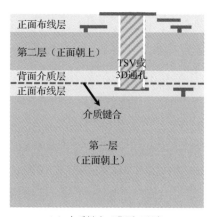

（a）介质键合（背面-正面）

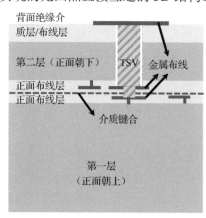

（b）介质键合（正面-正面）

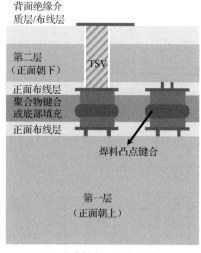

（c）凸点键合（正面-正面）

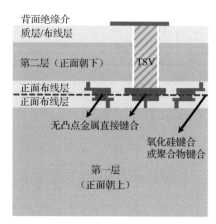

（d）混合键合（正面-正面）

图 4-4　几种 3D 集成结构

不同于多片 3D 集成的并行制造程序，在单片 3D 集成中，各层集成电路的制造采用串行的顺序：首先在一个圆片上完成底层集成电路的制造，再通过圆片键合与薄膜转移技术或沉积技术在底层电路上方形成一层半导体薄膜，然后进行上层电路和垂直互连的制造。单片 3D 集成工艺得到的 3D 电路结构与图 4-4（a）类似，与多片集成的区别主要在于垂直互连密度和材料的选择。单片 3D 集成的垂直互连密度不受键合精度的限制，只受后续上层电路和垂直互连制造过程中光刻等工艺的精度限制，因此可以实现比多片 3D 集成密度更高的垂直互连。由于上层电路需要在键合之后通过高温工艺（400℃以上）制造，其加工工艺和材料的选择会受到很多限制，例如，上层电路的制造需在尽可能低的温度（如 650℃甚至更低）下进行，因为过高的温度会对下层电路产生不利影响，而上层电路的低温制造工艺也会限制上层器件的性能。另外，键合界面也需要承受后续的高温工艺（400℃以上），这也限制了键合材料只能是氧化硅或钨等具有极好热稳定性的介质或金属材料，而不可选用焊料凸点、铜和聚合物等其他键合技术中常用的但热稳定性较差的材料。

4.2　介质键合技术

4.2.1　介质键合技术简介

圆片级键合的早期研究成果由美国 IBM 公司的 J. B. Lasky 和日本东芝公司的新保优（M. Shimbo）分别于 1986 年发表[120,121]。Lasky 研究了 Si-SiO$_2$ 和 SiO$_2$-SiO$_2$ 的亲水性圆片键合；新保优则研究了 Si-Si 的亲水性键合。后来，这种亲水性键合技术与 Smart Cut 技术结合应用于绝缘体上硅（Silicon-on-Insulator, SOI）的生产中，其工艺流程如图 4-5 所示。

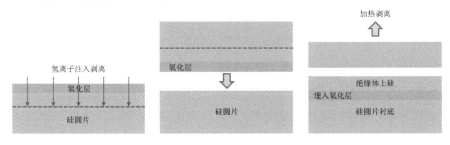

图 4-5　利用氧化硅键合与离子剥离技术制造绝缘体上硅圆片的工艺流程图

近十多年来，研究人员将这种氧化硅亲水性键合技术广泛应用于 3D 集成，其典型代表是美国的 MIT 和 IBM 分别提出的两种多片 3D 集成方案。MIT 的科研人员采用 SOI 和氧化硅键合，将两个制作有电路的圆片正面-正面进行键合，随后去除 SOI 的硅衬底并进行 TSV 的制作。IBM 同样采用了 SOI 和氧化硅键合，但在键合前已经完成了上层圆片的背面减薄，之后进行正面-背面的键合和 TSV 的制作。法国 Leti 的 CoolCube™ 项目采用氧化硅键合实现了单片 3D 集成[122]。另外，聚合物胶也是一种键合中常用的介质材料。日本的 WOW（Wafer-on-Wafer）联盟采用了键合前上层圆片减薄、正面-背面的聚合物胶圆片键合、键合后制作 TSV 的工序实现了 3D 集成[123]，并展示了在 300mm 圆片上制作的 3D 堆叠 DRAM[124, 125]。

4.2.2　氧化硅亲水性键合

亲水性键合的基本机理主要是附着于亲水性圆片表面的羟基（—OH）之间发生化学反应转变为共价键。图 4-6 所示为 Tong 和 Gösele 提出的硅圆片亲水性键合经典四阶段机理模型[126]。该模型指出，附着在平坦光滑且清洁的硅圆片表面的硅醇基（≡Si—OH）和水分子主要参与键合过程。在键合初始阶段，圆片之间通过水分子之间的氢键相互贴合在一起，如图 4-6（a）所示。在 110～150℃加热条件下进行退火，圆片表面之间可通过以下反应形成硅—氧—硅共价键（≡Si—O—Si≡）实现键合，并在界面生成水分子：

$$\equiv \text{Si—OH} + \text{HO—Si} \equiv \longrightarrow \equiv \text{Si—O—Si} \equiv + \text{H}_2\text{O} \tag{4-1}$$

此反应为可逆反应。这一阶段伴随着界面水分子的向外扩散，如图 4-6（b）所示。同时，一些水分子会穿过自然氧化硅薄层向硅圆片内部扩散，与硅发生氧化反应并生成氢气：

$$\text{H}_2\text{O} + 2\text{Si} \equiv \longrightarrow \equiv \text{Si—O—Si} \equiv + \text{H}_2 \tag{4-2}$$

Tong 和 Gösele 认为，反应式（4-1）在 150～800℃下可将≡Si—OH 完全转化为≡Si—O—Si≡键，如图 4-6（c）所示。在此过程中，键合强度主要受圆片表面接触面积大小的影响。当温度高于 800℃时，自然硅氧化层发生黏性流动，键合强度达到最大极限。

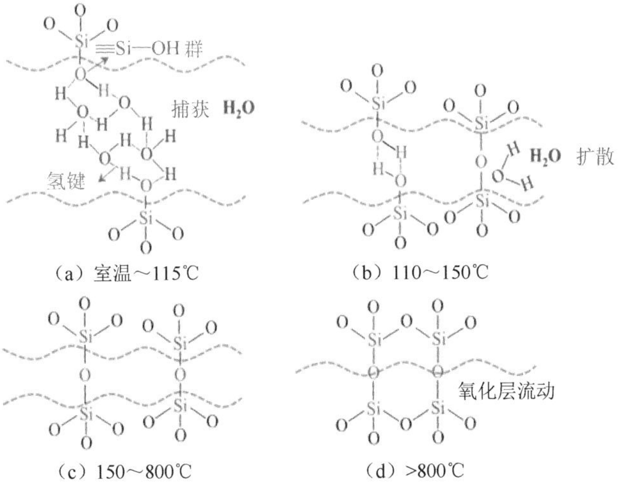

（a）室温～115℃

（b）110～150℃

（c）150～800℃

（d）>800℃

图 4-6　Tong 和 Gösele 提出的硅圆片亲水性键合经典四阶段机理模型

亲水性键合经典四阶段机理模型未考虑圆片表面的粗糙度等特性。华中科技大学的 Liao 等人[127]分析了表面能和表面形貌对键合的影响，提出了考虑圆片表面特征的键合接触模型，如图 4-7 所示。键合过程中，圆片表面的纳米级凹凸形貌发生变形，两表面接触面积增大，共价键数量增加。夹在键合界面的水分子可以对硅或二氧化硅表面产生内部应力腐蚀，软化圆片表面的凹凸形貌，提升键合质量。然而，水分子对键合质量提升的前提是水分子量的控制。界面过多的水分子难以通过低温（200～400℃）退火完全去除，同样会导致界面的应力腐蚀并引起空洞。另外，在没有阻水层的情况下，多余的水分子容易扩散到圆片内部，与硅发生氧化反应并生成氢气，产生大量气泡，降低键合良率。

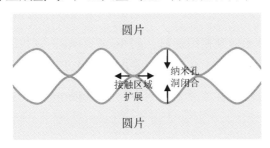

图 4-7　Liao 等人提出的考虑圆片表面特征的键合接触模型[127]

通过上述键合模型可以看出，增加圆片表面的羟基和控制键合界面水分子量可以提高键合质量。等离子体表面处理是应用最广泛的表面处理方法。目前，采用等离子体表面处理方法，亲水性键合的退火温度可以降低至 200～400℃，实现接近于硅材料体强度的键合强度。亲水性键合机理同样适用于很多介质薄膜的键合，如 Si_3N_4、Al_2O_3、石英等[128, 129]。

4.2.3　聚合物胶热压键合

聚合物胶键合是指在两个待键合表面之间使用一层聚合物中间层，实现两表面之间的黏结。因此，这种键合技术属于间接键合。聚合物胶键合的优势在于相对低的键合温度、对圆片表面的形貌和平整度要求低、可以与 CMOS 圆片兼容。聚合物胶键合通常使用热压键合方法实现。首先在一个或两个待键合圆片的表面涂布聚合物胶，然后进行烘烤，去除溶剂，之后将两圆片进行贴合并施加压力，最后进行聚合物胶的固化。对于广泛使用的热固型键合胶，加热固化后，可使其保持很高的机械强度和在 400℃以下较好的热稳定性。

4.3　金属圆片键合技术

4.3.1　金属直接键合技术简介

自从 IBM 于 20 世纪 60 年代开发出可控塌陷芯片连接（Controlled Collapse Chip Connect，C4）技术，或称倒装芯片技术，凸点键合在微电子封装领域特别是芯片与封装基板的键合中得到了广泛的应用。随着 3D 封装技术的发展，凸点键合技术也被应用于芯片-芯片、芯片-圆片键合及封装体的 3D 叠层封装。凸点键合技术的主要特征包括：

（1）凸点键合技术通常使用焊料（如 Sn 或 SnAg）或其他低熔点共晶组合作为凸点材料，并在加热过程中使其熔化或相互扩散以达到键合的目的；

（2）凸点键合过程经常涉及金属间化合物（Intermetallic Compounds，IMC）的形成；

（3）在凸点键合技术中，一般需要制作凸点下金属（Under Bump Metal，UBM）层，以增加凸点的黏附性，并限制低熔点金属向芯片金属布线层的扩散，以及过多 IMC 的形成。

随着近年来高密度互连的需求，凸点键合技术向着超小节距（Ulltra-Fine

Pitch）方向发展出了铜柱和固态键合等技术。如图 4-8 所示，随着凸点节距的缩小，要求凸点中所使用的焊料量也减少，甚至无焊料键合（Solder-Less Bonding）或无凸点键合（Bump-Less Bonding），以避免在焊料熔化过程中产生键合凸点之间的桥接等风险。表 4-2 列举了几种金属键合方法及其键合温度。

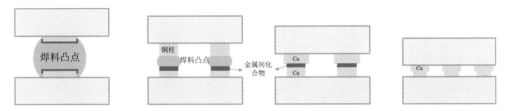

图 4-8　焊料凸点、铜柱微凸点、微凸点固态键合及无凸点键合结构示意图

表 4-2　几种金属键合方法及其键合温度

键 合 方 法	键 合 金 属	键合温度/℃	研 究 机 构
焊料键合（倒装芯片）	铅焊料	183	IBM 等
	无铅焊料（Sn-Ag-Cu 等）	245	Ericsson、IBM、UCLA 等
	铜柱 + 焊料	250～275	Fujitsu 等
固液互扩散键合	铜-锡	250～300	UCSB[130, 131]、HBV[132-136]等
固态互扩散键合	无铅焊料	100～200	UTokyo[137, 138]等
	铜-锡	170～232	IMEC 等
热压键合	铜-铜	200～400	MIT[139]、 NCTU[140]、 RPI[100]、Utokyo[141, 142]、NTU[143]等
	铜/钛-钛/铜	180	NCTU[144-146]
表面活化键合	金-金	100～450	SINTEF[147]等
	铝-铝	350～450	Univ. Osl[148-150]等
	铜-铜	常温	Utokyo[151-156]
	金-金	常温	Utokyo[157, 158]
	铝-铝	常温	Utokyo[159, 160]
原子扩散键合	铜-铜、铝-铝、钛-钛、钽-钽、钨-钨、金-金等	常温	Tohoku Univ[161-164]
亲水性键合（CMP）	铜-铜	常温	CEA Leti[165]
	钛-钛	常温	CEA Leti[166]

无凸点金属键合可采用的金属包括铝、金、铜、银等。与其他金属键合相比，铜-铜键合可实现更小的电阻、更小的功率损耗、更好的抗电迁移特性、更好的散热和热可靠性。因此，铜-铜键合是实现高性能高密度 3D 芯片的理想 3D 互

连技术。随着 IBM 在 1997 年宣布采用铜互连技术，研究人员开始了铜-铜键合技术的研究。目前铜-铜键合有两种主要的键合方法，即热压键合（TCB）与表面活化键合（Surface Activated Bonding，SAB）。接下来的两小节主要介绍铜-铜热压键合与表面活化键合的基本机理。

4.3.2 铜-铜热压键合

在铜-铜热压键合中，通常采用溅射或电镀的方式在圆片表面沉积铜薄膜，然后经过表面平坦化处理来减小铜薄膜表面的粗糙度以增大键合面积。暴露在空气中之后，铜表面非常容易形成自然氧化层，正是这层自然氧化层阻碍了铜-铜键合过程的发生。铜-铜热压键合的基本原理是在施加外部压力和温度的条件下，促进键合界面处的铜原子相互扩散，形成铜-铜金属键。图 4-9 为铜-铜键合过程示意图。在 350～400℃温度条件下，随着铜原子扩散和晶粒生长，原始的接触界面消失，可形成 Z 字形的界面。

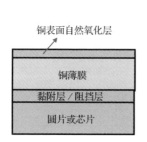
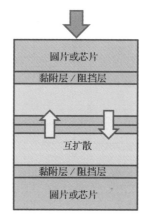
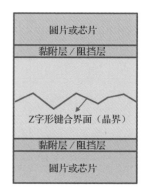

图 4-9　铜-铜键合过程示意图

为了降低铜-铜热压键合温度，研究人员开发了多种防止铜表面氧化或者促使铜自然氧化层还原的方法。表 4-3 列举了几种表面处理方法，其中采用氢气气氛、甲酸蒸气气氛和表面钛钝化的方法可将铜-铜键合温度降低至 200℃ 及以下。

表 4-3　表面处理方法

键 合 方 法	键合前表面处理	键 合
氢气气氛 （H₂ + Ar or N₂）[167, 168]	175℃ 30min 热压	175℃ 30min + 200℃ 60min 退火

键 合 方 法	键合前表面处理	键　合
甲酸蒸气气氛[141, 142]	200℃	200℃　5min 热压
表面有机膜钝化[169, 170]	250℃	250～300℃　60min 热压
表面钛钝化[146]	无	180℃　30～50min 热压

4.3.3　表面活化键合

表面活化键合过程示意图如图 4-10 所示。表面活化键合是在超高真空中（10^{-6}Pa）使用带有一定能量的离子束/原子束对圆片表面进行轰击，物理去除铜表面自然氧化层后，在真空中对清洁表面进行键合。由于铜表面的原子级清洁度可在常温下形成铜-铜原子之间的金属键，因此表面活化键合的基本机理不同于热压键合，其界面形貌也不同。在表面活化键合中，不依靠铜原子的相互扩散，其键合界面为直线型界面，界面两侧为不同的晶粒。

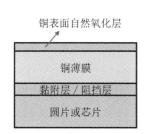
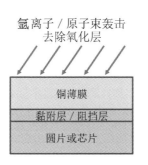
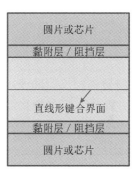

图 4-10　表面活化键合过程示意图

4.4　金属/介质混合键合技术

4.4.1　混合键合技术简介

金属/介质混合键合是指待键合表面含有露出的金属表面和介质表面，同时实现圆片间的金属-金属键合和介质-介质键合（以及小面积的金属-介质键合）。混合键合技术的概念最早由东京大学须贺唯知（Tadatomo Suga）教授于 2000 年提出，最初被称为"无凸点直接键合（Bump-Less Direct Bonding）"[171]。图 4-11 为无凸点直接键合互连示意图。上下两层的金属布线直接相连，节距可缩小到 10μm

以下。金属/介质混合键合综合了介质键合技术与金属键合技术的优点，既可实现超高密度的直接金属电源/信号互连，又可得到没有缝隙的键合界面，适用于多片集成工序。因此，金属/介质混合键合是一项十分具有前景的技术。

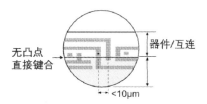

图 4-11　无凸点直接键合互连示意图

表 4-4 总结了几种主流的混合键合方法及其适用的材料组合。美国 Ziptronix（现 Xperi）公司开发的直接键合互连（Direct Bond Interconnect，DBI）技术是目前较为成熟的混合键合技术，可用于实现金/氧化硅、铝/氧化硅和铜/氧化硅混合键合。爱丁堡大学和日本放送协会（NHK）采用等离子体活化方法分别研究了铝/氧化硅和金/氧化硅混合键合。东京大学结合原子（离子）束表面活化技术和水蒸气处理，研究了铜/氧化硅、Cu/SiO₂/PI、铜/氧化硅、氮化硅混合键合。对于采用聚合物胶作为介质材料的混合键合，包括铜/氧化硅/聚合物、铜/聚合物、金/聚合物、铜-锡微凸点/聚合物混合键合，热压键合是其主要键合方法。

表 4-4　几种主流的混合键合方法及其适用的材料组合

键 合 方 法	混合键合材料	研 究 机 构
直接键合互连	金/氧化硅	Ziptronix（现 Xperi，美国）[172]
	铝/氧化硅	Ziptronix [173]
	铜/氧化硅	Ziptronix[174-177]
等离子体活化键合	铝/氧化硅	爱丁堡大学[178]
	金/氧化硅	日本放送协会（NHK）[179]
CMP 处理后直接键合	铜/氧化硅	电子与信息技术实验室（CEALeti）（法国）[180,181]
水蒸气辅助表面活化键合	铜/氧化硅、Cu/SiO₂/PI、铜/氧化硅/氮化硅	东京大学（日本）[156,182]
热压键合	铜/氧化硅/聚合物	IBM（美国）[183]
	铜/聚合物	伦斯勒理工学院（美国）[184]、ASET[185]、东京大学
	金/聚合物	富士通（日本）[186]、早稻田大学（日本）[187]
	铜-锡微凸点/聚合物	台湾交通大学[188]、早稻田大学[189]

目前，主流的混合键合方案包括铜/氧化硅、铜/聚合物胶，以及由微凸点键合技术和非流动性底部填充（No-Flow Underfill）技术改进而来的微凸点/聚合物胶混合键合。表 4-5 列出了以上三种混合键合的关键工艺步骤。在铜/氧化硅和铜/聚合物胶混合键合中，首先需要对表面进行平坦化，所采用的方法有化学机械抛光及针对铜/聚合物胶混合键合的表面削切工艺。之后进行表面活化，去除铜表面的自然氧化层，对于氧化硅，还需要亲水性表面活化。活化后的铜/氧化硅表面可在室温下进行对准和预键合，然后在加热条件下进行热退火，完成氧化硅-氧化硅键合界面的强化和铜-铜键合界面的形成。对于铜/聚合物胶混合键合，需要首先进行聚合物胶之间的键合和固化（温度取决于聚合物材料，通常不高于 250℃），以提高其热稳定性，然后升温到 350℃进行铜-铜热压键合。相比铜/氧化硅和铜/聚合物胶混合键合，微凸点/聚合物胶混合键合对金属表面的平坦度要求更低，因此除了表面削切等工艺，也可采用光敏聚合物胶图形化的方式将金属凸点暴露出来，便于后续的金属凸点和聚合物胶各自之间的键合。

表 4-5　三种混合键合的关键工艺步骤

步　骤	铜/氧化硅	铜/聚合物胶	微凸点/聚合物胶
1	化学机械抛光	化学机械抛光或表面削切	聚合物胶（光敏）图形化（光敏聚合物胶）或表面削切
2	表面活化	铜表面活化（可选）	微凸点表面活化（可选）
3	对准和氧化硅-氧化硅键合（室温下）	对准和聚合物胶键合与固化（热压）	对准和微凸点键合（回流或热压）
4	铜-铜键合（加热退火）	铜-铜键合（热压键合）	聚合物胶固化

4.4.2　铜/氧化硅混合键合

在铜/氧化硅混合键合中，圆片表面的铜互连采用大马士革工艺进行制作，并通过化学机械抛光工艺对其表面进行平坦化，如图 4-12 所示。表面平坦化之后，需要对表面进行表面活化处理，以去除铜表面的自然氧化层并对氧化硅进行亲水性处理，采用的主要方法包括等离子体处理或原子束及水蒸气处理。活化后的铜/氧化硅表面可在室温下进行对准和预键合，然后在加热（200～350℃）条件下进行热退火，完成氧化硅-氧化硅键合界面的强化，并通过铜在加热条件下膨胀所产生的内部应力及铜原子的互扩散形成铜-铜键合界面。

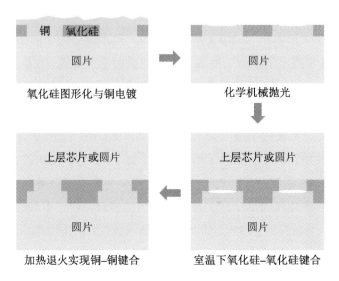

图 4-12　铜/氧化硅混合键合主要工艺步骤

4.4.3　铜/聚合物胶混合键合

　　相比铜/氧化硅混合键合,铜/聚合物胶混合键合的铜布线除了可采用大马士革工艺及化学机械抛光[见图 4-13 (a)]完成制作,还可采用金属凸点工艺及表面切削技术[见图 4-13 (b)]完成。早期的铜/聚合物胶没有采用表面活化技术,其铜-铜键合温度高达 350℃,为了避免聚合物胶的热分解或性能退化,需要在铜-铜键合步骤之前进行聚合物胶之间的热压键合和固化,固化温度取决于聚合物材料,通常不高于 250℃,以提高聚合物材料的热稳定性。在聚合物完全固化之后,将温度升高到 350℃进行铜-铜热压键合,其工艺步骤如图 4-13 (a)所示。

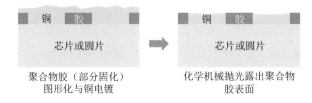

（a）化学机械抛光

图 4-13　铜/聚合物胶表面平坦化

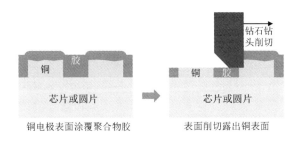

钻石钻头削切

铜电极表面涂覆聚合物胶

表面削切露出铜表面

（b）钻石钻头切削

图 4-13 铜/聚合物胶表面平坦化（续）

为了降低铜/聚合物胶混合键合的温度，可采用甲酸气氛表面活化方法，部分去除铜表面的自然氧化层，如图 4-14（2）所示，表面活化后的铜-铜键合可在 180～200℃下进行，并且所需的热压时间比传统工艺的 1h 大大缩短，10min 以内即可完成。在铜-铜键合完成之后，即可在无外加压力的加热条件下进行聚合物的固化处理。

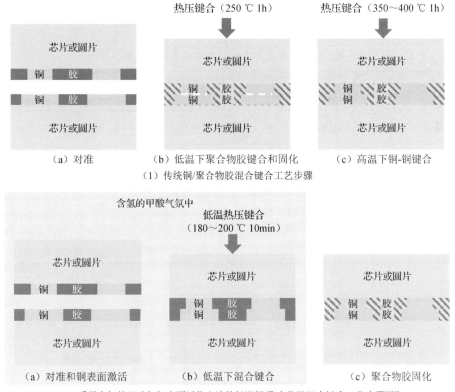

热压键合（250℃ 1h）

热压键合（350～400℃ 1h）

（a）对准
（b）低温下聚合物胶键合和固化
（c）高温下铜-铜键合

（1）传统铜/聚合物胶混合键合工艺步骤

含氢的甲酸气氛中

低温热压键合
（180～200℃ 10min）

（a）对准和铜表面激活
（b）低温下混合键合
（c）聚合物胶固化

（2）采用含氢的甲酸气氛表面活化方法的低温铜/聚合物胶混合键合工艺步骤[190]

图 4-14 铜/聚合物胶混合键合关键工艺步骤

4.4.4　微凸点/聚合物胶混合键合

相比铜/氧化硅和铜/聚合物胶混合键合，微凸点/聚合物胶混合键合对金属表面的平坦度要求更低，因此除了表面削切等工艺，也可采用光敏聚合物胶图形化的方式将金属凸点暴露出来，便于后续的金属凸点和聚合物胶各自之间的键合。微凸点/聚合物胶混合键合对于微凸点和聚合物胶表面的平坦度要求相比铜/聚合物胶混合键合低。因此，除了使用化学机械抛光和钻头削切的方法进行微凸点的露出处理，还可以使用光敏聚合物胶光刻或者等离子体刻蚀的方法去除微凸点表面的聚合物胶。表 4-6 列举了不同微凸点/聚合物胶混合键合微凸点露出方法。采用化学机械抛光和表面切削方法的优点是这两种方法可进行微凸点/聚合物胶的平坦化处理，但其缺点是工艺成本较高。采用光刻可降低工艺成本，但聚合物胶必须为光敏型聚合物胶，无法对微凸点表面进行平坦化处理，并且微凸点表面有可能存在残留的聚合物胶。采用热压之后或在光刻胶掩模下进行等离子体刻蚀的方法，成本同样较低，但无法对微凸点表面进行平坦化处理。

表 4-6　不同微凸点/聚合物胶混合键合微凸点露出方法

微凸点键合	聚 合 物 胶	微凸点露出方法	研究机构与参考文献
Au-Au	BCB	表面切削	富士通[186]
Au-Au	聚醚树脂	热压/光刻胶掩模+等离子体刻蚀	早稻田大学[187]
Au-Au	聚醚树脂	化学机械抛光	早稻田大学[191]
Cu/Sn-Cu	非导电薄膜	化学机械抛光	早稻田大学[192]
Cu/Sn-Au/Cu 或 Cu/Sn-Sn/Cu	BCB（光敏型）	光刻+湿法清洗（去除微凸点上残留的聚合物胶）	台湾交通大学[188, 193, 194]
Cu/SnAg-Au/Ni-P	干膜（光敏型）	光刻	大连理工大学与华天科技（昆山）电子有限公司[195]

4.5　本章小结

本章总结了圆片级键合技术基本机理、发展现状和最新研究进展。

圆片间接键合是指在键合过程中使用黏结剂（如聚合物胶）或低熔点金属焊料或共晶合金，以实现低温键合；圆片直接键合则是指不使用黏结剂或低熔点金属而实现的键合。根据键合界面材料的不同，圆片级键合还可分为三种：介质键合（包括无机介质直接键合与有机聚合物胶热压键合）、金属键合（焊料凸点键合与无凸点金属直接键合）及同时使用金属和介质材料的金属/介质混合键合。

亲水性键合机理适用于很多介质薄膜的键合，增加圆片表面的羟基和控制键合界面水分子量可以提高键合质量。等离子体表面处理是应用最广泛的表面处理方法，采用等离子体表面处理方法，亲水性键合的退火温度可以降低至 200～400℃。

金属/介质混合键合综合了介质键合技术与金属键合技术的优点，既可实现超高密度的直接金属电源/信号互连，又可得到没有缝隙的键合界面，且适用于多片集成工序。因此，金属/介质混合键合是一项十分具有前景的技术。

采用甲酸气氛表面活化方法，部分去除铜表面的自然氧化层，可以降低铜/聚合物胶混合键合的温度，铜-铜键合可在 180～200℃下进行，并且所需的热压时间大大缩短。

随着万物互联和人工智能时代的到来，圆片级键合技术有望通过异质集成、高密度并行垂直互连、新型 3D 架构等方式，在提升芯片算力、通信带宽及缓解散热问题等关键技术上提供新的解决方案。

第5章

圆片减薄与拿持技术

为了获得高密度、超薄、超小和更高性能的 3D 集成产品，在封装工艺中应用超薄器件圆片已是大势所趋。由于工艺能力和封装厚度需求，目前应用的 TSV 技术的芯片厚度通常都小于 200μm，而对于 2.5D 高密度 TSV 中介层，厚度大多为 100μm 或 50μm。由于超薄器件圆片具有柔软性和易碎性，因此需要一种拿持系统确保薄圆片可以在工艺设备上进行工艺加工。因此，薄圆片拿持是 3D 集成电路非常重要的集成工艺技术。本章对薄圆片拿持的关键问题，包括载体圆片、键合胶材、圆片减薄、临时键合及拆键合等进行阐述。临时键合和拆键合作为一种薄圆片拿持技术，由于能够和现有的半导体工艺很好地融合，技术难度和成本都得到了一定程度的降低，所以得到推广和应用[196]。临时键合和拆键合的一般方法就是通过临时键合胶的作用，将器件圆片固定在临时载片上，从而增加薄圆片的机械韧性，以便完成圆片减薄及随后的背面工艺。满足工艺需求的临时键合材料是实现薄圆片拿持的核心，新的材料不断开发出来，以满足不同工艺的需求。理想的临时键合材料既能在低温下键合、拆键合，又能在各种工艺环境下，特别是高温下保持稳定。

5.1 圆片减薄技术

硅材料投入半导体工业应用已经 40 多年，圆片直径从最初的 2in 逐渐增大至现在主流的 12in。随着圆片直径的增大，圆片的厚度也随之增大，12in 圆片的厚度已经达到了 775μm。在封装技术工序里，圆片减薄技术无疑是最重要的工艺之一。一般来说，有源区大概只占圆片上部 1% 的厚度，其余的厚度对于芯片的功能毫无用处。部分研究学者研究了圆片减薄对电路的电学特性的影响，研究结果表明，即使硅圆片的厚度小于 300nm，CMOS 晶体管的特性仍然不受任何影响。圆片厚度随直径增加主要是为了保证圆片的机械刚度和热机械稳定性，防止圆片破裂，提高集成电路制造过程中的良率。但如此厚的硅圆片，很明显不利于 3D 堆叠技术的实现，必须进行圆片的薄化处理。

目前，圆片减薄工艺本身不太难，可将圆片磨削到 5μm 左右。然而，在整个半导体加工和集成工艺过程中，薄圆片的拿持具有极大挑战。通常，在 TSV 工艺中，在芯片/中介层圆片经过背面减薄前，需要暂时和另一个载片圆片（支撑体）键合，再进行后续加工过程，如减薄、刻蚀、化学气相沉积、再布线、钝化、凸点底部金属层和凸点制备等。以上过程结束以后，从支撑圆片上高效率、低成本、高良率地拆下薄圆片也是一个巨大的挑战。

5.1.1 圆片减薄工艺

圆片减薄工艺一般分为两步。第一步，通过背面研磨，将圆片减薄到所需的厚度并清洗。现在常用的圆片减薄机在减薄过程中都采用一个快速的粗磨和一个较为缓慢的细磨。粗磨可以快速地研磨到要求的圆片厚度，细磨可以有效地去除粗磨在圆片表面留下的损害层，如划伤和晶粒缺陷。这个损耗层为 5～10μm，它的形成与磨轮的沙粒尺寸、转速和冷却液的流动有关。同时，细磨还可以在一定程度上降低圆片表面的粗糙度。硅中介层的背面减薄工艺如图 5-1 所示。

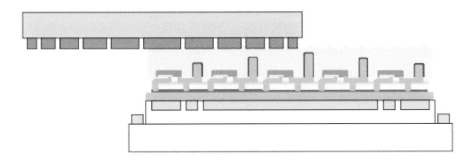

图 5-1 硅中介层的背面减薄工艺

第二步，通过刻蚀或者化学机械抛光（CMP）去掉粗磨在圆片表面残存的应力。经过第一步粗磨之后，损耗层基本得到了去除。但在损耗层下面仍然包含着一些晶粒错位，这些错位会影响该区域电路的电学特性，必须通过刻蚀或者 CMP 予以彻底清除。硅刻蚀可以采用等离子体干法刻蚀（SF6）、湿法刻蚀（KOH、TMAH）。等离子体干法刻蚀可以很好地控制刻蚀精度，保证圆片表面的平整性，缺点是刻蚀速率较低、刻蚀机台价格较高。湿法刻蚀可以显著提高刻蚀速率，具有较低的刻蚀成本，但是会带来比较糟糕的表面平整度。CMP 的速率和表面平整度最优，但成本也最高。这几种方法各有优缺点，要根据不同产品应用选择不同的刻蚀方法。圆片薄型化带来的问题：①2D 封装。一般使用的芯片厚度往往在 100μm 左右，有些产品的厚度要达到 50μm 以下。当芯片受到外力而变形时，会发生断裂，所以减薄后的芯片必须有足够的抗弯强度才能维持相当长的使用寿命。②3D 封装。此封装方法把多个芯片堆叠在一起。在堆叠生产过程中，芯片有可能会因为受到外力作用而发生断裂，所以芯片本身的抗压强度要足够高。③研磨制程本身的问题。当圆片研磨到非常薄（50μm 以下）的尺寸时，会发生以下两种问题。一是芯片在制程内传送时，因为厚度太薄，芯片本身的强度不足，发生破片；二是圆片研磨后，因为背面受到研磨破坏应力作用，会使圆片发生翘曲现象，影响传送芯片的稳定性，所以必须在批量生产中提升薄圆片研磨可靠性相关的技术。

5.1.2 圆片切边工艺

在圆片减薄的过程中，最常见的问题是薄圆片边缘的破碎。通过背面研磨的方法对圆片进行减薄的过程中，薄圆片的边缘很容易变得特别薄和尖，形成图 5-2 所示的刀型结构，该结构特别容易导致碎片的产生。布鲁尔科技联合日本的 DISCO 公司提出了切边（Edge Trimming）的方法，可以有效预防此种现象的发生，具体切边方法如图 5-2 所示。其主要原理是在减薄前通过对器件边缘（大约 1mm 宽、100μm 深）区域进行剪切处理，可以有效避免圆片减薄过程中的碎边。根据研究结果，与预减薄、大载片和键合材料边缘特殊处理相比，切边是最有效的防止圆片边缘破碎的方法。

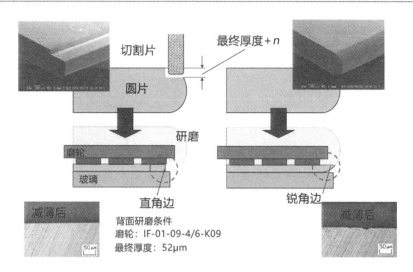

图 5-2　减薄过程中的边缘刀型结构优化方法

5.1.3　中心区域减薄无载体薄圆片拿持技术

下面介绍一种称为无载体薄圆片拿持的先进方法，该技术不需要键合载片圆片（因此成本就会大为降低）。用此方法，因整个圆片器件/TSV 区域的背面很薄，所以要对整个圆片的外围部分进行固定后再进行其他操作，核心思想是对圆片的内部进行背面磨削，而留出外围一圈不作处理[197]。这个外围边缘区域使圆片保持稳定从而不需要额外支撑，因此简化了工艺，节省了材料和设备的花费。

图 5-3 展示了无载体薄圆片拿持方法的工艺步骤。从前面包括器件/TSV 的圆片（～ 725μm）开始，先将圆片翻转，给前面贴上保护胶带或者覆盖保护膜，然后使用切割刀片在圆片背面切出定型缝，定型缝的一个关键设计特征是缝对径向轴的倾角。根据定型缝的走向，使用 DISCO 公司特制的"Taiko"系列磨削工具对圆片背面进行磨削，这种方式只对圆片的中间部分区域进行磨削。圆片设计完成要达到下面两种状态：

（1）在圆片外围边缘设计了一条液体通道，以使工艺液可控地流出去（完全移除圆片）。

（2）加工完成的圆片的几何转动惯量应当保持与之前一致，这需要恰当地调节定型缝对径向轴的倾角来实现。

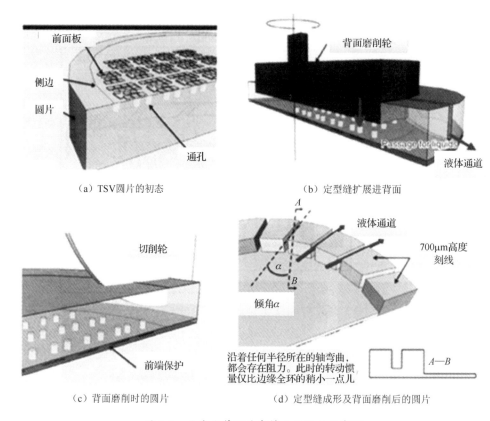

（a）TSV圆片的初态　　　　　　　（b）定型缝扩展进背面

（c）背面磨削时的圆片　　　　　　（d）定型缝成形及背面磨削后的圆片

图 5-3　无载体薄圆片拿持方法的工艺步骤

5.2　圆片临时键合技术

临时键合工艺是现在的研究热点，并且取得了一定的应用成果。典型的临时键合工艺流程：在载片圆片和器件圆片上分别旋转涂覆一层临时键合胶，烘烤至一定程度，然后将两块圆片转移至临时键合设备的真空腔体中，提高至一定温度后，在真空条件下进行临时键合。在载片圆片的机械支撑下，将器件圆片减薄到要求的厚度，完成随后的背面工艺，最后完整地将器件圆片与载片分离。器件圆片在保护胶带上完成清洗后，供后续工艺使用。载片清洗后，可以循环使用，降低了成本。载片圆片对于薄圆片的拿持至关重要。基本上有两种载片圆片，即硅圆片和玻璃圆片。一般来讲，用透明的玻璃圆片作为 UV-固化键合剂和进行光热转化的激光释放器的载体。而且这种圆片的成本一般要比硅片高。临时键合和拆键合的设备是另一个薄圆片拿持中的关键因素。供应商有 EVG、SUSS、Tazmo 和 TOK。一般 TOK 的产品只适用于它们自己的键合剂；SUSS 的产品可以用于 T-MAT、BSI、3M（不包括分离）及 DuPont 公司的键合剂；EVG 的产品可以用于 BSI 键合剂。对于芯片或者中介层圆片和载片圆片的临时键合，所有供应商提供的临时键合胶，都必须能通过旋转涂胶应用到芯片或者中介层圆片上表面。对于 BSI 公司的 HT10.10、DuPont，以及 TOK 公司的键合胶，没必要将其应用到载体圆片上。然而，对于 T-MAT 公司的键合剂，载体须是弹性体；对于 BSI 的区域键合材料，载片圆片需要进行区域 2 的处理；对于 3M 键合剂，载体需要有光热转化的激光释放层。

不同的材料和设备供应商提供了不同的临时键合和拆键合的方法，这些方法对于材料选择有很大的影响，根据所需的设备，确定使用硅圆片还是玻璃圆片。此外，所选材料的热塑性/热固性毫无疑问会影响工艺的难易程度、温度极限及最终产品特定性能的表现。每种方法都有其优缺点，这也是薄圆片处理必须考虑的问题，要恰当选择最合适的键合剂和设备以满足产品的特定需求（见表 5-1）。

表 5-1　临时键合工艺方案

临时键合温度	室温	～180℃	室温	室温	室温
拆键合方法	机械分离	热滑移（Termal Slide）	机械分离	激光分离法	溶解分离法
应用设备	SUSS	EVG/SUSS	EVG/SUSS	SUSS/勤友/大族等	TOK
支撑圆片	硅/玻璃	硅/玻璃	硅/玻璃	玻璃	穿孔支撑板
键合胶	T-MAT	BSI HT10.10	BSI（区域键合）	3M	TOK

5.2.1　临时键合胶的选择

键合材料是薄圆片拿持的关键实现材料，如何选择用来进行短暂接合和分离薄圆片与支撑圆片的键合材料是许多研究的侧重点。对键合材料的一般性要求包括：①经过临时键合后，键合材料要经得住工艺环境和预期热载荷的考验；②在分离时，键合材料应该能溶解并且很容易清理；③分离开后，在薄圆片上不应有任何残留和碎片。临时键合胶的选择主要取决于临时键合工艺、圆片减薄及背面工艺步骤的要求。在先通孔工艺中，TSV 形成于圆片键合之前，填充 TSV 的材料主要是铜、钨等金属导电材料，都与硅材料的热膨胀系数（Coefficient of Thermal Expansion，CTE）相差较大，在圆片减薄和背面工艺过程中将会产生很大的热应力。在后通孔工艺中，TSV 形成于圆片键合和减薄之后，临时键合胶将不得不更多地承受 TSV 工艺的考验，如刻蚀、电镀、等离子体化学气相淀积和物理气相淀积等。图 5-4 是先通孔和后通孔工艺流程示意图。

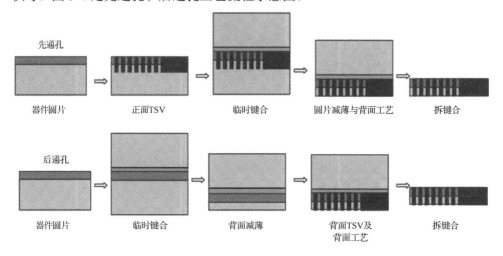

先通孔

器件圆片　　　　正面TSV　　　　临时键合　　　圆片减薄与背面工艺　　拆键合

后通孔

器件圆片　　　　临时键合　　　　背面减薄　　　　背面TSV及　　　　拆键合
　　　　　　　　　　　　　　　　　　　　　　　　背面工艺

图 5-4　先通孔和后通孔工艺流程示意图

另外，临时键合胶的选择还取决于器件圆片的情况。例如，与表面平整度高的圆片相比较，表面有微凸点结构的圆片更难以实现良好的键合质量。此外，如果背面工艺形成的微凸点直径和高度过大，也会给拆键合之后的薄圆片清洗和转移带来挑战。虽然现在有很多种胶带可用于薄圆片的清洗和转移，但很难将它们应用于圆片减薄和背面工艺过程中的薄圆片拿持，主要是因为它们对于高温、高压和各种复杂的化学环境抵抗性较差，同时在拆键合之后也很难清洗圆片表面残留的杂质。为了顺利实现薄圆片拿持，对临时键合胶及相应工艺的要求都极为苛刻。

这些要求主要包括以下几个方面：

（1）操作简单：工艺流程与现有前后道工艺设备兼容，具有很好的成品率。

（2）较高的表面平整度：主要指涂胶和临时键合后能保证较高的表面平整度，正常规格是胶层厚度的 3%变化区间。

（3）较强的黏附力：对任何的圆片表面结构和材料具有很高的黏附力。例如，当器件圆片表面形成微凸点等不平整结构时，键合胶能够填充凹凸不平的电路结构，对凸点金属可以保证高黏附力。

（4）很好的热稳定性：在整个中介层背面高温工艺中，键合胶必须始终保证较高的稳定性，以保证背面工艺和拆键合工艺过程中键合圆片的完好无损。很多研究表明，正是由于该材料在高温下分解产生气体的特性，在背面工艺过程中会导致键合层产生很多的气泡。

（5）化学稳定性：临时键合胶必须对很多腐蚀性化学药剂有较高的耐受力，如刻蚀硅和金属的药液、电镀液等。

（6）很好的机械稳定性：在整个工艺过程中，临时键合的两片圆片时刻要保持较低的翘曲，这样才能保证集成工艺的顺利进行。

（7）易于清洗：当做完整个集成工艺后，临时键合胶必须能够彻底去除，防止对器件圆片的可靠性产生不可预知的影响。

5.2.2　载片的选择

在另外一个载片材料的选择方面，目前业界有多种方案可供挑选，如硅片、玻璃片和铁片等。然而正如对临时键合胶的诸多要求一样，载片也需要满足特定的条件，才能实现薄圆片拿持技术的最优化。这个载片选择主要需要注意如下几个方面的要求：

（1）表面平整度：在减薄的过程中，载片表面任何的不平整都会被转移到减薄后的器件圆片上。一般来说，聚合物、陶瓷载片或者金属片的厚度不均匀性大于 10μm，会对器件圆片的背面结构制作造成严重影响，所以该类型材料不适合作为对器件圆片结构要求很严格的临时键合载片，但是对器件质量要求宽松的产品来说，金属片等价格低廉的载片也可以应用。

（2）透光性：透光性载片主要分为透光玻璃和不透光载片两种，如何选择主要取决于两个方面，即选择的拆键合方式和光刻对准技术。如果选择激光拆键合，那么必然选择透光玻璃作为载片，否则激光穿透不了载片就实现不了拆键合；如果选择可见光光刻对准技术，那么必然选择透光玻璃作为载片，否则实现不了光刻套刻。其他的绝大部分情况都还是两者兼可。

（3）与器件圆片热膨胀系数（CTE）的差异：目前业界提供的大部分材料除了硅本身，硼硅玻璃的 CTE 与硅最接近，而且价格便宜，是玻璃载片的最佳选择之一。但是碱性离子在圆片厂是被严格禁止的，如果采用无碱性离子的玻璃，那么

CTE 的差别又会被拉大。如果硅作为载片，那么在 CTE 这个部分可以提供最优的材料选择。

总体来说，在这些材料之间，并没有确定的最优选择。要根据实际的工艺需求，选择最适合的临时键合与拆键合工艺及相应的载片。

5.2.3 临时键合质量的评价标准

首先，非常好的平整度是良好键合质量的标准之一，因为最终会影响减薄器件圆片的平整度。在先通孔工艺中，平整度主要影响背面减薄后的漏孔工艺，会导致一部分铜已经暴露，另一部分 TSV 还没有露出，从而很难控制漏孔的工艺精度[198,199]，导致硅表面的铜金属污染。另外，在后通孔工艺过程中，减薄圆片的厚度不均匀会导致部分 TSV 与上层的重新布线层或者微凸点连接失败，降低可靠性。在具体的工艺过程中，可以通过以下方法降低键合圆片表面的不平整度：第一，优先采用旋涂工艺覆盖临时键合胶；第二，确保键合夹具的平整和水平。

另外，良好的键合质量必须保证在键合层没有气泡产生，键合强度满足背面工艺的需求。如果键合层出现气泡，很容易导致临时键合的失败。由于气泡很难被一般光学器件检测到，现在一般采用超声波电子扫描仪（C-SAM）检测键合层是否出现气泡。

如果有气泡产生，那么在后续工艺中，许多小气泡会聚集变成大气泡，大气泡会继续膨胀，最终导致器件圆片与载片的分离甚至是碎片。气泡产生的一个可能原因是在键合过程中，有空气直接被压在键合层里面，可以通过将键合腔抽成真空来解决。另一个可能的原因就是键合胶或者 CMOS 器件圆片表面的其他聚合物材料在高温作用下会分解产生一些杂质气体，该气体被困在键合层里面无法排出，最终形成气泡。在临时键合前，将键合胶放到高温下烘烤一段时间，可以在一定程度上减少气泡的出现。

5.3 圆片拆键合技术

5.3.1 热滑移方法

热滑移拆键合（Thermal Sliding De-bonding）：在完成背面工艺后，键合圆片被加热到键合胶的软化温度附近，在真空吸盘的作用下，器件圆片被缓慢地从载片上拉开，并被吸盘固定，直到转移到保护胶带上。最后，器件圆片和载片通过特定的清洗剂清洗掉残留的临时键合胶。热滑移拆键合工艺流程如图 5-5 所示。

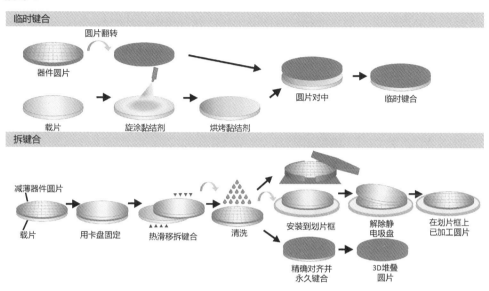

图 5-5　热滑移拆键合工艺流程[200]

5.3.2　紫外光剥离方法

紫外光剥离（UV Light De-bonding）方法：首先，一种液态的键合剂旋涂或者喷涂在器件圆片的表面，然后在玻璃载片表面覆盖一层光热转化材料，同时在器件圆片表面通过旋涂覆盖一层键合胶。在紫外光的作用下将器件圆片和载片键合在一起。由于玻璃是透光的，当完成背面工艺之后，可以透过玻璃对键合层进行激光处理。光电转换层会吸收特定波长的光，然后产生足够的热量使该层分解。这样，圆片就很容易和玻璃载片直接分离。圆片表面完成清洗后，不会留下任何残留。紫外光剥离工艺流程如图 5-6 所示。

该方法的典型代表是 3M 公司的圆片支撑系统，有了这个系统就可以用传统的背面磨削设备加工出最终厚度最小为 20μm 的圆片。3M 系统的关键在于它能提供一个较坚硬的、完整的支撑表面，使得移除硅圆片时的应力降到最小，从而使裂纹和崩边发生的可能性降到最小。整个系统包括贴装和分离设备，从圆片上移除键合剂的设备及耗材[3M UV 可固化液态键合剂 LC-2201、玻璃载片（典型的可循环利用材料）及 3M 光热转化激光器]。在 3M 系统中，玻璃载片在圆片背面磨削过程中用于支撑圆片。用一种液态可固化 UV 键合剂作为器件圆片和玻璃载片（支撑圆片）间的键合剂。在经过背面磨削后，减薄后的圆片转移到切割胶带上。引入 LTHC 层方法即利用激光使键合剂和玻璃层分离。之后键合剂便可从圆片上除去，残留物要比使用典型的背面磨削胶带少。这个系统也可以用于其他的半导体及其封装工艺中，只要器件圆片和玻璃支撑圆片之间的热不匹配度在许可的偏差范围内即可。

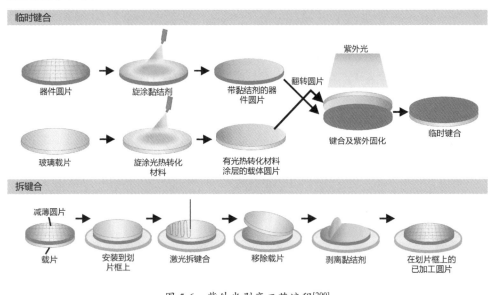

图 5-6　紫外光剥离工艺流程[200]

5.3.3　湿法溶解方法

湿法溶解方法：该方法的特别之处就在于必须准备多孔的载片。载片的多孔性，直接增大了键合胶与溶液的接触面积，加速键合胶的溶解，从而使得器件圆片与载片分离。湿法溶解工艺流程图如图 5-7 所示。该方法由于载片具有多孔结构，键合胶水容易污染设备，因此应用受到很大限制。

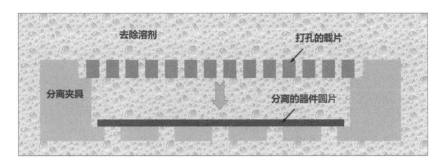

图 5-7　湿法溶解工艺流程图

5.3.4　叠层胶体纵向分离方法

叠层胶体纵向分离方法：该方法中间的键合胶层包含两层键合剂。采用热压键合的方法与器件圆片键合在一起。该技术最特别之处就在于采用机械分离原理。在拉力（垂直于临时键合层）的作用下，器件圆片与载片可以很容易地分离。叠层胶体纵向分离工艺流程图如图 5-8 所示。

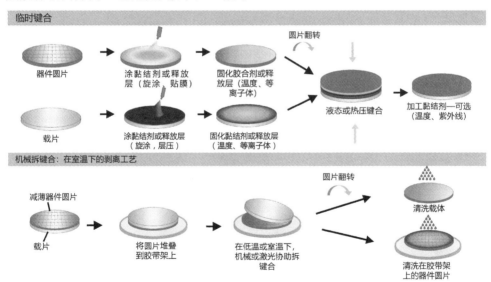

图 5-8　叠层胶体纵向分离工艺流程图[200]

5.3.5　区域键合方法

EVG 和 Brewer Science 发明了一种将器件圆片直接黏到载体基板（支撑圆片）上的区域键合方法。该方法由美国布鲁尔科技首先设计推出，最显著的特点是特

87

殊处理载片，具体结构剖析图如图 5-9 所示。从图中可以看出，特殊处理后的载片分为两个不同的区域：区域 1（Zone1）和区域 2（Zone2）。

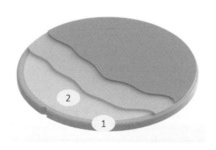

图 5-9　区域键合结构剖析图

区域 1 主要是指载片边缘的狭长圆环区域。键合胶可以通过旋涂或者喷涂方式覆盖在器件圆片表面。在键合过程中，区域 1 因为没有覆盖任何材料，所以可以和临时键合胶产生非常强的结合力。而经过处理后的区域 2 因为含有一层反抗层，该材料与临时键合胶的结合力会比较弱，所以区域 2 的整体黏结力是很弱的，但也能保证载片和器件圆片紧密地黏结在一起。在拆键合的过程中，只需要对区域 1 的临时键合胶进行处理。由于区域 2 的黏结力本来就弱，因此在真空吸盘的垂直拉力作用下，可以保证在室温下完成拆键合，然后清洗掉残留在器件圆片和载片表面的临时键合胶就可以了。区域拆键合的工艺流程图如图 5-10 所示。

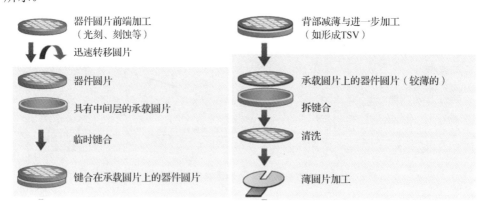

图 5-10　区域拆键合的工艺流程图

5.3.6　激光拆键合方法

激光拆键合方法，其最显著的特点是利用激光使载片与器件圆片中间的部分胶层失效，从而实现两片圆片的常温分离，具体结构剖析图如图 5-11 所示。从图中可以看出，激光透过玻璃载片，对胶层中与玻璃接近的部分胶体进行分解，而绝大部分的临时键合胶体仍然保持静止的形态。该方法是目前唯一可以实现不在圆片表面施加任何外力，还能保证在室温环境下进行拆键合的方法，理论上讲，该方法可以实现圆片拆键合的零损失。

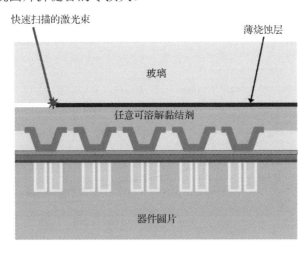

图 5-11　激光拆键合结构剖析图[201]

5.4　临时键合材料

5.4.1　热滑移拆键合材料

热滑移拆键合材料为单独使用的一种热塑性材料，因加热时材料软化、黏度降低从而实现拆键合。材料分为极性体系和非极性体系，例如，美国布鲁尔科技公司的 HT-10.10 和深圳市化讯半导体材料有限公司的 WLP TB130、WLP TB140 为非极性体系，深圳市化讯半导体材料有限公司的 WLP TB1238 为极性体系。极性体系对于不同基底具有优异的黏结强度，但是存在耐化学腐蚀性差及耐热性差的缺点；非极性体系具有优异的耐化学腐蚀性、耐热性，以及适中的黏结强度，因薄圆片加工制程中有很多湿制程（酸、碱、有机药液）及高温高真空制程，所以非极性体系材料被广泛使用。

WLP TB130、WLP TB140 和 HT-10.10 三款非极性体系材料高温流变曲线如图 5-12 所示。工艺结果表明：HT-10.10 和 WLP TB130 可以在 190℃拆键合，WLP TB140 可以在 160℃拆键合，结果表明拆键合温度和材料高温黏度相关。

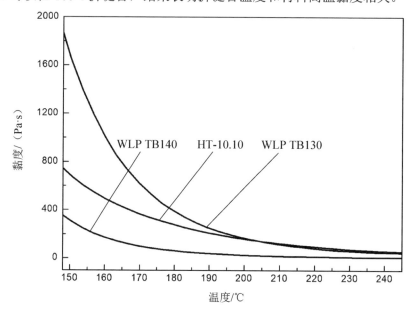

图 5-12　WLP TB130、WLP TB140 和 HT-10.10 高温流变曲线

5.4.2　机械拆临时键合材料

机械拆临时键合材料由两种材料组成：一种为热塑性的黏结层，起到支撑载片和圆片的作用；另一种为释放层材料，其涂覆在支撑载片表面，膜厚为纳米级别，主要起到降低黏结层与支撑载片黏结强度的作用。黏结层和释放层之间具有适中的黏结强度，键合对完成所有制程后通过机械外力实现室温低应力分离。释放层材料可以搭配不同的黏结层一起使用，如美国布鲁尔科技公司的 530/HT-10.10，530/305，其中 530 作为释放层，HT-10.10 和 305 作为黏结层；深圳市化讯半导体材料有限公司的 WLP MB3100/WLP TB130、WLP MB3100/ WLP TB4130，WLP MB3100 为释放层，WLP TB130 和 WLP TB4130 为黏结层。

深圳市化讯半导体材料有限公司的 WLP MB3100 释放层材料在硅片涂覆前

后其接触角变化如图 5-13 所示。结果显示，WLP MB3100 涂覆后硅片表面的接触角从 66.1°升高到 117.4°，疏水性能的显著提高，降低了黏结层和释放层之间的黏结力，从而实现机械拆键合。

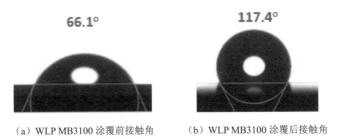

（a）WLP MB3100 涂覆前接触角　　　　（b）WLP MB3100 涂覆后接触角

图 5-13　WLP MB3100 涂覆前后硅片接触角变化

5.4.3　紫外激光拆键合材料

紫外激光拆键合主要利用波长为 308nm 或者 355nm 的紫外激光作用于对激光响应的拆键合材料的方法，使光子能量转化为化学键断键的能量，实现超薄器件与载片的室温无应力分离。美国布鲁尔科技公司的代表产品有激光响应材料 701 和临时键合材料 305。深圳市化讯半导体材料有限公司提供紫外激光拆键合的整套解决方案，其产品为旋涂于硅圆片和玻璃圆片上的临时键合材料 TB4130 和激光释放材料 LB210。半导体制程涉及多个高温高真空工序，因此对于临时键合材料的耐热性能要求较高，如图 5-14 所示。TB4130 和 LB210 的 5%热失重温度均大于 400℃，拥有优异的耐热性，有效避免了热分解引起的气泡、分层等缺陷。

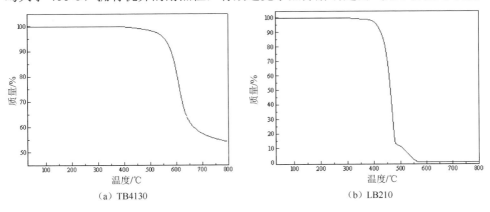

（a）TB4130　　　　　　　　　（b）LB210

图 5-14　临时键合材料热失重温度曲线

5.4.4 红外激光拆键合材料

红外激光拆键合主要利用波长为 1064nm 的红外激光照射瞬间产生的局部高温，去降解临时键合的高分子树脂来实现器件圆片与衬体的分离，从而实现超薄器件和载体的分离。深圳市化讯半导体材料有限公司提供的红外激光拆键合材料 LB230 拥有优异的紫外-可见光波段吸收性能，能够强烈吸收激光照射的能量，从而产生局部高温，达到分解高分子聚合物材料的目的，如图 5-15 所示。LB230 在紫外-可见光波段的透过率均低于 3%，可吸收大部分的激光能量。

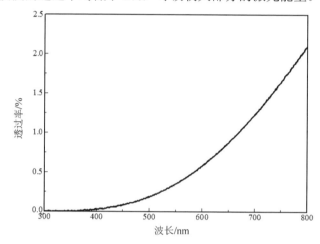

图 5-15　红外激光拆键合材料紫外-可见光透过率曲线

5.5　本章小结

本章针对薄圆片拿持的关键问题，包括载体圆片、键合胶材料选择、圆片减薄、临时键合及拆键合的方法、工艺和材料进行了阐述。临时键合和拆键合作为一种薄圆片拿持技术，经过多年的研究和发展，取得了长足的进步，已经开始了量产应用。由于薄圆片拿持技术能够和现有的半导体工艺融合，未来薄圆片拿持技术将更广泛地应用于微电子器件制造和 3D 先进封装领域。

本章分析比较了几种重要的拆键合技术。热滑移拆键合是在完成背面工艺后，键合圆片被加热到键合胶的软化温度附近，在真空吸盘的作用下，器件圆片被缓慢地从载片上拉开实现分离的方法。紫外光剥离方法需要在玻璃载片表面覆盖一层光热转化材料，同时在器件圆片表面覆盖一层键合胶，在紫外光的作用下将器件圆片和载片键合在一起，完成工艺之后，可以透过玻璃对键合层进行激光处理，光电转换层会吸收特定波长的光，产生足够的热量使该层分解。化学溶解方法利用多孔的载片作为支撑，可以增大键合胶与溶液的接触面积，加速键合胶的溶解，从而使得器件圆片与载片分离。叠层胶体纵向分离方法中，键合胶层包含两层键合剂，在垂直拉力的作用下，器件圆片与载片很容易实现分离。区域键合方法最显著的特点是经过特殊处理的载片分为两个不同的区域，不同区域和临时键合胶的黏附力不同，在拆键合的过程中，只需要对区域的临时键合胶进行处理，在真空吸盘的垂直拉力作用下，可以保证在室温下完成拆键合。激光拆键合技术是在激光作用下使载片与器件圆片中间的部分胶层失效，从而实现两片圆片的常温分离，不需要在圆片表面施加任何外力，并在室温下进行拆键合，具有高速、低温、高良率特点。

本章进一步阐述了几种拆键合材料的机理和特性。热滑移拆键合材料为单独使用的一种热塑性材料，因加热时材料软化、黏度降低从而实现拆键合。机械拆临时键合材料由两种材料组成：一是起支撑载片和圆片作用的热塑性黏结层材料；二是涂覆在支撑载片表面的释放层材料，可起到降低黏结层与支撑载片黏结强度的作用。紫外激光拆键合主要利用波长为 308nm 或者 355nm 的紫外激光作用于对激光响应的拆键合材料，使光子能量转化为化学键断键的能量，实现超薄器件与载片的室温无应力分离。红外激光拆键合主要利用波长为 1064nm 的红外激光照射瞬间产生的局部高温，去降解临时键合的高分子树脂来实现器件圆片与衬体的分离。

第6章

再布线与微凸点技术

　　根据 Yole Développement 公司的调研结果，5G、移动设备、语音处理、智能汽车和增强现实/虚拟现实（AR/VR）等众多市场大趋势将不断驱动拓展摩尔应用器件需求的增长，受上述市场趋势的影响，拓展摩尔应用需求的复合年增长率约为 10%（2017—2023 年）[202]。3D 集成电路集成是拓展摩尔定律一个至关重要的研究方向。3D 集成电路集成定义是将多个芯片通过 TSV、微凸点和薄芯片/中介层在垂直方向（Z 方向）上堆叠[203]。在 3D 集成电路集成研发的初始阶段，就已经开始设想在 3D 垂直堆叠结构中使用凸点实现器件互连。根据 3D 集成电路集成的定义可知，微凸点与微组装技术可以实现集成电路芯片之间以及芯片与基板之间（主要应用于倒装芯片技术中）的电气连接和机械互连，具有电气连接通道短、寄生效应小和机械性能高等优势[204]，成为 3D 集成电路集成中最为关键的技术之一。

　　微凸点互连技术主要应用于倒装芯片技术、圆片级封装及 2.5D/3D 封装中。为提高 2.5D/3D 堆叠封装的集成度并减小封装体积，再布线的线宽、线距、微凸点尺寸与节距要不断缩小。图 6-1 为典型的 3D 堆叠封装结构示意图，可见在先进的 3D 集成电路集成技术中，需要再布线的线宽小于 2μm、节距为 10～40μm 的微凸点。

　　随着微凸点与微组装技术的发展，现已研发出不同种类的凸点类型。根据凸点结构或材料，应用于 2.5D/3D 封装中的凸点主要可以分为以下 3 类：钎料凸点（Solder Bump）、铜柱凸点（Cu Pillar Bump）和铜凸点（Cu Bump），图 6-2 为三种凸点结构示意图。通常情况下，2.5D/3D 封装中凸点结构类型和凸点尺寸的选择取决于所应用器件对凸点尺寸和节距大小的要求，同时还要考虑凸点类型与 2.5D/3D 封装工艺的兼容性，不同的凸点需要不同的键合工艺和键合设备。因此，要综合考虑器件要求和封装工艺以选择合适的凸点类型。在涉及凸点的 2.5D/3D 封装中，主要流程包括再布线、凸点制备及微组装。因此，下面将重点阐述再布线技术、不同类型的凸点制备及相应的微组装技术。

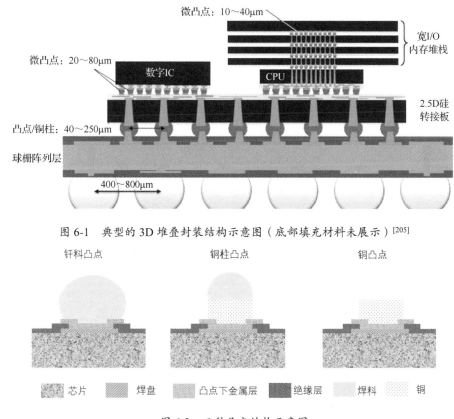

图 6-1 典型的 3D 堆叠封装结构示意图（底部填充材料未展示）[205]

图 6-2 三种凸点结构示意图

6.1 再布线技术

再布线技术是指在集成电路上，将芯片上原来设计的 I/O 焊盘位置，通过圆片级金属布线工艺变换位置和排列，再形成焊料凸点或其他互连结构，使集成电路能适用于不同的互连和封装形式。

6.1.1　圆片级扇入型封装再布线技术

　　随着芯片集成度和焊盘数量的增加，最初的圆片级封装（WLP），也就是扇入型封装需要再布线技术，即将芯片焊盘上的信号、电源或接地端口均匀地引到外表面上（见图 6-3）。再布线技术可以方便地对芯片引脚分布再定义，在封装层面实现互连设计。图 6-4 为典型的再布线工艺流程图。再布线工艺一般使用聚合物层以隔离金属布线层，如聚酰亚胺（Polymide，PI）或聚苯并噁唑（Polybenzoxazole），并通过布线使信号从器件表面传输到焊盘结构上，最后制备凸点。

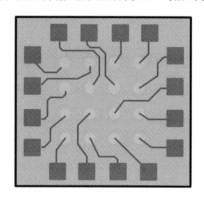

图 6-3　扇入型封装再布线示意图

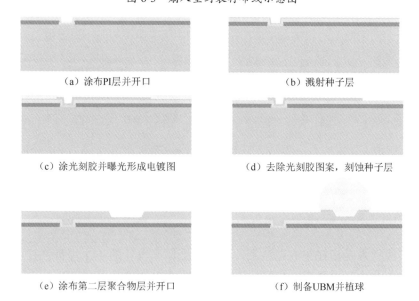

（a）涂布PI层并开口　　　　　　　　　　　（b）溅射种子层

（c）涂光刻胶并曝光形成电镀图　　　　　（d）去除光刻胶图案，刻蚀种子层

（e）涂布第二层聚合物层并开口　　　　　（f）制备UBM并植球

图 6-4　典型的再布线工艺流程图

WLP 中的再布线技术主要包含三种形式，如图 6-5 所示。图 6-5（a）所示结构代表两层绝缘层、一层再布线层，业界称作 2P1M 结构；图 6-5（b）所示结构代表一层绝缘层、一层再布线层和一层凸点下金属（UBM），由于是两层金属，业界称作 1P2M 结构；图 6-5（c）所示结构代表二层绝缘层、一层再布线层和一层 UBM，业界称作 2P2M 结构。对于图 6-5（a）中的结构，如果焊球直接放在再布线层上，那么再布线层上的铜层必须足够厚，以保证无铅焊料中的锡不会将铜层全部消耗掉。就可靠性而言，图 6-5（c）的结构比图 6-5（a）和图 6-5（b）都要更高一些。另外，在设计再布线层时，需要注意铝焊盘的大小和形状、聚合物层开口、聚合物层材料选择及再布线设计等。

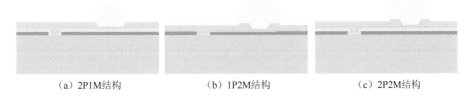

（a）2P1M结构　　　　　　（b）1P2M结构　　　　　　（c）2P2M结构

图 6-5　WLP 中的再布线技术形式

半加成工艺（Semi-Additive Process，SAP）一直是封装中制备再布线层的主流技术。图 6-6 为采用传统 SAP 的再布线层结构示意图。其主要工艺是制作种子层，然后涂覆光刻胶，曝光显影后，电镀铜线路，去胶后，再通过刻蚀去掉种子层，再涂覆钝化胶保护线路。通过使用 SAP，降低成本。目前高密度封装的挑战在于采用低成本封装基板制造技术并增加互连密度。线宽/线距（L/S）减小至 3μm/3μm 甚至更小，要采用 SAP 工艺，金属刻蚀会导致铜线与介电层之间的黏结强度降低及铜布线底部侧刻蚀等问题，影响可靠性。

铜线　　　　　　微通孔　　　　　　　　　　　　　　介电层

图 6-6　采用传统 SAP 的再布线层结构示意图

最近，使用紫外激光形成细间距的嵌入式铜线技术已经应用于圆片级封装。图 6-7 为嵌入式铜线技术互连结构示意图。与 SAP 相比，嵌入式铜线技术不仅可以在铜线和介电层材料之间提供更好的附着力，而且还消除了底切和侧壁刻蚀问题，减少高频下的传输线损耗。多层再布线的主要挑战是电镀铜的非共面性，采用具有成本效益的铜表面平坦化工艺来改善表面共面性，从而提高了多层再布线制造的良率。

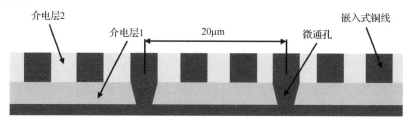

图 6-7　嵌入式铜线技术互连结构示意图

两种工艺之间的主要区别：①在传统的 SAP 中，铜线位于介电层的表面，而在嵌入式铜线方法中，这些走线埋在介电层中并被聚合物包围。②在没有焊盘的情况下，需要一个较大的焊盘来连接 SAP 的微孔，而在使用嵌入式铜线技术的情况下，铜线直接落在了微孔上。③在嵌入式铜线技术中，通孔直径等于线宽，在传统的 SAP 再布线中，通孔直径大得多，因此，采用嵌入式铜线工艺时，布线密度要高得多。

Liu 等人[206]研发了嵌入式沟槽方法的有机大马士革工艺（Organic Damascene Process，ODP），实现了精细的线路结构制备，而无须使用半导体 BEOL 圆片工艺。ODP 和 SAP 之间的三个主要区别如下：

（1）ODP 不需要临时的光致抗蚀剂图案化和图案电镀工艺进行金属线路制造，因此避免了去胶过程中可能会出现的一系列问题；

（2）ODP 不需要种子层刻蚀，因此避免了种子残留和细间距尺寸的缩小；

（3）ODP 所需的处理工艺更为简单方便。

SAP 与 ODP 工艺流程比较如图 6-8 所示。对流程中的主要技术作简要说明如下。

（1）溅射：沉积铜种子层是在固化的干膜（Dry Flim，DF）环氧聚合物电介质上沉积薄导电层的常用技术。在化学镀铜之前使用去污工艺对表面进行粗糙化处理，以增强铜与电介质界面的黏结强度，在高频下具有低信号损耗。

（2）压膜：使用真空压模机将干膜光致抗蚀剂层压到种子层上。

（3）光刻：使用 365nm 紫外光束通过掩模对光致抗蚀剂进行曝光，并显影形成图案。可以通过在高分辨率的薄光刻胶和光敏介电膜上使用低成本的掩模对准器，来实现 2μm 线距和空间的特征尺寸。

（4）电镀：通过电镀铜可以达到所需的金属厚度。

（5）去胶：在镀上所需厚度的铜之后，使用碱性去胶药液去除光刻胶。

（6）蚀刻：通过湿法刻蚀工艺将种子层从不需要的区域刻蚀掉。

（7）压膜：将介电膜层压在图案化迹线的顶部，以进行多层制造和表面处理。

（8）平坦化：层压介电膜后表面不平坦，将影响后面的再布线线路图。在圆片级的 ODP 中利用化学机械抛光进行表面平坦化。对于面板级工艺，利用真空热压机使干膜聚合物电介质平坦化。ODP 工艺流程在图 6-8 右侧列出。

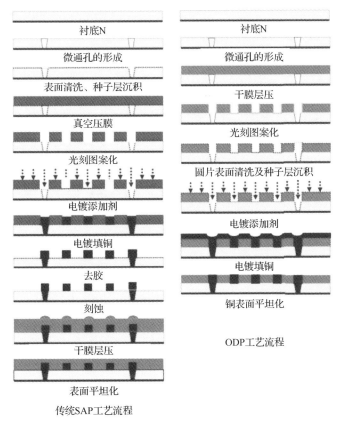

图 6-8　SAP 和 ODP 工艺流程比较[112]

6.1.2　圆片级扇出型封装再布线技术

扇出概念的兴起是由于手机和平板电脑等移动设备的激增，以及随之而来的对半导体小型化和降低成本的需求。最初，扇出被开发为一种无基板嵌入式芯片封装，与传统采用的基于基板的引线键合 BGA 和倒装芯片 BGA 封装相比，具有更小的外形尺寸、更低的成本及更高的性能。扇出型 WLP 是圆片级封装的另一种形式，可以将封装尺寸扩展到芯片尺寸之外。扇出型 WLP 技术具有减小封装厚度的潜力，可用于下一代无源集成，并为将来新封装集成的设计提供广泛的可能性。扇出型 WLP 可以通过具有较小间距的再布线技术提供更大的封装和更高的 I/O 数量。再布线技术用于细间距芯片的互连及连接更大间距的扇出型 WLP。

圆片级扇出型封装有三种工艺流程，即芯片面朝下先（Chip First Face Down）贴片、芯片面朝上先（Chip First Face up）贴片和先制作再布线（RDL First）。

1）芯片面朝下先贴片

这种扇出工艺典型的是英飞凌公司开发的 eWLB（embedded Wafer Level BGA）技术。图 6-9 给出了芯片优先（芯片面朝下）的关键工艺步骤。首先对制造好的器件圆片进行良品芯片（KGD）测试，然后划片成单个芯片。通过高精度贴片机来吸取 KGD，并将其正面朝下放置在临时载板（可以是金属、硅、玻璃或有机物）设定位置上，然后进行圆片级塑封。塑封后进行拆键合，把重构的嵌入芯片的模塑料圆片和载片分离。接下来构建多层再布线层，用于从芯片焊盘连接信号、电源和接地，主要工艺流程与标准 WLCSP 一致，即种子层制作、光刻、电镀、去胶、刻蚀种子层、钝化等。再布线层制作完成后，还需要制作凸点下金属层，制造 BGA 焊球。最后测试、打标、划片和包装。该工艺中，高精度、高速贴片对成本影响较大；塑封工艺是决定良率和工艺稳定性的关键。塑封料芯片之间的 CTE 不匹配，会造成重构圆片翘曲大，需要通过工艺、材料和塑封料厚度优化来降低翘曲；同时，塑封料在固化过程中的收缩，会造成芯片的偏移，严重影响下一步光刻对准，造成良率损失，需要进行工艺优化、偏移量统计来改善。随着技术的发展，高性能多芯片的扇出需要 5μm 以下超细线宽/线距再布线层制作，技术难度高，需要系统性地工艺开发。

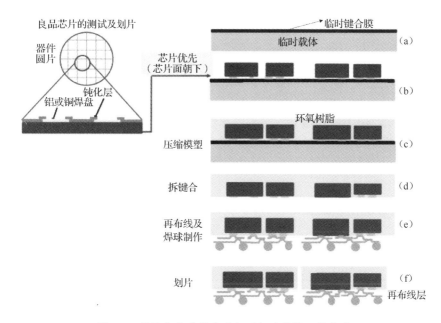

图 6-9　芯片优先（芯片面朝下）的关键工艺步骤

2）芯片面朝上先贴片

芯片优先（芯片面朝上）的关键工艺步骤如图 6-10 所示。首先在芯片上制作金属凸点（通常是铜柱凸点），然后通过高精度贴片机来吸取 KGD，并将其正面朝上放置于带有临时键合材料的临时载板设定位置，再进行圆片级塑封。塑封料固化后，对塑封料表面进行研磨，露出铜柱。接下来制备连接铜凸点多层再布线层，主要工艺流程也与标准 WLCSP 一致，即种子层制作、光刻、电镀、去胶、刻蚀种子层、钝化等。再布线层制作完成后，制作凸点下金属层和 BGA 焊球。接着拆键合、背胶涂覆、测试、打标、划片和包装。

与芯片面朝下先贴片工艺类似，高精度、高速贴片对成本影响较大；塑封工艺是决定良率和工艺稳定性的关键。需要通过工艺、材料和塑封料厚度优化来降低翘曲，减少芯片的偏移，对高性能多芯片的扇出需要 5μm 以下超细线宽/线距再布线层制作。与芯片面朝下先贴片工艺相比，芯片面朝上先贴片工艺增加了凸点制备工艺和研磨工艺，成本增加；但是由于载片的存在，翘曲会大幅度下降，有利于顺利进行后续工艺。

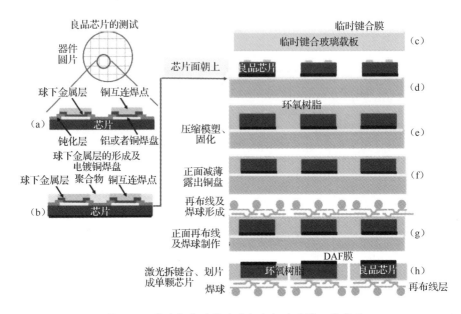

图 6-10　芯片优先（芯片面朝上）的关键工艺步骤

3）先制作再布线

之前，利用 2.5D TSV 中介层使高性能 CPU、GPU 与存储器高密度互连非常昂贵，科研人员一直在寻找低成本解决方案。随着扇出型封装的不断发展，先制作高密度再布线层，然后贴片的方式可以用于高密度互连。图 6-11 显示了先制作再布线层的关键工艺步骤。可以看到，该方案与先贴片输出工艺完全不同。首先在临时载板圆片上（通常是玻璃圆片）涂覆临时键合材料，然后在圆片上构建多层高密度再布线层。随着工艺的进步，封测工厂也具备了 2μm 甚至更小线宽的制造能力。如果采用前道代工厂的工艺，那么可以获得亚微米的线宽/线距。完成多层布线后，制造凸点底部金属层。接着将带有凸点的芯片通过 C2W 方式贴片到再布线层圆片上，通过回流互连，再进行底部填充和圆片级塑封工艺。塑封完成后，通过激光等拆键合方法，把载片和塑封圆片分离，然后在再布线层表面制作凸点底部金属层，制作 BGA 焊球。最后划片成单个芯片封装体[207]。

该技术的最大优点是可以完成高密度互连封装，成本比 TSV 中介层封装方案低。但是针对大尺寸封装应用的该技术不但具有圆片翘曲等工艺挑战，也存在棘手的可靠性问题。采用该技术的封装体在温度循环中往往会有超细再布线层铜线、底部填充胶和凸点互连断裂的问题。其根本原因是底部填充胶、模塑料、芯片和基板之间的 CTE 不匹配。

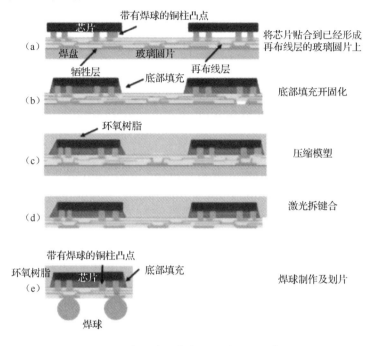

图 6-11　先制作再布线层的关键工艺步骤

6.2　钎料凸点技术

6.2.1　钎料凸点制备

图 6-12 展示了钎料凸点制备的整个过程。制备方法主要包括蒸镀法、印刷焊料凸点（Solder Bump Printing）法、印刷植球法、C4NP（Controlled Collapse Chip Connection New Process）、电镀法等。随着钎料无铅化趋势的发展，目前钎料凸点的材料主要是以 Sn 为基的无铅钎料，如 Sn-Ag、Sn-Cu、Sn-Ag-Cu、Sn-In、Sn-Bi 和 Sn-Sb 等[208]。

蒸镀法制备凸点最早在 20 世纪 60 年代由 IBM 公司提出，主要应用于大型计算机中的多芯片模块。通过蒸镀工艺制备凸点过程主要采用钼掩模版在芯片上选择性地沉积 UBM 层和凸点金属的方法。由于蒸镀法消耗原料较多，且只适用于高铅含量的凸块制备，因此逐步被电镀法和印刷焊料凸点法等凸点制备方法取代。

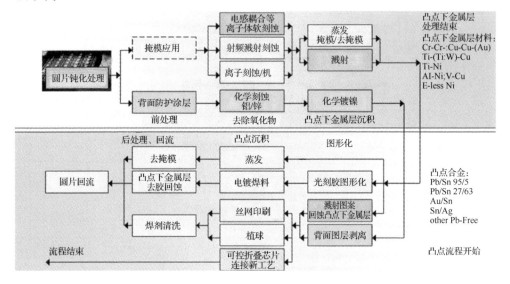

图 6-12　钎料凸点制备的整个过程[209]

印刷焊料凸点法是通过涂刷器和网板将焊料涂刷在焊盘上的凸点制备技术，目前广泛应用于制备节距为 200～400μm 的凸点。印刷焊料凸点法的工艺过程主要包含 UBM 层制备、焊料丝网印刷、焊料回流和清洗等步骤。印刷焊料凸点法是目前最具前景的、低成本的钎料凸点制备方法，主要优点是制备速度快、成本低，且适用于不同种类的钎料合金。其缺点是适用于节距较大的凸点类型（通常大于 200μm）。但是德国研究机构 IZM 及德国汉高公司通过印刷焊料凸点法成功制备了节距为 100μm 的凸点[210, 211]。影响印刷焊料凸点质量的因素主要包括焊料选择、模板设计及印刷工艺等方面[212]。

印刷植球法和印刷焊料凸点法凸点制备方式类似，区别在于印刷植球法是将已经成型的焊球通过网板印刷在基板焊盘上。因此相对于印刷焊料凸点法，印刷植球法生成的焊料凸点一致性更好。印刷植球法使用的主要设备是两台丝网印刷机，一台用于助焊剂印刷，一台用于植球。印刷植球工艺的主要流程：①在第一台丝网印刷机装载圆片并校准位置后，将助焊剂印刷在圆片的焊盘上；②当第二台丝网印刷机上装载印有助焊剂的圆片时，使用圆片与网板对位；③植球头以恒速在活动区域上方移动，施加适当的放置力将焊球推放至孔内，确保每个焊球都附着在助焊剂上并良好接触；④回流。

为制备细节距的凸点并降低生产成本，IBM 公司研发了 C4NP。图 6-13 为 C4NP 制备凸点的流程示意图。首先将熔融的焊料注入带有预制腔体的注塑平板中，腔体位置和芯片上的焊盘位置相对应，注塑平板和圆片对准回流后，凸点被转移到整个圆片上。C4NP 具有的独特优势：①工艺简单，从块状焊料到最终需要的凸点只需一步；②可以预先进行凸点形貌检测；③材料成本低，没有固体材料浪费；④不需要助焊剂、光刻和电镀工艺；⑤由于焊料是熔融状态下注入腔体，因此凸点中的空洞缺陷较少。图 6-14 所示为 IBM 公司利用 C4NP 制备的节距为 50μm 的无铅焊料微凸点。

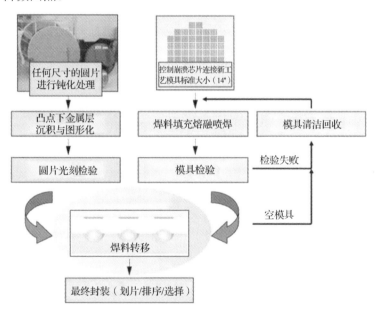

图 6-13　C4NP 制备凸点的流程示意图[213]

电镀技术是制备细节距、小尺寸钎料凸点的常用方法。电镀钎料凸点材料一般为纯 Sn 或 Sn 基二元合金（如 SnCu、SnAg 等）。图 6-15 为典型的钎料凸点电镀工艺流程图。工艺操作主要包括 UBM 层溅射、光刻、钎料凸点电镀、去光刻胶、刻蚀、回流等。UBM 材料为 Ti/W-Cu、Cr-Cu 等，I/O 分布主要为周边分布和面分布。

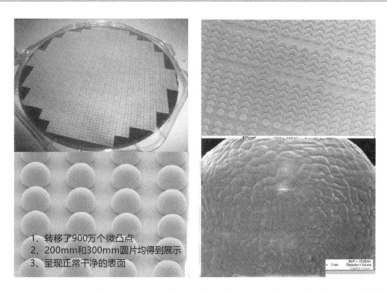

图 6-14　IBM 公司利用 C4NP 制备的节距为 50μm 的无铅焊料微凸点[214]

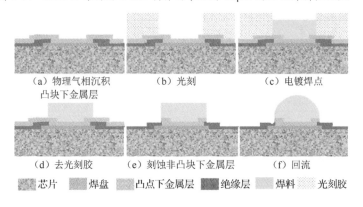

（a）物理气相沉积　　（b）光刻　　（c）电镀焊点
　　凸块下金属层

（d）去光刻胶　　（e）刻蚀非凸块下金属层　　（f）回流

芯片　　焊盘　　凸点下金属层　　绝缘层　　焊料　　光刻胶

图 6-15　典型的钎料凸点电镀工艺流程图

6.2.2　基于钎料凸点的 2.5D/3D 封装

钎料凸点多适用于形成较大节距的连接，可用于 2.5D/3D 封装。组装流程主要为首先在 UBM 层上制备钎料凸点，然后通过回流或者热压键合的方式使钎料凸点与焊盘形成连接。对于 2.5D 封装，典型的应用为 Xilinx 公司研发的 2.5D 封装产品。图 6-16（a）为 2.5D 封装结构截面图，在此 2.5D 封装结构中，采用节距为 100 μm 的 C4 钎料凸点实现含有 TSV 的 Si 中介层与封装基板的互连，C4 凸点连接处的放大图如图 6-16（b）所示。

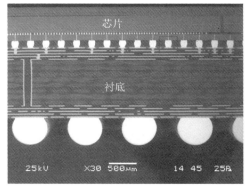

（a）2.5D 封装结构截面图　　　　　　　　（b）C4 凸点连接处的放大图

图 6-16　Xilinx 2.5D 封装结构[42, 215]

钎料凸点也可应用到多个芯片垂直堆叠器件中。IBM 公司研发了采用 50μm 节距无铅钎料凸点进行 4 层芯片堆叠的技术。在进行回流之前，将多个芯片进行对位、放置，使一面芯片的钎料凸点与另一面芯片相应位置的焊盘接触，然后通过一次回流步骤实现多层堆叠。图 6-17 为基于 C4 焊料凸点的 3D 堆叠产品截面图，图 6-17（a）为 4 层芯片堆叠后的截面图，图 6-17（b）所示为在 260℃峰值温度回流后 C4 凸点连接处界面。借助倒装焊球在熔融过程中的自对准功能，芯片间少量的位置偏移在回流过程中可以得到很好的补偿。

（a）4 层芯片堆叠后的截面图　　　　（b）在 260℃峰值温度回流后 C4 凸点连接处界面

图 6-17　基于 C4 焊料凸点的 3D 堆叠产品截面图[216]

除了通过一次回流实现多芯片堆叠，还可以通过多次回流使多个芯片实现堆叠互连。典型的应用为安靠（Amkor）研发的 Double-POSSUM™ 封装器件，如图 6-18 所示。此封装形式本质是基于倒装芯片的芯片-芯片 3D 封装。三个子芯片（Daughter Die）通过 Cu/SnAg 凸点倒装到一母芯片（Mother Die）上，然后通过 C4 钎料凸点倒装到另一母芯片（Grandma Die）上，最后通过 C4 钎料凸点倒装到封装基板上。通过经典的倒装技术将多个芯片按顺序堆叠起来，可以有效避免芯片之间的相对位移。这种工艺的主要缺点是需要通过多次回流才能实现堆叠组件。多次回流需要更多的加工时间，并导致更多的 UBM 层溶解，特别是对于最底层芯片的焊球，容易产生可靠性问题。并且还要考虑多次回流对界面 IMC 生长动力学或微观形貌的影响，因为 IMC 的厚度或形貌会显著地影响微连接的可靠性[217]。

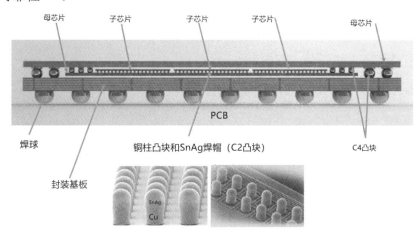

图 6-18 Amkor 研发的 Double-POSSUM™ 封装器件[218]

6.3 铜柱凸点技术

6.3.1 铜柱凸点简介

铜柱凸点结构为铜柱上方沉积钎料，钎料主要为纯 Sn 钎料和无铅 Sn 基钎料（如 SnAg 等），多采用电镀的方法制备。与电镀法制备钎料凸点类似，电镀铜柱后在铜柱上电镀沉积钎料层，然后去除光刻胶并刻蚀非线路层即形成铜柱凸点。电镀形成的铜柱凸点的形貌如图 6-19 所示。此铜柱凸点含有高度为 6μm 的 Sn 钎料。相对于钎料凸点，铜柱上方的钎料层显著减少，且铜柱提供了凸点的支撑高度。钎料层的减少及铜柱的支撑，可以降低在回流或热压键合过程中因液态钎料挤压外扩导致相邻连接之间短路的风险。因此相对于钎料凸点，铜柱更加适用于小尺寸、细节距的微连接应用。

图 6-19　电镀形成的铜柱凸点的形貌[219]

6.3.2　铜柱凸点互连机制及应用

对于尺寸较大的铜柱凸点可以采用回流方式进行组装，而对于小尺寸的铜柱凸点（如节距小于 50μm）多采用热压键合的方式进行组装[204]。在进行芯片堆叠时，铜柱凸点之间主要通过三种机制形成连接，即固态扩散键合（Solid State Diffusion Bonding，SSDB）、固-液互扩散键合（Solid-Liquid Interdiffusion Bonding，SLIB）和基于 SLIB 的混合键合。

1. SSDB

SSDB 即通过热压键合的方式，在钎料熔点以下进行键合。图 6-20 展示了 Cu/Sn-Cu SSDB 互连界面 SEM 照片。为去除凸点表面的氧化物并激活凸点表面，键合前采用 Ar（5% H$_2$）等离子体处理凸点上表面，然后在 200℃、6.7MPa 的压力下键合 60 min，键合后界面如图 6-13（a）所示。键合后，在 200℃、N$_2$ 环境中退火 60min 后的界面如图 6-20（b）所示，最终形成 Cu/Cu$_3$Sn/Cu$_6$Sn$_5$/Cu 互连结构。采用此键合方式的优势在于键合温度较低、固态钎料的变形能力小，因此降低了键合过程中因钎料挤压外扩造成相邻连接短路的风险；缺陷为键合时间和退火时间较长，增加了量产成本，且对凸点表面的氧化物较为敏感，所以需要等离子体或酸预处理凸点表面以去除氧化物[220]。

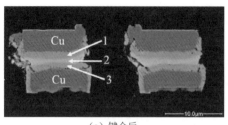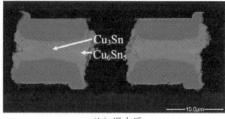

（a）键合后　　　　　　　　　　　　　　　（b）退火后

图 6-20　Cu/Sn-Cu SSDB 互连界面 SEM 照片[221]

2. SLIB

SLIB 也可称为瞬时液相键合（Transient Liquid Phase Bonding，TLPB），Bernstein 于 1966 年研究了 Au-In、Cu-In 等体系的 SLIB 在电子封装中的应用[222]。与 SSDB 的主要不同在于，SLIB 所采用的键合温度在钎料熔点以上。在 SLIB 过程中，低熔点（t_L）的中间层金属（钎料层）置于相对高熔点（t_H）的金属层之间形成三明治结构，当键合温度升至 $t_L \sim t_H$ 时，钎料层变为液态并与固态的金属层发生反应形成高熔点的 IMC。SLIB 的主要过程包括润湿、合金化、液相扩散、凝固和固态扩散。由于钎料主要为纯 Sn 钎料和无铅 Sn 基钎料，所以根据 Cu-Sn 二元相图，Cu/钎料之间通过 SLIB 形成连接的主要过程如图 6-21 所示。加热到钎料熔点以上时，液态钎料与 Cu 反应形成亚稳态的 Cu_6Sn_5 IMC（η 相），随着反应的进行，η 相进一步与 Cu 反应并形成热力学稳定的 Cu_3Sn IMC 相（ε 相）。SLIB 完成后形成热力学稳定性最高的 $Cu-Cu_3Sn-Cu$ 互连结构[223]，即使经过后续的高温制程，也不会形成新的 IMC，已经形成的 IMC 也不会继续生长。在多芯片堆叠时，下一层芯片的堆叠不会影响已堆叠芯片之间的连接，非常有利于多层芯片的依次堆叠。

图 6-21　Cu/钎料之间通过 SLIB 形成连接的主要过程[224]

另外值得注意的是，铜柱上过多的钎料不仅会过度地消耗铜柱，还可能导致在热压键合过程中，液态钎料向周围流动而使相邻凸点之间形成短路，这也是 Cu/Sn 基钎料微凸点难以应用到细节距器件封装上的重要原因。因此，需要合理地设计铜柱和钎料的高度。对于对称式 Cu/Sn-Cu/Sn 凸点键合结构，假设 Sn 钎料的高度为 d_{Sn}，那么这些钎料全部反应完所需铜柱的高度 d_{Cu} 可表示为

$$\frac{d_{Cu}}{d_{Sn}} = 3 \times \frac{M_{Cu}/\rho_{Cu}}{M_{Sn}/\rho_{Sn}} \tag{6-1}$$

式中，M_{Cu}、M_{Sn} 分别为 Cu 和 Sn 的相对分子质量；ρ_{Cu}、ρ_{Sn} 分别为 Cu 和 Sn 的密度。由式（6-1）计算出 d_{Cu}/d_{Sn}=1.32，即形成 Cu-Cu₃Sn-Cu 互连结构，铜柱和钎料的初始高度比值要大于 1.32。

图 6-22 展示了 Cu-Sn-Cu 结构在 260℃、圆片级键合 30min 后连接界面微观结构照片。由图 6-22（b）可知，键合完成后 3μm 的 Sn 钎料完全转化为 Cu₃Sn IMC，最终形成稳定的 Cu-Cu₃Sn-Cu 互连结构。为了更高效地使钎料完全转变为 IMC，可采用其他技术辅助 SLIB，如超声辅助。图 6-23 为使用常规 SLIB 和基于超声辅助的 SLIB 在 250℃下键合界面的 SEM 照片。若采用常规 SLIB，需 120min 的时间使 Sn 钎料全部转化为 Cu₃Sn IMC，而使用基于超声辅助的 SLIB 仅需 8s。采用基于超声辅助的 SLIB 方法，显著地降低了键合时间，进而有望降低生产成本。

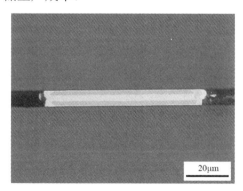
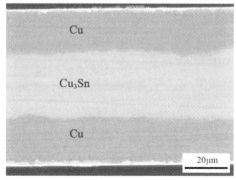

（a）连接处　　　　　　　　　　　　　（b）IMC 处

图 6-22　Cu-Sn-Cu 结构在 260℃、圆片级键合 30min 后连接界面微观结构照片[225]

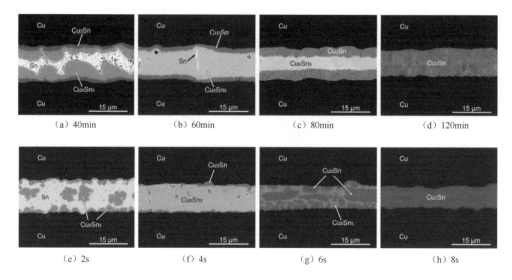

图 6-23　使用常规 SLIB 和基于超声辅助的 SLIB 在 250℃下键合界面的 SEM 照片[226]

3．基于 SLIB 的混合键合

随着凸点节距的减小，由于助焊剂残留和表面张力的作用，毛细底部填充变得越发困难。解决细节距互连结构中底部填充的难题主要有两种方法：预涂覆型底部填充（Preapplied Underfilling）和混合键合。其中，预涂覆型底部填充主要包括非流动性底部填充[227]和圆片级底部填充（Wafer Level Underfill）[228]。预涂覆型底部填充和混合键合之间的不同在于，预涂覆型底部填充在键合前凸点上方的填充物不需要去除，因此，在键合后填料（Filler）或填充物残留嵌入在凸点键合界面，进而影响连接可靠性[229]，并且预涂覆型底部填充通常应用于 C2C 或 C2W 堆叠方式。而混合键合可以在凸点之间与介质之间同时实现键合，不仅是解决细节距器件中底部填充、微连接可靠性的有效方案，还可以应用于圆片级键合。基于 SLIB 的混合键合结构中介质通常为黏结剂（Adhesive），如 BCB、PI、固态干膜（DF）等。图 6-24（a）展示了 Cu/Sn 凸点和 BCB 黏结剂混合键合界面，键合参数为 250℃/30min，键合后凸点键合界面和 BCB 黏结剂键合界面均未出现缝隙。图 6-24（b）展示了基于 Cu/Sn 和 BCB 黏结剂混合键合及 TSV 的堆叠芯片截面图。

BCB 和 PI 黏结剂为湿胶，DF 为固态薄膜。对比研究 Cu/SnAg 和 PI 黏结剂、Cu/SnAg 和 DF 黏结剂两种圆片级混合键合结构，通过简单高效的光刻技术使凸点从黏结剂中露出。结果显示，在 240℃/10min 键合条件下均可以得到无缝隙的键合界面，但采用 Cu/SnAg 和 PI 黏结剂混合键合的圆片难以支撑切割制程，而 Cu/SnAg 和 DF 黏结剂混合键合堆叠的芯片具有更高的键合强度。图 6-25（a）展示了 Cu/SnAg 凸点和 DF 黏结剂混合键合界面。此混合键合结构中上下微凸点采用直径和高度均相同的 Cu/SnAg 凸点，且上下凸点均凸出于 DF 黏结剂，混合键合后未出现缝隙，堆叠芯片的键合强度达到 23.1 MPa。在图 6-25（a）所示的混合键合结构中，DF 黏结剂优异的变形能力，使得键合后容易出现偏移风险，还需要精确控制凸点高度以防止在 DF 黏结剂界面出现缝隙。另外，液态钎料在键合压力下向周围外扩而易造成相邻连接短路。

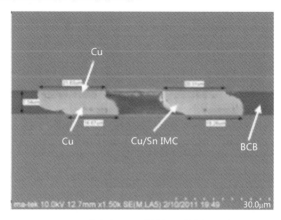

（a）Cu/Sn 凸点和 BCB 黏结剂混合键合界面[230]

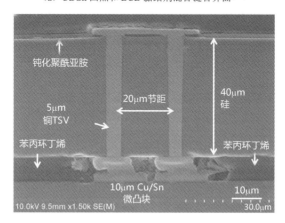

（b）基于 Cu/Sn 和 BCB 黏结剂混合键合及 TSV 的堆叠芯片截面图[231]

图 6-24　混合键合界面和堆叠芯片截面

113

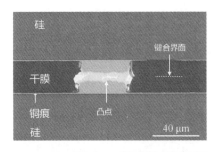

（a）Cu/SnAg 凸点和 DF 黏结剂混合键合界面

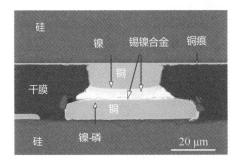

（b）插入式微凸点和 DF 黏结剂的混合键合界面

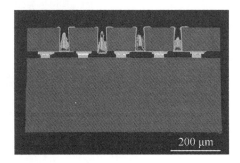

（c）基于插入式混合键合和后 TSV 的堆叠芯片截面图

图 6-25　混合键合结构

若采用插入式微凸点混合键合结构，即上圆片的 Cu/Ni/SnAg 微凸点插入下圆片的 Cu/Ni-P/Au 微凸点与 DF 黏结剂之间的圆形凹槽中，上下微凸点通过 SLIB 的方式形成微连接，同时 DF 黏结剂之间也实现键合。此插入式微凸点混合键合方法，依然通过光刻技术使凸点从 DF 黏结剂中露出。图 6-25（b）展示了插入式微凸点和 DF 黏结剂的混合键合界面，微凸点部分和 DF 黏结剂部分均键合良好，堆叠芯片的键合强度达到 28.7MPa。图 6-25（c）展示了基于插入式混合键合和后 TSV 的堆叠芯片截面图。此混合键合结构的优势主要有：①有利于 DF 黏结剂键合；②有效控制键合后的偏移；③防止液态钎料在键合压力下的外扩。

6.4　铜凸点技术

6.4.1　铜凸点简介

铜凸点中仅包含铜，制备方法与铜柱凸点类似，采用电镀技术沉积铜凸点。电镀形成的铜柱凸点的形貌如图 6-26 所示。Cu-Cu 互连是一种固态键合方式，主要通过原子扩散形成连接，连接界面不会产生新的化合物。因此，Cu-Cu 互连的优势主要有：①不会因液态钎料在键合压力下外扩而造成短路；②易形成超细节距互连；③不会受到热迁移、电迁移或者尺寸效应的影响，也不会出现克肯达尔孔洞。因为 Cu-Cu 互连是固态键合，所以目前最大的挑战是键合前铜凸点表面预处理问题。例如，在键合前要保证铜凸点表面具有小的粗糙度和优异的高度均一性，且凸点表面不应有氧化物或其他微尘颗粒。为解决以上挑战，铜凸点表面预处理方法有化学机械抛光（CMP）、湿法清洗（如蚁酸、盐酸）、等离子体清洗（如 Ar_2、H_2 等离子体）等。另外，Cu-Cu 互连通常需要在长时间（～ 1h）的高温（～400℃）、高压下键合[232]，会造成器件热应力甚至破坏器件内部结构，这也限制了 Cu-Cu 互连的应用。

图 6-26　电镀形成的铜柱凸点的形貌[233]

6.4.2　铜凸点互连机制及应用

通常采用热压键合的方式形成 Cu-Cu 连接，常规的热压键合需要高温、高压环境以使铜凸点表面变形、紧密接触并发生 Cu 原子扩散，但是高温、高压会导致器件内产生热应力。为减小键合温度和键合压力并提高 Cu-Cu 连接可靠性，不断研发出了直接键合、表面激活键合（Surface Activated Bonding，SAB）和基于 Cu-Cu 键合的混合键合。

直接键合首先得到洁净的、粗糙度小的铜凸点表面，然后在常温、空气环境、无须施加键合压力的情况下直接键合。法国研究机构 CEA-Leti 和意法半导体集团

（STMicroelectronics）联合研发了一种在常温、常压和空气环境中将亲水性 Cu-Cu 直接键合的技术[165]。此方法中 Cu 薄膜经过 CMP 处理后，表面粗糙度小于 0.5nm，并具有良好的亲水性。虽然直接键合无须键合温度，但是键合通常需要在高温下长时间退火以促进 Cu 原子的扩散并增强 Cu-Cu 键合强度。可采用表面激活键合技术降低退火温度或去除退火步骤。表面激活键合主要流程为，先通过等离子体或快速原子束处理待键合 Cu 表面以去除表面氧化物或吸收的原子，然后在常温、超真空（10^{-5}Pa）的环境中紧密接触并进行键合，键合后无须退火[165]。图 6-27 为 Cu-Cu 表面激活键合界面的 TEM 照片。键合前 Cu 的表面粗糙度为 1.78nm，键合后并未出现孔洞或缝隙。

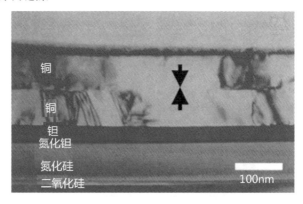

图 6-27　Cu-Cu 表面激活键合界面的 TEM 照片[234]

　　Cu-Cu 键合主要应用于超细节距的高端器件，并且键合在圆片级进行，这大大增加了键合后底部填充的难度。基于 Cu-Cu 键合的混合键合是解决超细节距底部填充困难高效且可行的方法。针对 Cu-Cu 键合，主要包括两种混合键合结构：Cu/黏结剂混合键合和 Cu/SiO$_2$ 混合键合。对于这两种混合键合结构，在键合前均需要得到表面平整的待键合表面。

　　对于 Cu/黏结剂混合键合结构，在键合前可通过 CMP 或者金刚石钻头切削（Diamond Bit Cutting）技术使铜凸点从黏结剂中露出并获得平整的待键合表面。此混合键合结构中的黏结剂主要是 BCB 和 PI。图 6-28 为 Cu 和 BCB 黏结剂混合键合界面的 SEM 照片。先采用 CMP 技术获得平整的待键合表面，然后在 250℃ 和 350℃ 环境下分两步键合。由图 6-28 可见，BCB-BCB 和 Cu-Cu 键合界面均出现了孔洞。另外，IBM[235]研发了一种锁-钥（Lock-Key）式的 Cu 和 PI 混合键合结构，无须 CMP 技术获得平整待键合表面：一面直径较小的 Cu 为突出结构；另一面直径较大的 Cu 为凹陷结构。Cu/黏结剂混合键合所面临的关键挑战为 Cu-Cu 键合与黏结剂-黏结剂键合所需温度不匹配的问题。Cu-Cu 键合所需的温度一般为 350~400℃，黏结剂键合温度通常小于 250℃，Cu-Cu 键合所需温度显著大于黏结剂键合温度。因此需要考虑 Cu 和黏结剂的键合先后顺序对键合质量的影响，例如，可以采用黏结剂先键合[236]或者 Cu 先键合[190]的顺序。

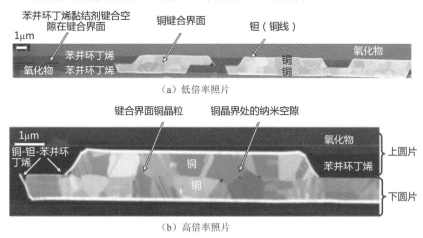

图 6-28　Cu 和 BCB 黏结剂混合键合界面的 SEM 照片[237]

对于 Cu/SiO₂ 混合键合结构，在键合前可通过 CMP 技术使铜凸点从 SiO₂ 中露出并获得具有亲水性的、粗糙度小的待键合表面。为提高键合质量，可以在键合前进行表面激活，即对 Cu/SiO₂ 待键合表面进行等离子体或快速原子束表面处理。最典型的为基于直接键合互连（DBI）的混合键合，DBI 是由 Ziptronix 公司的研究者研发的 Cu 和 SiO₂ 混合键合的技术。DBI 技术的主要流程为，在圆片上电镀 Cu 并沉积 SiO₂ 后，通过 CMP 技术使 Cu 从 SiO₂ 中露出，并得到非常洁净、平整的待键合表面，然后在常温的空气环境、无须施加键合压力的情况下实现键合，最后退火使 Cu 热膨胀进而促进 Cu-Cu 键合。图 6-29 为 Cu 和 SiO₂ DBI 混合键合界面的 SEM 照片。铜凸点间的节距为 10μm，在混合键合后退火温度为 350℃，Cu 和 SiO₂ 混合键合界面未出现孔洞或缝隙。另外，日本东京大学研究者将混合表面激活技术应用于 Cu/SiO₂ 混合键合结构[238]，先使用含 Si 的 Ar 离子束轰击待键合表面，接着进行预键合接触-分离工艺，最后进行亲水性键合。Cu 和 SiO₂ 混合键合技术已经成功应用在影像传感器和逻辑芯片堆叠产品中[239]。

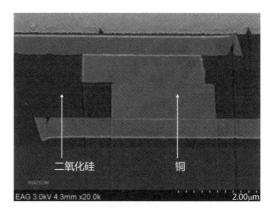

图 6-29　Cu 和 SiO₂ DBI 混合键合界面的 SEM 照片[176]

6.5　本章小结

基于 TSV 的 3D 集成电路集成作为拓展摩尔定律的重要应用方向，通过垂直堆叠把各种材料、功能器件连接在一起以形成高度集成系统，可以实现高宽带、低功耗、低信号延迟、小形状因子等优点。高密度超细线宽再布线技术和微凸点互连是实现 3D 集成电路集成的关键技术。

再布线技术最初是在扇入型封装中发展起来的，后面发展到扇出型封装中。半加成工艺一直是集成电路封装中制备再布线层的主流技术，在传统 SAP 中，有机中介层的成本较低，但其 I/O 密度非常有限。近期，为满足细线宽再布线层需求，开发了嵌入式铜线技术，可采用铜表面平坦化工艺改善表面共面性，从而提高了多层再布线层制造的良率。随着工艺的进步，封测工厂也具备了 2μm 甚至更小线宽制造能力。如果采用前道代工厂的工艺，可以获得亚微米的线宽/线距。针对 FOWLP，有三种工艺流程，即芯片面朝下先贴片、芯片面朝上先贴片和先制作再布线工艺。其中，先制作再布线工艺可以获得小于 2μm 的线宽，对于高密度多芯片系统封装具有重要意义。

应用于 2.5D/3D 封装中的凸点主要可以分为以下 3 类：钎料凸点、铜柱凸点和铜凸点。

钎料凸点的制备方法主要包括蒸镀法、印刷焊料凸点法、印刷植球法、C4NP和电镀法等，目前钎料凸点的材料主要是以 Sn 为基的无铅钎料。对于尺寸较大的铜柱凸点可以采用回流方式进行组装，而对于小尺寸的铜柱凸点多采用热压键合的方式。在进行芯片堆叠时，铜柱凸点之间主要通过三种机制形成连接，即固态扩散键合、固-液互扩散键合和基于 SLID 的混合键合。

　　铜凸点中仅包含铜，采用电镀技术沉积铜凸点。Cu-Cu 互连是一种固态键合方式，主要通过原子扩散形成连接，连接界面不会产生新的化合物。Cu-Cu 互连的优势主要有：①不会因液态钎料在键合压力下外扩而造成短路；②易形成超细节距互连；③不会受到热迁移、电迁移或者尺寸效应的影响，也不会出现克肯达尔孔洞。因为 Cu-Cu 互连是固态键合，所以目前最大的挑战是键合前铜凸点表面预处理问题。通常采用热压键合的方式形成 Cu-Cu 连接，常规的热压键合需要高温、高压环境以使铜凸点表面变形、紧密接触并发生 Cu 原子扩散，但是高温、高压会导致器件内产生热应力。为减小键合温度和键合压力并提高 Cu-Cu 连接可靠性，研发出了直接键合、表面激活键合和基于 Cu-Cu 键合的混合键合技术。相对于钎料凸点和铜柱凸点，铜凸点可以实现超精细节距连接。铜凸点表面处理技术及键合技术已成为研究热点，因其流程简单、成本低廉等优势，未来有望应用于3D 堆叠产品中。

第 7 章

2.5D TSV 中介层封装技术

随着技术的不断提升，新的 3D 封装形式不断出现，按照结构分为裸片堆叠、载体堆叠和封装体堆叠等。属于封装体堆叠技术的有叠层封装（Package on Package，PoP）和封装内封装（Package in Package，PiP）技术。有机基板是 WB-BGA、FC-BGA、PoP、PiP 技术的重要组成部分，随着高密度封装技术发展，有机基板的线宽/线距不断减小。虽然近年来工业界较为先进的基板技术线宽已经可以减小到 10～20μm，但与芯片亚微米互连线宽相比还有很大差距。进入 21 世纪，高性能计算产品如高端 FPGA、CPU、GPU 和存储器高性能系统集成，对微米线宽封装互连技术的需求日益迫切，但是有机基板材料和工艺的限制使其不能满足如此精细线宽的要求。解决有机基板布线密度不足的问题，需要开发新型高密度基板技术。随着对 TSV 技术的深入研究，技术难点不断被突破，带有 TSV 垂直互连通孔和高密度金属布线的硅中介层（有时也称转接板）应运而生。带有 TSV 垂直互连通孔的无源或有源载板，可以实现多个芯片间的高密度连接，再与有机基板互连可以提高系统集成密度，方便实现系统级的异质集成。TSV 中介层封装也称 2.5D TSV 中介层封装。近年来，在人工智能、高性能计算巨大需求的推动下，2.5D TSV 中介层封装技术已走向规模化量产。

本章首先介绍 2.5D TSV 中介层封装技术的概念、结构、特点和应用，接着阐述 TSV 中介层电性能分析、热设计与仿真，最后以一个封装研究实例来具体讲解 2.5D TSV 中介层的设计、仿真，以及具体工艺研究过程和结果。

7.1　TSV 中介层的结构与特点

TSV 中介层采用微电子工艺，可以与芯片端高密度的引脚兼容，也可以实现各个芯片的系统集成，以及解决芯片引脚密度和板级引出结构无法兼容的问题，从而实现更高的系统集成密度。基于 TSV 的 2.5D 硅中介层示意图如图 7-1 所示。2.5D 封装以硅中介层为基础，将若干个芯片排列在中介层上，通过中介层上的 TSV 结构、再布线层（RDL）、凸点等，实现芯片与芯片、芯片与封装基板间更高密度的互连。

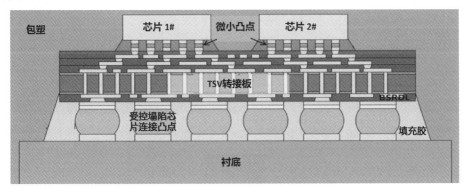

图 7-1　基于 TSV 的 2.5D 硅中介层示意图[240]

标准的 TSV 中介层中，TSV 的直径通常为 5～10μm，深宽比为 10∶1；表面的 RDL 的线宽可以分为粗线宽（10μm 以上）和细线宽（小于 2μm）。对于高密度集成来说，细线宽 RDL 非常重要。从图 7-1 中也可以看到，对于无源中介层来说，硅衬底本身对电气互连没有贡献，仅仅起到机械支撑的作用。因而，后来人们通过有机 RDL 中介层技术取代了部分 TSV 中介层的应用，降低了成本。

7.2　TSV 中介层技术发展与应用

高密度中介层封装可以实现更小的系统尺寸和更高的 I/O 带宽，在 FPGA、CPU、GPU 和存储器等器件的系统集成领域有很大优势。该技术的特征是中介层采用前道芯片工艺的布线技术，从而用与芯片内部互连相当的高密度布线代替了基板工艺的互连布线，高密度的中介层再布线结构在满足处理器、存储器等器件组成的复杂系统的互连需求的同时，大幅降低了器件厚度，提高了带宽。

2012 年，台积电推出了 CoWoS™ 技术[241]，该技术将芯片通过 C2W 工艺连接到硅中介层圆片上，再把完成 C2W 工艺的堆叠芯片与基板连接，实现芯片-中介层-基板的 3D 封装结构（见图 7-2）。由于该技术采用前道工艺在中介层上制作高密度的互连线，通过中介层完成多个芯片的互连，可以大幅提高系统集成密度，降低整个器件的封装厚度。

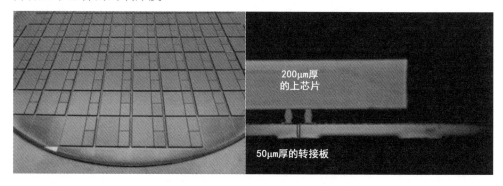

图 7-2 200μm 的薄芯片通过 C2W 方式堆叠于 50μm 硅中介层上[241]

2013 年，基于台积电的 CoWoS 技术，美国 Xilinx 推出了 "Virtex-7 2000T"[242]产品。图 7-3（a）所示为基于堆叠硅片互连（Stacked Silicon Interconnect，SSI）技术的 Virtex-7 2000T FPGA 结构示意图。该产品将四个采用 28nm 工艺的 FPGA 芯片通过 TSV 中介层互连在一起，实现了在单个 FPGA 模组里集成数个 FPGA 的功能，超越了摩尔定律的限制。该方案在提高系统集成密度和性能的同时，将多个 FPGA 的功能集成在了一个模组上，避免了开发板上不同 IC 间的 I/O 接口，从而降低了功耗。系统功能在多个 I/O 间的分区也是一项复杂工作，可能会延长设计时间，增加测试成本。多个器件整合到系统中能减少分区压力，还能降低验证和测试相关的成本。图 7-3（b）所示为 Virtex-72000T FPGA 的截面 SEM（扫描电镜）图。

针对高性能计算（HPC）应用，台积电进一步设计开发了带有深沟槽电容（DTC）的 CoWoS 技术，新 CoWoS 平台上高性能计算系统的概念结构如图 7-4 所示。集成在 CoWoS 硅中介层中的 DTC 提供了 300nF/mm² 的电容密度和小于 1fA/um² 的低漏导电流。接下来研究 DTC 对系统功率完整性的影响。在逻辑核心区，带 DTC 的 CoWoS 系统功率分配网络（PDN）阻抗和第一下垂电压比不带 DTC 的 CoWoS 的要低 93%和 72%。针对 HBM2E PHY 区域带 DTC 的 CoWoS 系统功率分配网络阻抗和 VDDQ 同步开关噪声比不带 DTC 的 CoWoS 的要低 76%和 62%。带有 DTC 的 CoWoS 在 2.8Gbit/s 和 3.2Gbit/s 的数据速率下分别获得 11.2%和 16.6%的单位间隔边缘裕度。这些证明，带有 DTC 的 CoWoS 平台提供了优越的功率完整性性能。在新的 CoWoS 平台上的高性能计算系统应用在逻辑上具有更低的功耗，在 HBM2E 中具有更高的数据速率，为下一代高性能计算应用和人工智能提供优越的功率性能[244]。

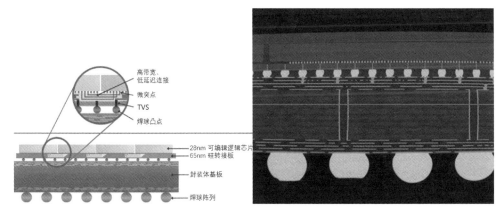

（a）基于SSI技术的Virtex-7 2000T FPGA结构示意图[242]　　（b）Virtex-7 2000T FPGA的截面SEM（扫描电镜）图[243]

图 7-3　Virtex-7 2000T FPGA 的结构示意图和截面 SEM

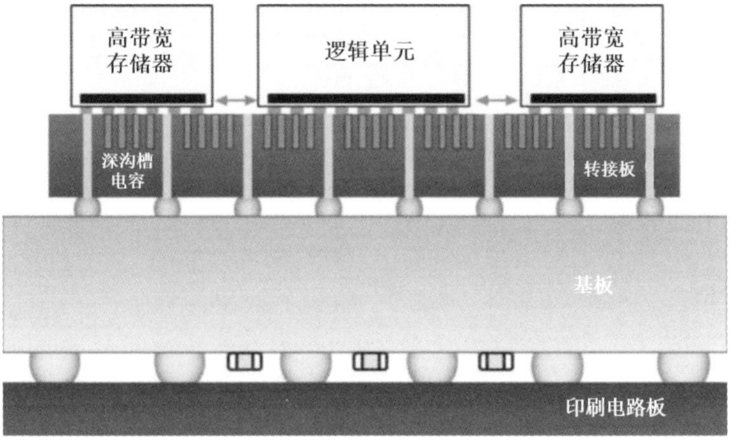

图 7-4　新 CoWoS 平台上高性能计算系统的概念结构

突破片上系统范式，未来的系统将由体积更小、价格更低廉且独立设计的称为芯粒的组件组成，这些组件通过硅中介层上的高带宽互连来连接。中介层上的芯粒排布和系统构架总览如图 7-5 所示。将芯粒堆叠在有源中介层上的好处是可以实现大型且可扩展的多核系统，以完成高性能计算。台积电引入了 INTACT 原型，该原型在 6 个小芯片中嵌入了 96 个内核，采用了 3D 互连工艺，包括 TSV 和超细微米铜柱及 3D 封装流程。整个技术通过特定的 3D 测试结构进行了形态和电学评估。最终，达到了 INTACT 原型的结构要求，并开始显示出令人满意的结果。与架构细节相关的系统性能的完整提取仍在进行中。这些结果为未来的高性能计算、高性能系统设计铺平了道路。

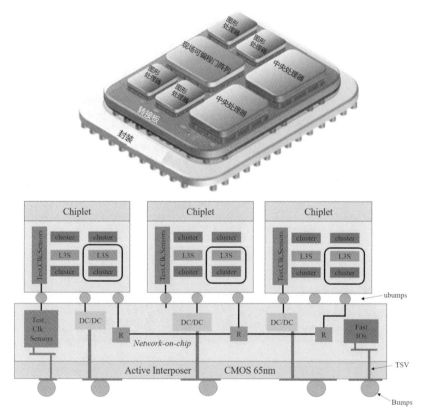

图 7-5　中介层上的芯粒排布和系统构架总览

除了中介层技术，TSV 技术还在图像传感器、指纹识别芯片等产品的封装上得到了广泛应用，该类 TSV 应用一般在完成有源芯片制作后，再制作 TSV（Via-last 技术），TSV 深宽比较小（1∶1～3∶1）。近年来，手机等产品为了提高拍摄效果，广泛采用了多摄像头方案，图像传感器市场规模快速发展，对图像传感器的小型化要求也越来越高，这些都为 TSV 技术的应用打开了更为广阔的市场[245-248]。

7.3　TSV 中介层电性能分析

基于中介层技术，制作 2.5D 的系统互连结构，可以实现更短、更优化的信号传输路径从而得到更低的功率损耗和噪声、更好的信号传输质量、更高的集成密度、更多的系统功能。在工程实践中，中介层的结构设计、材料选择、工艺精度等因素都会对整体的信号完整性产生影响，通过研究中介层上不同结构和材料的电学性能，可以为中介层电性能的优化提供参考。典型的中介层包含再布线、微凸点、TSV 等不连续结构。TSV 作为典型的不连续结构，其基材硅为半导体材料，且其间距很小。所以，TSV 结构本身对中介层甚至整个 2.5D 封装系统的电学链路的影响较大。本节主要针对 TSV 结构及中介层再布线层的电传输特性展开讨论。

7.3.1　TSV 的传输特性研究

图 7-6 所示的是一个典型的铜填充 TSV 结构，硅衬底是半导体材料，为了保证绝缘性能，一层二氧化硅绝缘层填充在铜导体和硅衬底之间，硅衬底的上下表面各覆盖一层二氧化硅绝缘层。

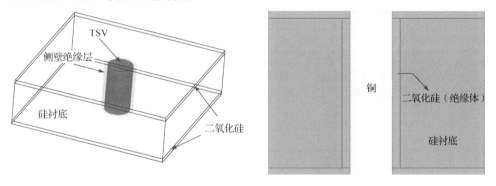

图 7-6　一个典型的铜填充 TSV 结构

在 TSV 结构中，GS 结构模型是一种标准的 TSV 模型形式。其中，一个 TSV 作为信号路径，称为"信号 TSV（S）"；另一个作为其返回路径，称为"地 TSV

（G）"。由于中介层及 TSV 制造工艺的原因，TSV 结构中包裹铜的介质自上而下也不尽相同，分别为 PBO（Poly-P-Phenylene Benzobisoxazazole，聚苯并噁唑）、二氧化硅和 PI（Polyimide）。

TSV GS 结构及模型参数如图 7-7 所示。硅是一种半导体材料，同时存在介质与导体的双重特性。硅衬底的导电特性和介电特性使得硅衬底存在两种损耗机制：由于电导率的存在，电磁信号在经过 TSV 结构时会在硅衬底内产生感生电流，即传导损耗；同时，由于损耗角参数的存在，硅衬底中的晶格缺陷会使上述感生电流在局部区域内聚集，从而引起晶格振动与载流子碰撞，即介电损耗。为了研究信号在 TSV 中的传输特性，使用全波电磁场仿真软件 HFSS 对 TSV 进行建模仿真，分析各参数对信号传输的影响。

硅衬底的电导率，以及 TSV 中介层的结构尺寸、材料特性对信号的传输特性有很大的影响。以图 7-7 的结构为例，各层结构尺寸参数如表 7-1 所示，各层材料特性参数如表 7-2 所示。模型 TSV 的高度和间距分别为 200μm 和 270μm，侧壁二氧化硅绝缘层的厚度为 2μm，硅衬底上下表面二氧化硅绝缘层的厚度为 1μm，硅衬底的电导率为 10S/m。图 7-8 显示了 TSV 直径对插入损耗（Insertion Loss）的影响，从图中可以看出，随着 TSV 直径的增加，信号的插入损耗增大。一方面，随着 TSV 直径增大，在 TSV 间距不变的前提下，信号 TSV 和地 TSV 之间的有效距离减小了，使漏电流增加，导致损耗增加；另一方面，随着 TSV 直径增大，TSV 侧壁绝缘层电容增加，而阻抗随着电容的增加降低，导致介质损耗增加。总的来说，信号的传输特性会随着 TSV 直径的增加而变差。

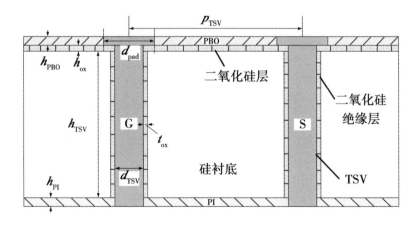

图 7-7　TSV GS 结构及模型参数

表 7-1　TSV GS 结构的尺寸参数

单位：μm

参　　数	数　　值
TSV 高度	200
TSV 直径	20
TSV 间距	270
侧壁二氧化硅绝缘层厚度	2
硅衬底上下表面二氧化硅绝缘层厚度	1
PI 层厚度	5
PBO 层厚度	5

表 7-2　TSV GS 结构材料特性参数

参　　数	数　　值
低阻硅电导率/（S/m）	10
铜电导率/（S/m）	5.8×10^7
硅相对介电常数	11.9
硅损耗角正切值	0.02
二氧化硅相对介电常数	4
PBO 相对介电常数	2.94
PI 相对介电常数	3.5
铜相对磁导率	0.9999991

如表 7-1、表 7-2 所示，硅衬底的电导率，以及 TSV 的物理结构如高度、直径及侧壁二氧化硅的厚度对信号的传输特性有很大的影响。

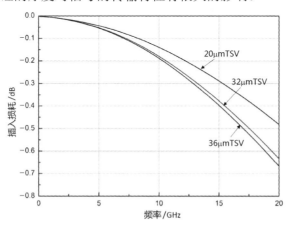

图 7-8　TSV 直径对插入损耗的影响

图 7-9 所示为插入损耗随 TSV 高度变化的曲线，模型中 TSV 的直径和间距分别为 20μm 和 270μm，侧壁二氧化硅绝缘层的厚度为 2μm，硅衬底上下表面二氧化硅绝缘层的厚度为 1μm，硅衬底的电导率为 10S/m。由图 7-9 可见，插入损耗随着 TSV 高度的增加而增加，这是由于随着 TSV 高度的增加，信号传播路径长度增加，TSV 自身导体损耗和介质损耗同时增加，所以信号传输性能随着 TSV 高度的增加而变差。

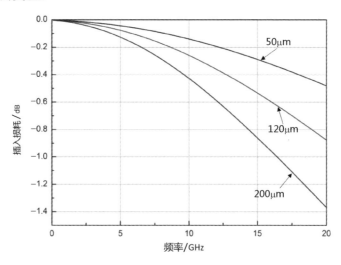

图 7-9　插入损耗随 TSV 高度变化的曲线

三种不同的硅衬底材料的电学参数如表 7-3 所示，由于工艺原因，硅片的材料特性相差较大。从过程控制和工艺精准性来看，硅片可分为"正片"和"假片"。正片在制作过程中工艺控制较好（例如，直拉单晶过程中的速度、温度控制较好），硅晶格周期长，缺陷少；而假片由于成本原因，加工成型过程较为粗糙，晶格缺陷较多。从杂质掺杂角度来看，硅片又分为 N 型掺杂（添加 V 族元素）与 P 型掺杂（添加Ⅲ族元素）；而从杂质掺杂浓度、电导率大小来看，又分为高阻硅和低阻硅。其中，硅衬底 Silicon1 所用的硅材料为高阻硅正片，由于工艺制造方面的原因，其圆片内的载流子较少，晶格缺陷也少，故其电导率和损耗角正切值都较小。而硅衬底 Silicon2 和硅衬底 Silicon3 分别为 P 型掺杂和 N 型掺杂的低阻硅假片，其圆片内部的载流子和晶格缺陷较多，所以这两种硅衬底的电导率和损耗角正切值较大。

表 7-3　三种不同的硅衬底材料的电学参数

硅　衬　底	介电常数	电导率/（S/m）	损耗角正切值	衬底类型
Silicon1	11.9	3	0.02	高阻硅、正片
Silicon2	12.3	8.3	1.4	P 型掺杂、低阻硅、假片
Silicon3	12.3	13.5	2.2	N 型掺杂、低阻硅、假片

图 7-10 所示为不同硅衬底的 TSV GS 结构插入损耗。可以看出，当 TSV 中介层的硅衬底材料不同时，材料电学特性对 TSV 的插入损耗影响很大，采用高阻硅正片作衬底的中介层 TSV 插入损耗在 40GHz 时只有-3.5dB，但是采用 P 型掺杂和 N 型掺杂的低阻硅假片衬底的中介层 TSV 插入损耗在 40GHz 时陡增至-10dB 和-14dB。可以看出，硅衬底电导率和损耗角正切值这两个电参数对 TSV 的插入损耗影响巨大。

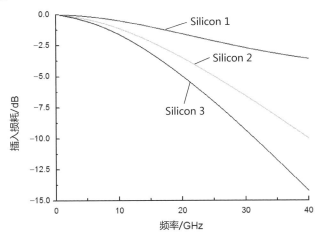

图 7-10　不同硅衬底的 TSV GS 结构插入损耗

7.3.2　中介层互连线传输特性分析

在基于中介层技术的 2.5D 封装中，RDL（再布线层）是系统级互连结构中的重要组成部分。利用中介层上的 RDL，可以将细节距的芯片引脚扇出至较粗节距的 TSV 上，并最终通过中介层背面的 RDL 与焊球连接到封装基板表层。更为重要的是，硅中介层上的 RDL 还可以作为 2.5D/3D 封装中芯片间的信号通道，实现不同芯片间的互连。这样一来，在 2.5D 系统封装中，RDL 技术大大缩短了系统中模块间的通信距离，降低了通信链路上的信号损失和系统功耗。图 7-11 所示为带有 RDL 的硅中介层结构。

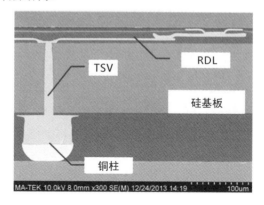

图 7-11　带有 RDL 的硅中介层结构

采用封装工艺加工的中介层，RDL 层数很难做到多层，为了满足翘曲度的要求，RDL 不能大面积地制作电源或地平面，信号的扇出更多的采用共面波导线（Coplanar Waveguide Line）设计，图 7-12 展示了共面线 GSG 结构的 3D 模型和显微镜下的探针测试图。

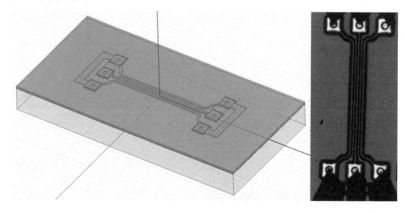

图 7-12　共面线 GSG 结构的 3D 模型和显微镜下的探针测试图

从图 7-13 的测试和仿真结果的对比中可以看到，两者趋势相同，且有良好的拟合性，但是也存在一定的差别，这主要由工艺制作中的误差引起，如层叠厚度、线宽、线间距都和模型结构中的尺寸有一定的偏差。总体相差不大，可以证明传输线具有较好的电气连通性及高频信号传输特性。结合测试结果，针对不同的工艺，可对仿真参数条件进行进一步改进和加入合适的去嵌入结构，从而提高仿真准确性，以精确评估封装结构的电学特性。

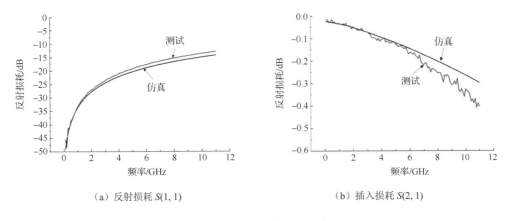

（a）反射损耗 $S(1, 1)$　　　　　　　　　（b）插入损耗 $S(2, 1)$

图 7-13　测试与仿真数据的对比

7.3.3　TSV 中介层信号完整性仿真分析

与常规的有机基板设计相比，TSV 中介层的信号完整性设计与分析具有独特的关注要点。TSV 中介层上的信号互连布线并不长，例如，芯片（Die）间互连的高带宽内存（HBM）信号布线长度通常只有数毫米，信号连接也是简单的点到点拓扑结构，因此信号完整性设计与分析的主要关注点不再是传输路径上的阻抗连续性或端接匹配。但是，TSV 中介层布线宽度非常小（如 HBM 布线线宽只有 2μm 左右），此时数毫米布线上的寄生电阻可达到数十欧姆；另外，TSV 中介层的介质厚度很薄，甚至不到 1μm，导致信号线和相邻层的地网络之间存在很强的容性耦合，布线上的寄生电容可达到 1～2pF。过大的 RC 值会使接收端波形的上升沿明显变缓，边沿抖动增大，最终影响信号的时序裕量。再加上芯片间互连的信号数量众多（如 HBM 总线单个接口的数据网络数量就有 1024 个），有时布线间距会比较小，而且这么多信号在芯片内部也不可能都像高速串行器/解串器或最新的 (G)DDR 总线那样添加前馈均衡器（FFE）/判决反馈均衡器（DFE）等均衡单元，所以 TSV 中介层信号完整性的设计要点是如何在有限的布线空间里综合考虑信号的寄生电阻、寄生电容、信号间串扰的影响。

从信号完整性仿真的角度来看，TSV 中介层的仿真也有所不同。首先，TSV 中介层的金属厚度很薄（通常小于 1μm），对 10GHz 以内的信号并无明显的趋肤效应，所以不能在金属表面简化地用二维网格趋肤深度来计算，需要在金属内部添加三维网格来计算其电流分布特性；其次，TSV 中介层的地平面都是网格状设计，挖空的尺寸与线宽在同一量级，信号路径的寄生参数变化也能忽略。因此，在有机基板中常用的 2.5D 混合引擎算法，很难精确体现 TSV 中介层的信号网络模型，只能用全 3D 的算法引擎（业界使用最多的是 Cadence Clarity 和 Ansys HFSS）。

由于 TSV 中介层的线宽很小，加上要考虑信号耦合或各网络的寄生参数差异，需要提取的信号网络数量多，所以用三维算法仿真的网格数量会非常多。Cadence 公司近年来推出的 Clarity 工具软件因其突破性的并行计算算法，仿真大规模工程时的效率很高。

进行仿真分析时，可以从 TSV 中介层的 GDS 文件导入其物理设计。GDS 文件包含了需要加工的每一层图形的信息，通过层号和层类型两个数字来对应一层具体的图形。GDS 文件中只有具体的加工图形信息，它需要另外的层映射文件（Map File）和工艺文件（Tech File）来指定叠层关系和各层的材料参数。

注意，TSV 周边的硅材料其实是存在弱电导率的。这层半导体会给 M1 层的信号布线带来额外的寄生电容，对 HBM 信号网络的插入损耗和时域眼图有直接影响，仿真时需要考虑这个影响。

对于 HBM 这种并行总线的信号完整性分析，还要考虑多个信号同时翻转时引起的电源噪声（同步翻转噪声）对信号质量和时序的影响。HBM 的信号网络是通过 TSV 中介层布线完成芯片之间互连的，但其电源供电还是通过封装和 PCB 实现的，完整的同步翻转噪声分析仿真需要将 TSV 中介层、封装和 PCB 联合起来。可以用 Clarity 提取 TSV 中介层上信号网络及其周边电源/地网络的模型，用 PowerSI 提取封装和 PCB 的电源分布网络模型，然后在 SystemSI 中将 TSV 中介层模型、封装/PCB 模型和芯片 RC 网络 I/O 模型连接起来。因为 HBM 总线信号数量太多，提取 TSV 中介层模型时只能"剪切"其中部分网络进行提取，这样仿真的同步翻转噪声也只是这部分信号跳变时产生的。如果要模拟所有信号工作时的同步翻转噪声，可以在 SystemSI 工程中添加一个镜像电流，对经过封装和 PCB 的电流进行一定比例的放大。

7.3.4　TSV 中介层电源完整性仿真分析

通常来说,TSV 中介层不会是整个系统的电源完整性设计的瓶颈或关键路径,毕竟从 C4 凸点到微凸点的路径很短, 寄生电阻和寄生电感都很小, 电压降也不大。但是, 如果设计上考虑不周, 很可能在某些区域出现 C4 凸点或微凸点分布不均匀的情况, 这时电流就要在中介层上传输一段距离, 才能从 C4 凸点传到微凸点, 这个局部区域的直流电压降就会明显增大, 导致与之对应的芯片模块的供电不好。这个问题可以通过 IRDrop 仿真或使用 EDA 工具的电气性能评估(Electrical Performance Assessment, EPA)功能来进行检查。

对于某些芯片的片上电容不够大而导致高频噪声幅度超标的情况, 也可以考虑在 TSV 中介层上添加电容(MIM Cap)。TSV 中介层上的 MIM Cap 距离芯片非常近, 对于抑制片上高频噪声可以起到不错的效果。

从整个系统的角度来看, 使用 TSV 中介层可以有效提高芯片的集成度, 但也带来一个新的挑战, 那就是整个系统的总功耗会明显增大, 反映到电源完整性设计方面, 整体的直流电压降和交流噪声裕量更小, 设计难度更大, 需要将整个系统联合起来进行优化设计和仿真签核。

Cadence 的 Voltus 工具拥有强大的并行计算算法, 可以把 TSV 中介层和顶层的芯片都导入进来, 实现多个芯片+TSV 中介层的 IR/EM 仿真。在这个仿真过程中, Voltus 也可以导入封装或封装+PCB 的 RLC 模型, 仿真得到各芯片内部最后的直流电压降(静态电压降)和动态电压降的分布结果, 这就是以芯片为中心的联合仿真流程。

7.3.5　TSV 中介层版图设计

TSV 中介层版图设计主要是针对中介层上的各个电学连接件, 包括 TSV、RDL、过孔、凸点等的尺寸和位置及相互关系的设计, 最终得到 GDS 等工业标准格式数据, 然后用图形掩模的方式将中介层表示出来, 以便于工艺厂商按照设计者的设想对中介层进行加工。目前主流的 TSV 中介层加工流程有两种, 一种是利用芯片加工厂工艺进行 TSV 中介层加工, 另一种是利用芯片封装加工厂工艺进行 TSV 中介层加工。包含 TSV 中介层的完整 2.5D 设计流程示例如图 7-14 所示。

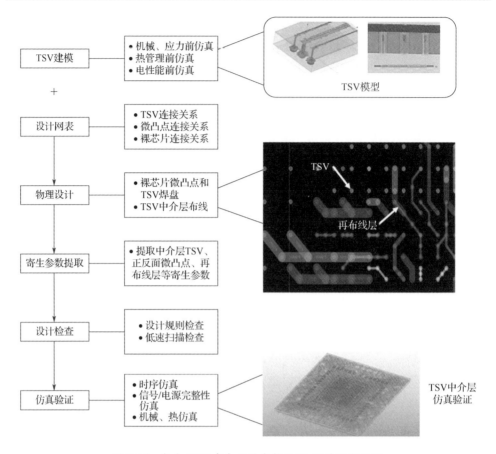

图 7-14 包含 TSV 中介层的完整 2.5D 设计流程示例

TSV 中介层版图设计之前，需获得以下资料：

（1）堆叠在 TSV 中介层上方的裸芯片数量和各个裸芯片尺寸信息，包括裸芯片厚度、裸芯片长宽、划片道尺寸、密封圈尺寸、裸芯片上的焊盘尺寸等；

（2）堆叠在 TSV 中介层上方的各个裸芯片位置关系，以及各个裸芯片之间的距离要求，裸芯片到 TSV 中介层边缘的距离要求；

（3）堆叠在 TSV 中介层上方的每一个裸芯片引脚和位置文件，包括*.txt、*.xls、*.gds 或*.lef 等格式的文件；

（4）堆叠在 TSV 中介层上方的每一个芯片的信息汇总表，包括各个裸芯片、系统简介、原理图、工作环境、功耗、裸芯片各端口情况说明、信号电气特性、电源电压/电流、对 TSV 中介层布线要求、损耗参数要求、串扰参数要求、寄生参数要求等；

（5）TSV 中介层设计要求，包括对 TSV 中介层成本、TSV 中介层结构、TSV 中介层尺寸、TSV 中介层材料是否有特殊要求，对 TSV 中介层封装后芯片散热是否有特殊要求，对 TSV 中介层封装后芯片信号传输是否有特殊要求，以及需要提供的样品形式和数量等；

（6）TSV 中介层封装后，芯片如果需要进一步增加有机基板封装，需获知 TSV 中介层封装后芯片在有机封装基板中的位置及有机基板工艺能力，包括叠层结构、线宽/线距、过孔尺寸等信息；

（7）TSV 中介层封装后，芯片如果直接放置在 PCB 上，需要获知 TSV 中介层封装后芯片在 PCB 系统中的位置、布局、扇出走线要求，以及相关 PCB 工艺能力，包括叠层结构、线宽/线距、过孔尺寸等；

（8）TSV 中介层输出引脚定义、尺寸、引脚节距及排布等要求；

（9）其他相关信息，如整个系统的原理图、与 TSV 中介层封装芯片所对接的芯片相关信息等。

相关信息及资料准备完善后，需要结合加工厂工艺能力对 TSV 中介层进行信号/电源质量、热管理、机械应力等性能进行前仿真，并根据前仿真结果对如下设计参数进行确定。

（1）TSV 中介层衬底材料：TSV 中介层衬底一般为掺杂的硅材料，分为高阻硅和低阻硅，其中高阻硅材料损耗小、成本高，低阻硅材料损耗较大、成本较低，可根据裸芯片信号传输质量要求和封装成本要求进行选择。

（2）外形尺寸：所封装裸芯片规模越大，I/O 数越多，所需要的 TSV 中介层尺寸越大。由于 TSV 中介层所用硅材料厚度很小，一般为 100μm 左右，尺寸越大越容易有翘曲及裂片风险，因此 TSV 中介层尺寸选择应结合裸芯片规模和应力问题综合考虑。

（3）工艺参数：根据所选 TSV 中介层加工厂工艺能力及前仿真结果来选择合适的工艺参数，主要包括 TSV 中介层上下表面凸点焊盘尺寸、TSV 直径和高度、布线层线宽/线距、布线层过孔尺寸、PI 层厚度等。

（4）叠层数量：裸芯片信号速率越高，I/O 密度越大，所需 TSV 中介层布线层越多。裸芯片电源功耗越大，所需 TSV 中介层电源/地走线数量和宽度越大。

（5）引脚排布：TSV 中介层上表面的凸点引脚排布主要取决于所封装的裸芯片凸点位置，这两者之间需要一一对应。TSV 中介层下表面的凸点引脚排布需要便于封装基板和 PCB 走线，排布要求信号引脚尽量排布在中介层凸点阵列外围，电源/地引脚尽量交互排布，以便降低电源分布网络的输入阻抗。

设计参数确认之后便可以进行 TSV 中介层的版图设计。采用芯片加工厂工艺和芯片封装加工厂工艺这两种不同的工艺流程，其版图设计流程差别会非常大，所采用的版图设计工具也不尽相同。

采用芯片加工厂工艺加工 TSV 中介层，一般 I/O 数量巨大，可多达几万甚至几十万个，相对应的芯片凸点间距可以小至 50μm 以下，线宽/线距可达到 1μm 以下。版图设计一般采用芯片后端布局布线工具，如 Cadence innovus、Cadence virtuoso、Synopsys ICCII 等设计软件。芯片加工厂工艺 TSV 中介层设计流程如图 7-15 所示。

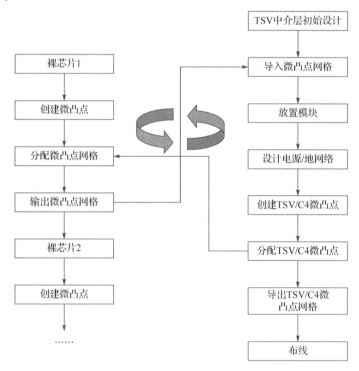

图 7-15　芯片加工厂工艺 TSV 中介层设计流程

在设计中要重点考虑的内容包括：

（1）初始设计。在软件里对设计进行初始设置，包括所堆叠裸芯片网表、TSV 中介层网表导入、顶层网表导入、工艺库信息导入、TSV 中介层外形尺寸设置、所堆叠裸芯片数量尺寸设置、裸芯片之间及裸芯片与 TSV 中介层位置关系设置等。

（2）芯片凸点坐标导入。芯片凸点坐标来自芯片后端设计人员，格式可以为*.txt、*.lef 等格式，主要包括凸点编号、凸点名称、凸点横纵坐标及凸点网格名称。

（3）模块放置。将堆叠在 TSV 中介层上方的裸芯片及其他所需的模块放置在 TSV 中介层的准确位置上。

（4）电源网络设计。规划各个电源网络在 TSV 中介层上的位置及电源网络方案。

（5）定义 TSV 和背面的 C4 凸点。目前所用的 TSV 中介层一般没有背面布线层，因此背面 C4 凸点大多直接连接到 TSV 的末端。需要根据裸芯片及裸芯片上的凸点位置来确定 C4 凸点和 TSV 位置。

（6）TSV 中介层布线。通过 TSV 中介层上的 RDL 和 TSV 将 TSV 中介层正面的裸芯片凸点与背面的 C4 凸点连接到一起。

（7）导出 GDS。TSV 中介层版图设计完成后可导出 GDS 等掩模版数据格式进行掩模版制版。

采用芯片封装加工厂工艺加工 TSV 中介层，一般 I/O 数量较少，相对应的芯片凸点间距较大，一般为 140μm 以上，线宽/线距一般为 2μm 以上。版图设计一般采用芯片封装设计工具，如 cadence apd/sip、mentor graphic 等设计软件。封装加工厂工艺 TSV 中介层设计流程如图 7-16 所示。

在设计中要重点考虑的内容包括：

（1）创建库。创建设计所需要的各种焊盘堆库，包括过孔、TSV、无源器件、裸芯片凸点和 C4 凸点焊盘。

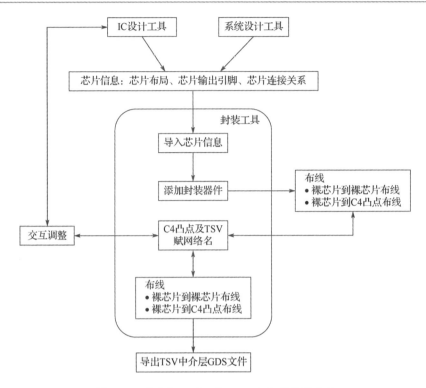

图 7-16　封装加工厂工艺 TSV 中介层设计流程

（2）设置约束管理器。根据所选择 TSV 中介层加工厂工艺能力在软件中设置工艺参数约束条件，如线宽/线距、过孔尺寸、焊盘尺寸、TSV 尺寸等。

（3）导入网表信息。网表信息主要包括堆叠在 TSV 中介层上的裸芯片与 TSV 中介层的连接关系、裸芯片凸点编号、凸点横纵坐标、bump net 名称、所堆叠裸芯片数量和尺寸、电源网络连接关系等。

（4）添加器件。添加 TSV 中介层上需要放置的电容、电感等无源器件模型并放置在 TSV 中介层上合适的位置。

（5）布局布线。调整 TSV 中介层上的裸芯片及其他无源器件位置使其布局合理，通过布线连接裸芯片和裸芯片、裸芯片和 TSV 中介层背面的 C4 凸点、无源器件和裸芯片、无源器件和 TSV 中介层背面的 C4 凸点。

（6）导出 GDS。TSV 中介层版图设计完成后可导出 GDS 等掩模版数据格式进行掩模版制版。

7.4　2.5D TSV 中介层封装热设计与仿真

采用 TSV 中介层设计的产品还有一个重要的设计关注点，那就是散热设计。使用 TSV 中介层可以有效提高芯片的集成度，但是会导致整个系统的总功耗明显增大。因为整个器件内部的功率密度明显增大了，所以如何确保芯片的热量能更好地散出去就成为一个关键的课题。本节将对高性能 2.5D 封装的热设计与仿真技术进行讨论。

TSV 结构主要由铜互连结构和硅材料组成，TSV 内绝缘层和金属阻挡层厚度不足 1μm，在仿真时仅考虑铜、硅二元体系的等效导热系数，可以显著简化计算过程。此外，TSV 中介层中的垂直互连结构使得中介层在垂直方向和水平方向的导热系数有所不同，二者的等效导热系数需要分别计算。在工程实践中，中介层上的 TSV 结构一般以阵列（如交错阵列）的形式规则排布，因此可从整体中介层结构中提取单个的 TSV 阵列单元作为基本的计算模型[249]，如图 7-17 所示。

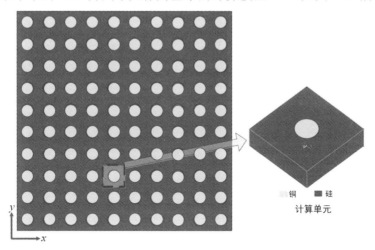

图 7-17　TSV 中介层的基本结构单元

7.4.1　Z 方向等效导热系数

Z 方向等效导热系数的计算模型如图 7-18 所示，假设有一热流 Q_z 从计算模型的上表面流入，模型整体上下表面的温度差为 ΔT。由于计算单元的对称性，模型侧面均可看成绝缘边界，因此 Q_z 将完全从下表面流出。

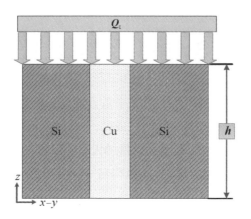

图 7-18 Z 方向等效导热系数的计算模型

此时，根据热传导定律，有

$$q_{\mathrm{Cu}} = \frac{K_{\mathrm{Cu}} \cdot \Delta T}{h}, \quad q_{\mathrm{Si}} = \frac{K_{\mathrm{Si}} \cdot \Delta T}{h}, \quad q_{\mathrm{eq}} = \frac{K_{\mathrm{eq},z} \cdot \Delta T}{h} \qquad （7\text{-}1）$$

式中，q_{Cu}、q_{Si} 分别为 TSV 铜柱和硅衬底内的热流密度；h 为模型的高度；K 为材料的导热系数；q_{eq} 为 TSV 中介层等效为均匀材质后的热流密度。

$$q_{\mathrm{Cu}} S_{\mathrm{Cu}} + q_{\mathrm{Si}} S_{\mathrm{Si}} = Q_z = q_{\mathrm{eq}} \left(S_{\mathrm{Cu}} + S_{\mathrm{Si}} \right) \qquad （7\text{-}2）$$

式中，Q_z 为总的热流量；S_{Cu} 和 S_{Si} 为铜材料和硅材料在 X-Y 平面上的投影面积。

另 $\beta = S_{\mathrm{Cu}}/S_{\mathrm{Si}}$，可得等效导热系数为

$$K_{\mathrm{eq},z} = \frac{\beta K_{\mathrm{Cu}} + K_{\mathrm{Si}}}{1 + \beta} \qquad （7\text{-}3）$$

7.4.2　X-Y 方向等效导热系数

中介层在 Z 方向和 X-Y 方向的导热系数不同，但是在水平平面内，其导热特性是各向同性的，因此只需要计算 X 或 Y 方向上的等效导热系数即可。本书以 Y 方向的等效导热系数计算为例。根据模型的对称性，如图 7-19 所示，取计算单元的 1/2 对称模型作为分析对象，可分为两个部分：第一部分包含整个 TSV 铜块，第二部分不含铜材料。

为简化计算，将圆柱形的 TSV 扩充为立方结构进行处理。图 7-19 中第一部分和第二部分共同构成串联导热路径，第一部分的铜和硅材料又形成局部的并联

导热通道[250, 251]。整个 Y 方向的热流设为 Q_{x-y}，沿热流方向的截面分别设为平面
0、平面 1 和平面 2，并假设各个截面上平均温度分别保持为 T_0、T_1 和 T_2。

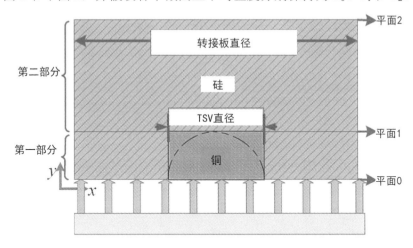

图 7-19　X-Y 方向等效导热系数计算模型

第一部分导热结构和 Z 方向等效导热系数计算模型完全相同，因此可得这部
分等效导热系数为

$$K'_{x-y} = \left(\beta' K_{Cu} + K_{Si}\right) / (1 + \beta), \quad \beta' = V'_{Cu} / V'_{Si} = d / (2a - d) \qquad (7\text{-}4)$$

式中，V'_{Cu} 和 V'_{Si} 为第一部分中铜和硅的体积；$2a$ 为模型中硅衬底的边长；d 为 TSV
直径。第一部分和第二部分热流量完全相同，而且热流面积也完全一致，因此，

$$\frac{T_0 - T_1}{d / 2} K'_{x-y} = \frac{T_1 - T_2}{a - d / 2} K_{Si} = \frac{T_0 - T_2}{a} K_{eq, x-y} \qquad (7\text{-}5)$$

式中，$K_{eq, x-y}$ 为整体的等效导热系数。求解式（7-5）可得

$$K_{eq, x-y} = \frac{\pi(1+\beta)K_{Si}^2 + K_{Si}\left(K_{Cu} - K_{Si}\right)\sqrt{4\pi\beta(1+\beta)}}{\pi(1+\beta)K_{Si} + \left(K_{Cu} - K_{Si}\right)\left[\sqrt{4\pi\beta(1+\beta)} - 4\beta\right]} \qquad (7\text{-}6)$$

式中，$\alpha = d/2a$；$\beta = \dfrac{V_{Cu}}{V_{Si}} = \dfrac{\pi(d/2)^2}{4a^2 - \pi(d/2)^2} = \dfrac{\pi\alpha^2}{4 - \pi\alpha^2}$。

7.4.3　中介层对封装热阻的影响

将中介层放入整个封装结构中研究其特性，模型示意图如图 7-20 所示。整个
封装结构的尺寸为 47.5mm×47.5mm×3.45(±0.05)mm。其中共面波导线芯片的面积为

18.72mm×16.2mm；芯片下微凸点为 Sn63Pb37 材料，其直径为 80μm，总数为 9356。

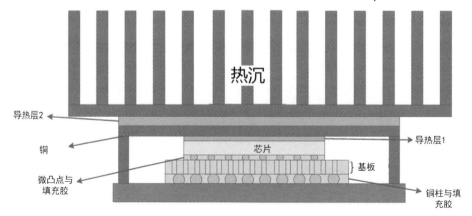

图 7-20　封装结构模型示意图

改变中介层的导热参数和结构参数，可分析其对整体热性能的影响。由上述分析可知，中介层的导热性能主要与硅和铜材料的体积比相关，而体积比由 TSV 直径和节距等因素决定。设定 TSV 直径由 0 增加至 0.27mm，中介层厚度范围为 0.05~0.3mm，计算不同参数下的体积比 Γ_{jB} 值，结果如图 7-21 所示。

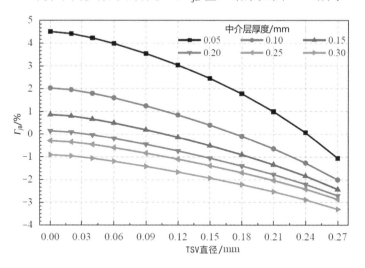

图 7-21　计算不同参数下的 Γ_{jB} 值

由图 7-21 可以看出，随着 TSV 直径的增大，Γ_{jB} 的值逐渐减小，Γ_{jB} 呈下降趋势。而且中介层越薄，TSV 直径对导热性能的影响就越大，当中介层的热性能稳定时，中介层越厚越有利于封装整体的散热。

7.5　2.5D TSV 中介层封装研究实例

本节将针对一款高性能 CPU 的 2.5D 封装设计展开讨论。该芯片有 9000 多个引脚，其中信号引脚包括多组数据传输速率达到 5Gbit/s 的 PCIE 高速信号，并且有多组 DDR3 信号，而电源众多的引脚包括内核区供电电源、DDR 区的 I/O 供电、测试区供电、时钟供电等。在整个 2.5D 封装设计中，为了保证电气性能，要协调好中介层和基板的设计，不仅要保证高速互连通道的电性能，而且要确保芯片供电系统的稳定。

中介层尺寸为 22.6mm×20.44mm×0.12mm，在中介层正面制作 2 层 RDL，正面利用金属焊盘与 CPU 芯片连接中的 SnPb 焊点连接，背面制作铜柱凸点与基板进行连接。中介层正面有 9360 个输入引脚，背面有 4711 个输出引脚，包括完整的电源分布网络及信号传输网络。中介层布局示意图如图 7-22 所示。中介层中共设 4711 个 TSV，TSV 直径为 20μm，TSV 最小节距为 270μm。此外，在设计时加入了针对中介层工艺及电性能测试的测试结构，测试结构包含 TSV 1598 个。

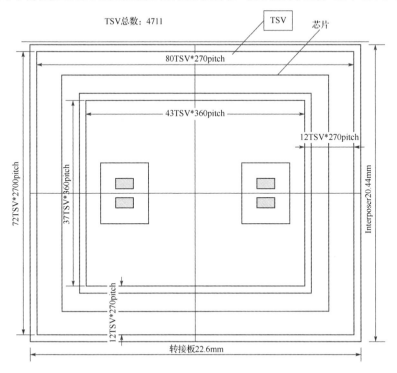

图 7-22　中介层布局示意图

图 7-23 为 2.5D 封装示意图与截面图，多个芯片排布于硅中介层上，通过中介层上的 RDL 实现芯片间的信号传递；中介层上的 TSV 可以将信号和电源扇出到封装基板。

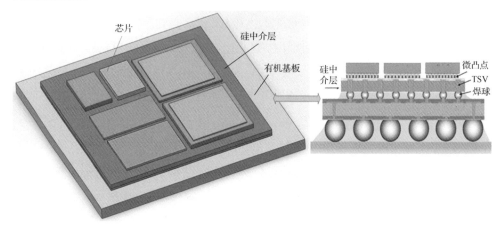

图 7-23　2.5D 封装示意图与截面图

7.5.1　TSV 中介层电路结构设计

由于 CPU 芯片引脚数量众多、封装面积小、布线密度大，所以采用正面两层 RDL 的设计完成引脚扇出。同样为了确保 TSV 电镀可靠，最终设计 TSV 直径为 $20\mu m$，硅衬底厚度为 $120\mu m$。中介层尺寸为 $22mm\times 20mm$，TSV 节距分为信号区域的 $270\mu m$ 和内核区域的 $360\mu m$ 两种，芯片最终通过倒装芯片的方式组装在中介层正面。

芯片内核区的功率峰值为 108W，内核区电压为 0.9V，则峰值电流为 120A。为了确保芯片的供电安全，内核区的 TSV 必须提供足够的过电流能力，通常 $1\mu m^2$ 铜的过电流能力为 1mA，则 $20\mu m$ 直径的 TSV 的过电流能力为 200~300mA。在留有余量的情况下内核电源的 TSV 个数为 120/0.2=600 个，因为电源和地成对出现，所以至少应该为内核供电系统提供 1200 个 TSV。

图 7-24 所示为中介层上内核电源和地在 RDL 的网状布线，由于硅中介层很薄，且背面没有 RDL，考虑到翘曲度及铜与硅材料间的 CTE 失配的问题，中介层正面的 RDL 的覆铜率不能过高，因此不能在 RDL 制作电源和地的平面。因此，

将内核电源和地分别排布在两层 RDL 上，绘制成网状，类似芯片内部的网状供电系统。

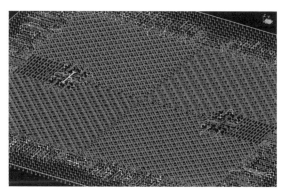

图 7-24　中介层上内核电源和地在 RDL 的网状布线

根据芯片封装要求，单端信号线特性阻抗为 50Ω，差分信号线的特性阻抗为 100Ω。根据中介层的结构和材料参数，在全波电磁场仿真软件 HFSS 中分别对 GSG 和 GSSG 传输线建模，通过对线宽和线间距进行参数扫描，得到不同线宽和线间距的 GSG 传输线的特性阻抗曲线。从图 7-25 可以看出，当线宽为 20μm、线间距为 20μm 时，GSG 传输线特性阻抗最接近 50Ω，并且该线宽、线间距满足工艺能力方面的要求。另外，通过仿真得出 GSSG 传输线差模特性阻抗在线宽为 25μm、线间距为 20μm 时最接近 100Ω。

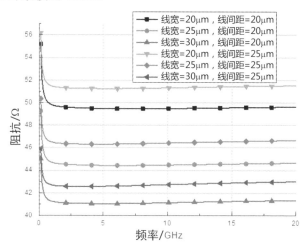

图 7-25　不同线宽和线间距的 GSG 传输线特性阻抗曲线

最终的中介层设计版图如图 7-26 所示，其中左边为中介层整体版图，右上为 DDR 信号局部布线图，右下为 PCI-E 信号局部布线图。

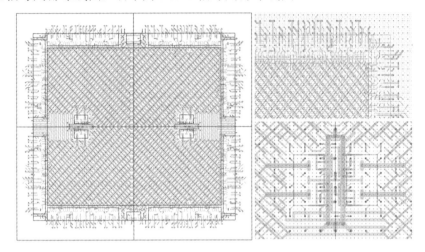

图 7-26　中介层设计版图

7.5.2　TSV 中介层工艺流程

TSV 中介层结构与其工艺设计有着密切的关系，图 7-27 所示为一种典型的 TSV 中介层制造工艺流程。

关键工艺步骤包括：

（1）TSV 刻蚀。深层离子体刻蚀工艺和激光钻孔均可以在硅衬底上制作深孔，但 BOSCH 刻蚀工艺由于刻蚀速率快、各向异性刻蚀深宽比高，成为目前应用最广的制作 TSV 的技术。

（2）TSV 侧壁绝缘层沉积。由于硅衬底是半导体材料，所以必须在硅衬底与铜 TSV 之间制作绝缘层，TSV 深孔内的侧壁绝缘层一般使用 SiO_2。为了获得较好的 SiO_2 覆盖率，通常采用 PECVD 的方法来制作绝缘层。

（3）扩散阻挡层、种子层沉积。为了阻挡铜离子向硅衬底中扩散，需要沉积一层 Ti 作为阻挡层，再沉积一层铜作为种子层，为下一步电镀填充通孔的进行做准备。

（4）TSV 电镀填充。为了均匀填充 TSV 深孔，需要采用自底向上的电镀方法。

（5）CMP 平坦化。去除电镀过程中衬底表面的多余铜。

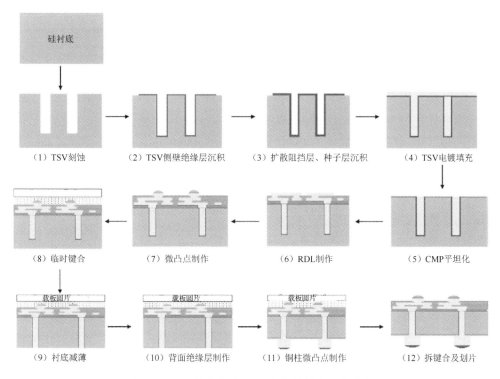

图 7-27　一种典型的 TSV 中介层制造工艺流程

（6）RDL 制作。制作互连线，实现电气互连。

（7）微凸点制作。为实现中介层与芯片的互连，需要制作正面微凸点。

（8）临时键合。在硅片减薄工艺中，硅片需要承受很大的机械应力，为了增大硅片的机械强度防止硅片在加工中破碎，将制作好 TSV 和互连的硅片与另外一个承载片（Carrier Wafer）临时键合到一起。

（9）衬底减薄。为了形成 TSV，对临时键合硅片背面进行减薄加工，露出TSV。

（10）背面绝缘层制作。与正面绝缘层一样制造背面绝缘层。

（11）铜柱微凸点制作。为了实现 TSV 中介层与封装基板的互连，制造铜柱凸点。

（12）拆键合及划片。拆除承载片，并划片得到单个的 TSV 中介层。

7.5.3 有机基板设计与仿真

1. 有机基板叠层设计

封装基板的设计相比于中介层的设计，更加成熟，而且封装基板的加工工艺也更加灵活和可靠。因此，封装基板的设计可以最大限度地弥补受中介层工艺条件限制所造成的信号完整性、电源完整性设计的先天不足。设计封装基板首先要确定一个大致的叠层结构，合理地分配电源、地平面及信号传输层等。合理的叠层设计能够增强系统的稳定性、减少同步开关噪声、减小电源网络与信号网络的耦合、抑制电磁辐射等。封装基板叠层的设计要考虑板层结构的设计、介质材料的选择、电源/地平面间距等方面。

封装基板中的高速信号采用带状线布线，以相邻完整的地平面层作为参考平面层，高速信号线与参考平面层间的介质与串扰有关系。对于相同的特性阻抗，较低的介电常数允许信号路径和返回路径间距更小，这意味着产生较低的串扰；另外，低介电常数的介质可以减小传输线的高频介质损耗。因此，选择介电常数较低的 ABF GX-13 作为高速信号线与参考平面间的介质。介质的厚度一方面要尽量小来降低串扰，另一方面又要利于阻抗控制。电源层与地层要紧密耦合，即电源层和地层要尽量靠近。这样一方面可以减小电源网络的回路电感；另一方面电源平面和地平面构成的电容可以在高频时用于电源去耦，减小同步开关噪声。由于 CPU 的 I/O 众多，并且多为高速信号线，因此分配 4 层主要的信号层布线。另外，CPU 芯片的功耗较大，需要大量的电源/地平面承载大电流。综合考虑以上因素，最终选择 12 层的叠层设计，如图 7-28 所示。

基板采用叠层工艺，为了增加基板的机械强度，选择厚度为 640μm 的 High-Tg-Epoxy 介质作为核心层，介电常数为 4.3。核心层采用机械钻孔，直径较大，之后会介绍高速信号线核心层过孔的优化设计，其他叠层采用激光钻孔。整个封装基板的版图设计，在 Cadence 的封装设计软件 sip 中绘制完成。

2. 有机基板的传输线设计

1）阻抗设计

在版图设计中，首先要进行阻抗设计，通过特性阻抗和工艺参数来确定传输线的基本结构。根据封装基板的介质材料和叠层结构对单端和差分带状线分别进行阻抗计算。借助于阻抗计算软件 Polar 可以很快地得出特性阻抗与线宽和介质厚度的关系。图 7-29 所示为 Polar 计算的单端和差分带状线的特性阻抗。由计算可得，当介质厚度被压缩到 40μm、铜皮厚度为 15μm 时，线宽为 30μm，单端带状线特性阻抗约为 50Ω；当线宽为 30μm、线间距为 90μm 时，差分带状线特性阻抗约为 100Ω。通过 HFSS 对带状线结构进行建模和仿真，能够得到更精确的结构参数。结合工艺条件最终将设计中的单端带状线布线的宽度定义为 30μm，差分信号线的线宽定义为 30μm，间距定义为 90μm。

	介质	叠层	板厚/μm
	绿油		
地	铜	L1	15
层间介质	ABF		40
信号/电源	铜	L2	15
层间介质	ABF		40
地	铜	L3	15
层间介质	ABF		40
信号/电源	铜	L4	15
层间介质	ABF		40
地	铜	L5	15
层间介质	ABF		40
电源	铜	L6	15
芯层	TU-752		640
地/电源	铜	L7	15
层间介质	ABF		40
地	铜	L8	15
层间介质	ABF		40
信号	铜	L9	15
层间介质	ABF		40
地/电源	铜	L10	15
层间介质	ABF		40
信号	铜	L11	15
层间介质	ABF		40
地	铜	L12	15
	绿油		

图 7-28　有机基板的叠层设计

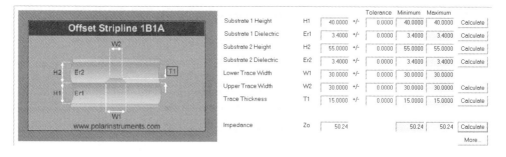

图 7-29　Polar 计算的单端和差分带状线的特性阻抗

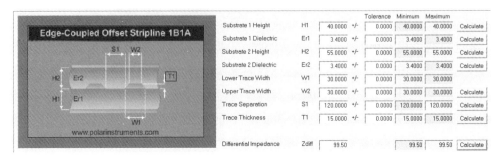

图 7-29　Polar 计算的单端和差分带状线的特性阻抗（续）

2）串扰控制

在版图设计中线宽、线间距是最基本的两个参数，它们也是工艺能力中最基本的一组条件。在传输线（带状线）结构、介质材料、厚度已经确定的情况下，线宽更多反映的是传输线的阻抗，而线间距则是影响传输线间串扰大小的最直接的参数。为了优化高速信号线间的串扰，在 HFSS 中建立模型对串扰进行预估，确定高速信号布线的间距。图 7-30 所示为不同线间距的单端信号线串扰，信号线的长度为1000μm，从图中可以看出，为了将近端串扰和远端串扰都控制在-45dB，信号线间距应设置为120μm。在经验设计中，当线间距为 3 倍的线宽时就可以有效地降低串扰，即线间距至少为 90μm。

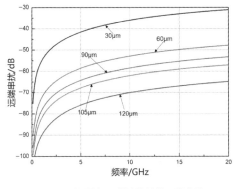

（a）不同线间距单端信号线远端串扰

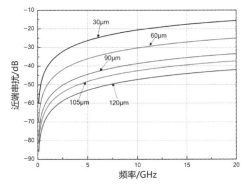

（b）不同线间距单端信号线近端串扰

图 7-30　不同线间距的单端信号线串扰

3）传输线延迟控制

延时是指信号偏移，是互连线间传输延时的差。系统时序要求信号延时被控制在一定范围内，否则会造成时序错误。对于差分信号，差分对的时序匹配通常要求比较严格，但由于差分传输线的两条线始终处于耦合状态，通过的环境保持一致，因此对于差分传输线，要特别注意信号从引线焊盘扇出时的扇出方式。对于并行的单端信号线，在封装基板上的延时控制主要通过控制走线长度来实现。在做延时匹配时，往往会采用绕线方式，如走蛇形线。然而这些弯曲的走线和带过孔的走线，与将它们拉直变成等长度的理想走线时的时延是不相同的。通常较理想的直走线比蛇形线延迟要小，而带过孔的走线延迟要大，通过在 Allegro SIP 的约束管理器中详细设置需要匹配的一组走线的时延容限，在布线过程中就可以很好地做到时延匹配。在进行一组 DDR 并行数据通道的时延匹配设计时，首先应使 DQS（数据选通）的线长尽量最长，这样方便其他 DQ 通道向 DQS 做匹配。在走蛇形线时应尽量做到转角少、线弧过渡平缓，从而减少在转角处的寄生电容和寄生电感的突变量，特性阻抗变化小，引起的反射也小，信号传输质量就会较好。

4）核心层高速信号过孔优化

实际的过孔有对地的寄生电容及寄生电感，式（7-7）及式（7-8）给出了过孔寄生电容及寄生电感的估算公式：

$$C = \frac{1.41\varepsilon_r T D_{pad}}{D_{antipad} - D_{pad}} \tag{7-7}$$

$$L = 5.08h\left[\ln\left(\frac{4h}{d}\right) + 1\right] \tag{7-8}$$

式中，C 为过孔寄生电容；ε_r 是电路板介质的相对介电常数；T 为电路板的厚度；D_{pad} 为过孔焊盘的直径；$D_{antipad}$ 为信号过孔阻焊盘的直径；L 为过孔寄生电感；h 为过孔长度；d 为过孔直径。过孔可以呈现容性也可以呈现感性，因此，可以通过优化过孔结构使过孔与传输线的阻抗匹配。对于工作在高速情况下的过孔，一定要保证过孔的寄生电容足够小。

核心层信号过孔焊盘相对较大会引起容性失配，即信号遇到的瞬态阻抗变小。为了减小这种失配，将核心层信号过孔正上方和正下方区域的参考平面移除，增大信号回流路径以补偿容性失配。图 7-31 所示为核心层信号过孔优化前后的模型图。图 7-32 所示为核心层信号过孔仿真结果。移除参考平面曲线代表移除核心层信号过孔焊盘正上方和正下方的参考平面的情况，未移除参考平面曲线代表未移除参考平面的结果，从图 7-32 可以看出，移除参考平面后插入损耗减少了 0.5dB，有利于提高信号的传输质量。

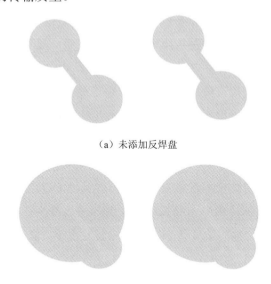

（a）未添加反焊盘

（b）添加反焊盘

图 7-31　核心层信号过孔优化前后的模型图

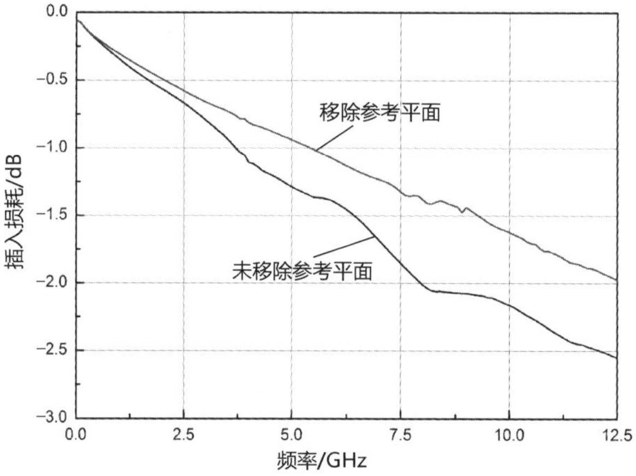

图 7-32　核心层信号过孔仿真结果

　　最终的基板设计版图如图 7-33 所示，其中左边为基板整体版图，右上为 DDR 信号局部布线图，右下为 PCI-E 信号局部布线图。

3. 基板信号完整性仿真分析

　　基于 Cadence SigXplorer 仿真工具进行基板信号串扰及高低电平噪声余量分

析（见图 7-34），对封装内相邻线网进行串扰仿真，分别分析计算侵害线高低电平翻转条件下受侵害线接收端的串扰幅值及高低电平噪声余量，确保高速信号稳定可靠传输。

图 7-33　最终的基板设计版图

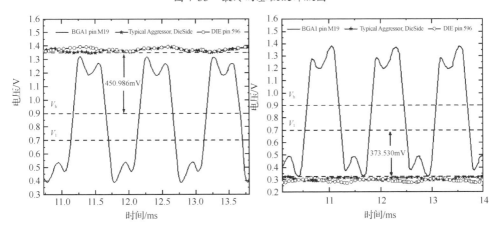

图 7-34　基板信号串扰及高低电平噪声余量分析

基于 HFSS 和 SIwave 电磁场仿真分析工具进行基板信号插入损耗及回波损耗性能分析（见图 7-35），对封装内 PCI-E 高速串行差分信号开展频域传输通道仿真，分析封装传输通道频域传输性能，确保封装插入损耗及回波损耗数值满足高速串行链路传输通道设计要求，提升高速串行链路信号传输质量。

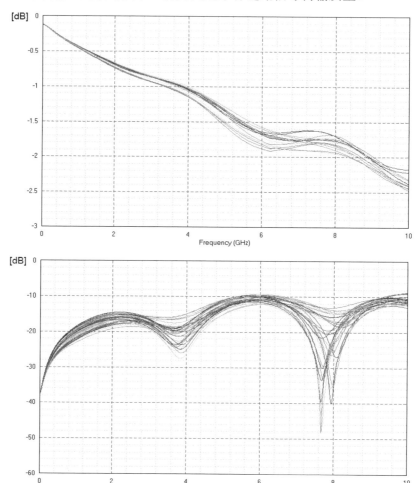

图 7-35　基板信号插入损耗及回波损耗性能分析

4. 基板电源完整性仿真

基于 PowerSI/SIwave 电磁建模仿真分析工具进行基板电源分配系统频域阻抗性能分析（见图 7-36），对高性能 CPU 内核电源及接口电源开展封装级电源分配系统频域阻抗性能仿真分析。首先，根据 CPU 电源电压容限及芯片翻转电流确定各类电源频域目标阻抗数值。其次，优化高性能 CPU 封装基板电源地叠层结构，分析封装级滤波电容选型、数量及放置位置对电源分配系统频域阻抗性能的影响，优化配置低电感封装滤波电容，确保封装级电源分配系统频域阻抗性能满足封装设计要求，为高性能 CPU 稳定可靠运行提供技术保障。

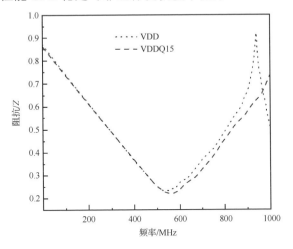

图 7-36　基板电源分配系统频域阻抗性能分析

　　将封装基板的版图导入 SIwave 进行电源电压降（IR Drop）仿真，得到有机基板第一层电压分布情况。有机基板的 IR Drop 仿真如图 7-37 所示。为芯片供电的两个重要的电源，内核电源 VDD 理想电源为 0.9V，DDR 的 I/O 供电电源 VDDQ 理想电压为 1.5V。仿真结果反映了经过有机基板的电压分配网络后供电电压的下降情况，VDD 最小为 0.895V，VDDQ 最小为 1.495V，下降仅 0.005V，远小于 2% 的可承受范围。

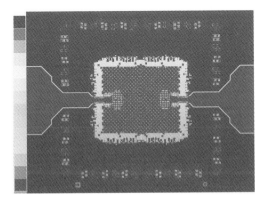

图 7-37　有机基板的 IR Drop 仿真

5．2.5D CPU 封装协同设计与仿真

讨论完多中介层和基板的设计，接下来考察整个无源链路的电性能，即中介层和有机基板的协同仿真分析。DDR3 和 PCIE 分别是芯片数据传输的并行和串行的高速接口，保证它们的电性能才能保证芯片的正常运行；同时，对于高速、高密度 CPU 来说，电源的稳定是芯片能够正常工作的基础。

1）DDR3 协同仿真

DDR3 的速度已经高达 1600Mbit/s，为了确保低功耗运作，I/O 的电压降至了1.5V。表 7-4 列出了 DDR3 的一些引脚。

表 7-4　DDR3 引脚

名　　称	说　　明	名　　称	说　　明
CK	时钟输入	BA	SDRAM Bank 地址
CKE	时钟使能	DQ	数据输入输出
RAS	行地址选通	DQS	数据选通
CAS	列地址选通	RESET	复位
WE	写使能	VDDQ	1.5V
A	地址输入	VSS	地

抽出芯片的一组数据通道，DQ[0：7]及它们的数据选通 DQS0。DQS 为差分结构，一组 8 根输入输出线要与同组的 DQS 进行时序匹配。利用 HFSS 分别提取中介层和封装基板上的这组传输线的 S 参数，并导出 Spice Model，将 SP 模型导入 Cadence 的 System SI 进行时域仿真。图 7-38 所示为包含 DDR3 IBIS（Input Output Buffer Information Specification）模型的中介层和基板 DDR3 数据通道的协同仿真模型。仿真没有包含 PCB，只是对 2.5D 封装的结构进行分析。

图 7-38　包含 DDR3 IBIS 模型的中介层和基板 DDR3 数据通道的协同仿真模型

IBIS 模型是一种基于 VI 曲线的对 I/O BMFFER 快速准确建模的方法，是反映芯片驱动和接收电气特性的一种国际标准。它提供一种标准的文件格式来记录如驱动源输出阻抗、上升/下降时间及输入负载等参数。引入 IBIS 模型可以更加真实准确地反映出电路的实际传输特性。图 7-39 为其中一个 Byte 的 I/O 通道的仿真眼图，可以看到眼图张开良好，眼线清晰。

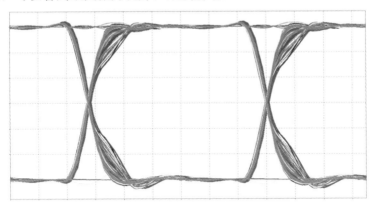

图 7-39　其中一个 Byte 的 I/O 通道的仿真眼图

图 7-40 为引入 SSO（同时开关噪声）影响的 DDR 时域仿真示意图。仿真中，需要提取 DDR 供电网络的参数，但由于 TSV 的特殊结构，电磁仿真软件如 HFSS，很难同时提取成百上千个 TSV 的参数。因此，对于大量 TSV 参数的准确提取是一个值得深入研究的方向。

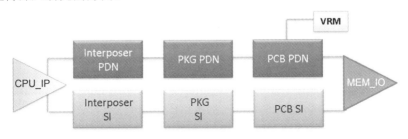

图 7-40　引入 SSO 影响的 DDR 时域仿真示意图

2）PCIE 协同仿真

芯片中的 PCIE 的数据传输速度高达 5Gbit/s。针对 PCIE 的核心层机械钻孔，做了相应的优化设计。如图 7-41 所示，对 PCIE 中介层和基板的部分分别在 HFSS 中建模和提取 S 参数。然后在 ADS 中进行全通道的时域仿真，如图 7-42 所示。图 7-43 为仿真得到的眼图。

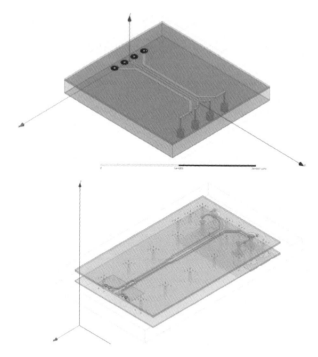

图 7-41　对 PCIE 中介层和基板的部分分别在 HFSS 中建模和提取 S 参数

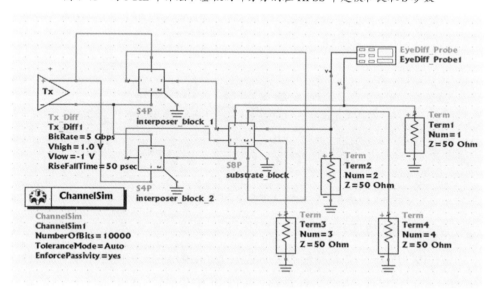

图 7-42　ADS 全通道时域仿真模型

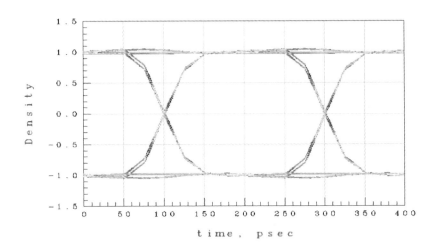

图 7-43　仿真得到的眼图

3）电源完整性分析

TSV 中介层 2.5D 封装电源分配系统包括 TSV 中介层上电源/地网格、TSV 和封装基板电源平面与地平面。在设计中采取以下措施来降低电源的阻抗和减小电源网络的直流压降：在工艺条件允许的情况下，尽量加宽中介层上电源/地网格的走线宽度，并使用厚一些的铜线；选用直径较大的 TSV，减小其直流电阻，并尽可能多地增加电源和地网络中 TSV 的数量；使用多层电源/地平面，并用大量过孔将相同电压等级的平面短接，特别是在电流密度较大的地方；保证电源平面和地平面的完整性，减少不连续结构；连接电源/地平面的过孔可以设计得尽量大些；在芯片附件添加大量去耦电容，并采用多个过孔并联的方式将去耦电容的焊盘与电源/地平面连接。图 7-44 展示的是将中介层和有机基板作为一个封装整体所进行的 IR Drop 仿真结果，IR Drop 仿真结果如表 7-5 所示。

可以看到，从基板到中介层内核电源基本上没有变化。因为为内核电源供电的 TSV 非常多，且在 RDL 连接成一个整体。VDDQ 下降 0.005V，因为在中介层上，VDDQ 没有条件连接成网络，而是结合实际结构连接成相互分立的宽直线，因此要做到在工艺允许的情况下，尽量加宽电源线，而总共 0.011V 的电压下降也是远小于 1.5V×5%=0.075V 的容限值。

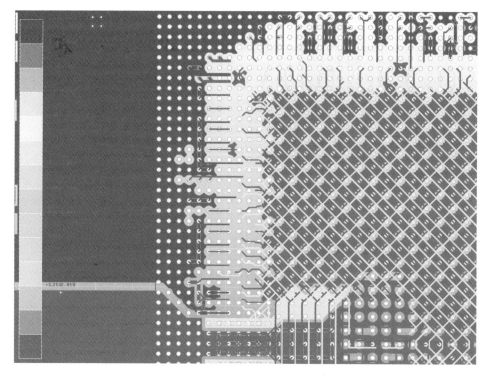

图 7-44 将中介层和有机基板作为一个封装整体所进行的 IR Drop 仿真结果

表 7-5 IR Drop 仿真结果

层	VDD	VDDQ
基板 L1 层	0.895V	1.494V
中介层表面焊盘	0.894V	1.489V

7.5.4 中介层工艺研究

基于 TSV 工艺技术进行中介层单项工艺技术的开发，并完成整个中介层工艺的集成，最终完成中介层的制作。

在完成芯片封装基板电性能协同设计及仿真的基础上，根据高性能 CPU 封装信号完整性设计与电源完整性，以及高性能 CPU 封装的热及机械应力特点的要求，确定了中介层整体工艺方案。在中介层整体工艺方案确定后，根据整体工艺要求对各单项工艺进行指标分解，完成包括 TSV 光刻、高深宽比 TSV 刻蚀、兆声波清洗、绝缘层制作、高深宽比黏附层种子层制作、TSV 电镀填充、厚铜层化学机械抛光工艺、正面再布线制作工艺、TSV 圆片临时键合工艺、圆片减薄工艺、TSV 背面露头工艺、背面钢柱制作工艺及拆键合工艺等单项工艺的开发，实现中介层工艺集成。本节的实例经过了 8 层光刻，约 120 个工艺步骤，图 7-45 展示了 TSV 中介层的主要工艺流程，按流程完成中介层芯片的制作。

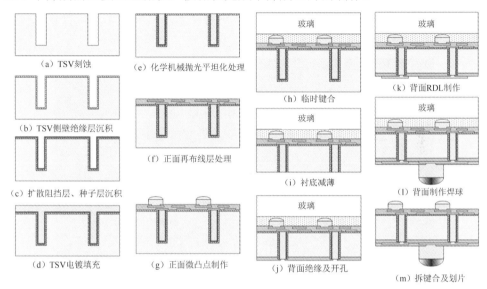

图 7-45　TSV 中介层的主要工艺流程

本节的实例为了满足电源线的电流承载能力要求，中介层采用了深宽比为 6∶1 的 TSV（深 120μm，直径为 20μm）结构。正面两层再布线层，利用焊盘引出；背面为铜柱结构。

1. TSV 刻蚀工艺开发

TSV 刻蚀将形成高深宽比的盲孔结构，其形貌、尺寸甚至侧壁粗糙程度都将对后续工艺产生影响。当前，业界主流的 TSV 刻蚀工艺是 Bosch 刻蚀工艺。本实例中 TSV 刻蚀均采用 Bosch 刻蚀工艺技术，最终光刻和刻蚀的关键尺寸偏差约 1μm 以内，最高深宽比可以接近 10∶1（见图 7-46）。

Bosch 刻蚀工艺利用 C4F8 反应产生聚合物进行侧壁保护，从而实现高深宽比的盲孔结构，这些非挥发性的聚合物在保护侧壁的同时也会作为刻蚀残留物存在于圆片表面和 TSV 内。由于刻蚀反应腔室内环境复杂，刻蚀工艺时间长，刻蚀过程产生的聚合物还可能和光刻胶混合，形成更为顽固的残留物。随着 TSV 深宽比的进一步提高，TSV 清洗工艺所面临的挑战将进一步提高。在研究过程中，研究团队还与盛美半导体设备（上海）股份有限公司开展了基于兆声波工艺的高深宽比 TSV 清洗研究，利用兆声波改善清洗药液在 TSV 内的浓度分布，并利用兆声波能量对残留物进行物理清洗[252]。TSV 刻蚀工艺刻蚀后的贝壳纹小于 80nm，刻蚀后 TSV 清洗困难，通过对清洗工艺进行优化，清洗后未发现残留物（见图 7-47）。

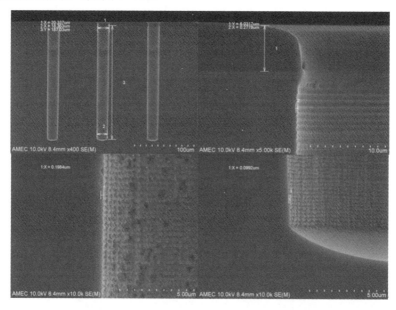

图 7-46　利用 Bosch 刻蚀工艺完成的 TSV 形貌

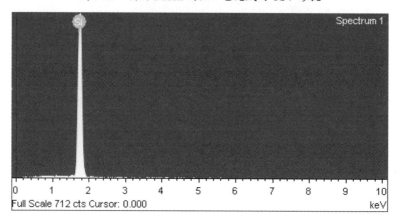

图 7-47　兆声波清洗后 TSV 内未见异常

2．绝缘层沉积

TSV 内绝缘层用于实现信号线和电源线与中介层衬底的绝缘，TSV 内绝缘层的质量将直接影响中介层的信号完整性和电源完整性参数，是保证中介层性能的关键因素之一。由于 TSV 深宽比较大，传统的 CVD 成膜技术无法满足其台阶覆盖要求。本实例与沈阳拓荆科技股份有限公司合作，开发了高深宽比 TSV 的绝缘层沉积技术，要求 TSV 内绝缘层台阶覆盖率不小于 12.5%。

绝缘层沉积采用 PECVD 工艺，深宽比为 6∶1 的 TSV 的台阶覆盖率约为16.7%，最薄弱点 SiO_2 厚度为 200nm。TSV 绝缘层沉积效果如图 7-48 所示。

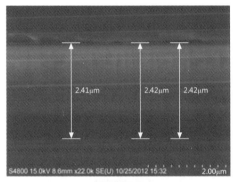
圆片表面

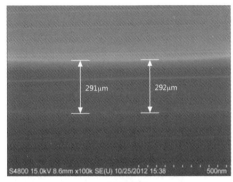
TSV底部

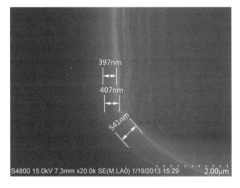
圆片表面

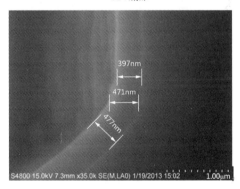
TSV 底部

图 7-48　TSV 绝缘层沉积效果

3．TSV 填充工艺

TSV 填充工艺分为黏附层种子层制作和电镀填充两步工艺。TSV 黏附层肩负着阻挡铜向中介层衬底硅中扩散和增加铜与硅之间黏附性的双重任务。黏附层工艺的好坏除了直接影响种子层黏附效果，还会影响整个多芯片集成系统在使用寿命中的性能稳定。黏附层一般选择 Ti、Ta、TiN、TaN 等材料，本实例采用北方华创 Polaris T 系列 PVD 设备，用 Ti 作为深宽比为 6∶1 的 TSV 中介层的黏附层，黏附层种子层的厚度分别为 Ti 500nm、Cu 2μm，经过电镀首板检查及电镀工艺验证，TSV 底部起镀和黏附效果可以满足要求。TSV PVD 种子层沉积效果如图 7-49 所示。

（a）TSV顶部种子层连续

（b）TSV中部种子层连续

（c）TSV底部种子层连续

图 7-49　TSV PVD 种子层沉积效果

4. TSV 电镀后退火及 CMP 工艺

在 TSV 流程中，CMP 工艺的作用主要是去除电镀后圆片表面的铜并对 TSV 表面进行整平。中介层 TSV 电镀后圆片表面铜层厚度一般为 2～8μm，利用 CMP 工艺可以获得较好的表面平整度，缺点是工艺成本较高。CMP 工艺后 TSV 俯瞰图如图 7-50 所示。除了 CMP 工艺，还可以采用湿法刻蚀工艺去除表面金属，但是采用该工艺后 TSV 口部的平整度会比采用 CMP 工艺差。

图 7-50　CMP 工艺后 TSV 俯瞰图

5. 中介层正面 RDL 工艺

RDL 是为实现 2.5D 集成系统中多个芯片的电互连而在中介层上制作的电流路径和介质隔离层的统称。本实例采用两层 RDL，一层焊盘结构，实现了 TSV 衬底与 CPU 的直接电学连接。为保证中介层整体性能，在 RDL 工艺之前需完成 Via 工艺，采用聚合物材料作介质层。由于该工艺采用常规再布线工艺，在此不再分步阐述，图 7-51 是正面 RDL 工艺效果图。

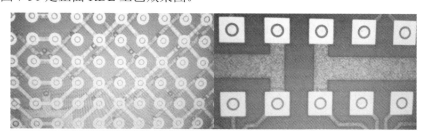

图 7-51　正面 RDL 工艺效果图

图 7-52 所示为中介层正面 RDL 和正面焊盘结构剖面图。在中介层中，第一介质层厚度约为 4.5μm，RDL 铜层厚度约为 4.39μm；最细线宽为 21.4μm，焊盘下开口直径为 25.1μm，上开口直径为 95.7μm，倾角为 40.5°，镍层厚度为 1.71μm，金层厚度为 0.28μm。

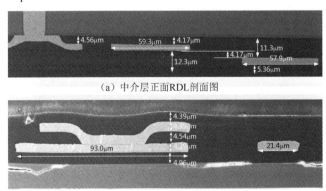

（a）中介层正面RDL剖面图

（b）正面焊盘结构剖面图

图 7-52　中介层正面 RDL 和正面焊盘结构剖面图

6. 背面露铜工艺

背面露铜工艺是最终形成 TSV 结构的关键步骤，目前 TSV 背面引出方案可以分为抛光和刻蚀工艺两种方案。研磨抛光工艺主要采用背面研磨结合 CMP 工艺进行背面露铜，该方案对 TSV 绝缘层和阻挡层没有选择性，TSV 露铜的时候 TSV 内填充的铜会直接露出，造成金属沾污的风险。为了控制金属离子沾污，可以控制抛光工艺的量，在去除表面缺陷后即停止工艺，然后利用硅刻蚀工艺进行背面刻蚀，由于硅刻蚀工艺对 TSV 绝缘层的刻蚀速率很低，所以在 TSV 露出时可以保留完整的绝缘层和阻挡层，从而保证工艺过程中不会引入金属沾污[253]。

7. 临时键合工艺

中介层需要双面处理，减薄后需要与载片键合在一起进行后续背面工艺，以降低对工艺设备的要求，提高成品率。键合工艺一般分为两种：如果载片是功能性的，键合后不再需要拆键合，这种键合称为永久键合；如果载片是非功能性的，在背面工艺完成后还需要拆键合，这种键合称为临时键合。

（1）键合前处理工艺。临时键合胶旋涂工艺是进行圆片背面处理的第一步关键工艺，如果旋涂厚度不均匀将导致后续背面研磨过程中 TSV 圆片厚度均匀性变差，使后续 TSV 背面露头工艺难度增加。经实验确认，本实例采用的临时键合胶为 HT10.10，胶厚为 20μm，转速为 1000r/min。图 7-53 所示为胶厚与转速的关系曲线。

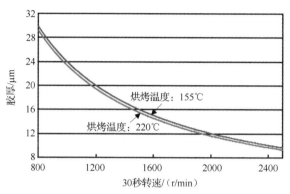

图 7-53　胶厚与转速的关系曲线

（2）预烘烤工艺。根据键合胶热重分析（Thermogravimetric Analysis，TGA）测试结果可以发现，在整个烘烤过程中，热失重分为两个阶段：第一阶段，在 117℃时大量溶剂挥发；第二阶段，在大约 180℃时热失重曲线趋于稳定。根据以上分析确定预烘烤温度为 120℃和 180℃两种，可以有效减少键合胶的热失重对键合质量的影响。键合胶 TGA 测试结果如图 7-54 所示。

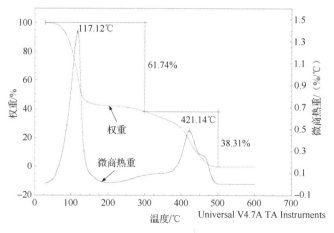

图 7-54　键合胶 TGA 测试结果

（3）中介层临时键合工艺。中介层临时键合工艺采用 ZoneBond 技术，实现室温低应力键合和拆键合，工艺条件如下。

① 载体晶片：去除剂+异丙醇旋洗==>烘烤 5min==>HT10.10 旋涂==>120℃保持 2min + 180℃2min；

② 产品晶片：离子+异丙醇旋转清洗== > 烘烤 5min；

③ 键合：190℃下黏结，保持 5min。EVG510压力为3.5kN，真空度为3×10⁻³MBar。
图 7-55 所示为键合胶黏度随温度变化趋势（1cP=10⁻³Pa·s）。

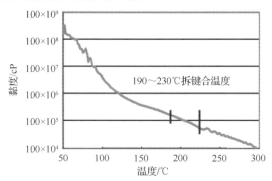

图 7-55　键合胶黏度随温度变化趋势

图 7-56 是临时键合后利用超声波扫描显微镜（C-SAM）检测的效果图，由图中可见，圆片整体键合效果良好，在键合界面上没有气泡、空隙等缺陷。

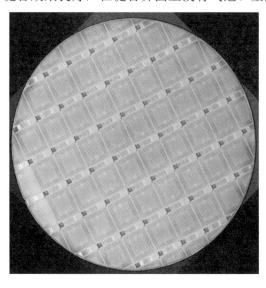

图 7-56　临时键合后利用超声波扫描显微镜检测的效果图

8. 中介层背面减薄工艺

中介层背面减薄工艺的目标硅厚度为 120μm。考虑到 TSV 刻蚀深度和背面减薄误差的影响，实际目标值设定为 130μm。中介层 CMP 前后圆片的厚度值如图 7-57 所示。CMP 前圆片的厚度即背面研磨后的厚度，CMP 后圆片厚度达到最终的厚度要求。图 7-57 中的测量厚度包括键合载片和临时键合胶的厚度（约 750μm）。

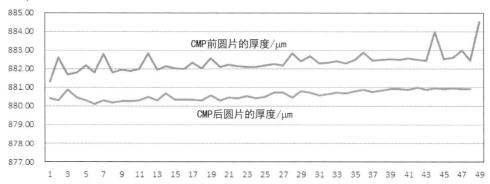

图 7-57　中介层 CMP 前后圆片的厚度值（含键合载片及键合胶厚度）

在背面减薄工艺中，研磨轮使用的金刚石颗粒会对圆片背面造成一定程度的损伤，即表层晶格损伤。本实例利用 CMP 工艺去除背面减薄工艺造成的损伤层，图 7-58 显示了中介层圆片 CMP 前后背面的粗糙度变化。

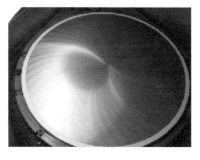

（a）CMP 前　　　　　　　　　　　　　（b）CMP 后

图 7-58　中介层圆片 CMP 前后背面的粗糙度变化

9. 中介层背面漏孔及引出工艺

中介层背面硅刻蚀工艺采用高选择比的深反应离子刻蚀工艺，在刻蚀硅的同时保留 TSV 底部包裹的 SiO$_2$ 绝缘层，避免 TSV 金属对硅衬底的沾污。硅刻蚀后，TSV 背面露头后的效果如图 7-59 所示。

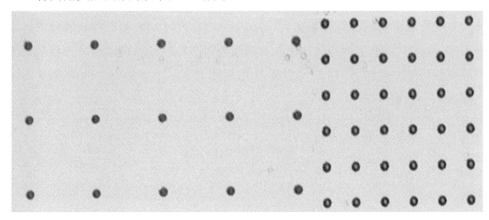

图 7-59　TSV 背面露头后的效果

完成背面硅刻蚀，使 TSV 底部从硅集体中露出来，利用喷涂工艺在圆片背面制作一层钝化层。采用喷涂工艺而不采用旋涂工艺的主要原因是突出的 TSV 会在旋涂过程中影响工艺均匀性，并产生气泡。图 7-60 是喷涂工艺的效果图。

钝化层制作完成后，本实例采用 CMP 工艺对背面钝化材料进行处理，该方案可以实现 TSV 与背面 Via1 的自对准，实现 TSV 均匀漏孔的同时可以省去光刻工艺。图 7-61 是整片圆片背面 CMP 后的图像，图 7-62 显示了 TSV 露头的效果。CMP 工艺处理后，TSV 可以从钝化层中充分暴露，保证了后续背面互连的效果。

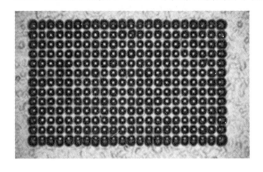

图 7-60　喷涂工艺的效果图

图 7-61　整片圆片背面 CMP 后的图像

10. 微凸点工艺

中介层 TSV 背面露头后，直接利用铜凸点引出。该工艺采用 PVD 工艺制作黏附层和种子层，黏附层厚度为 100nm，种子层厚度为 300nm；光刻胶型号为 CX-A210，铜柱高 50μm，Ni 层厚度为 0.5μm，Sn 层厚度为 30μm，微凸点直径为 100μm。

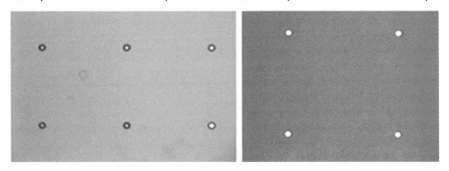

图 7-62　TSV 露头的效果

　　TSV 结构剖面图如图 7-63 所示。TSV 侧壁绝缘及金属连接效果良好，背面 TSV 引出位置绝缘层厚度不小于 500nm（图中黑线状痕迹是背面微凸点制作过程中的黏附层 Ti，厚度约为 100nm），绝缘效果良好，未见薄弱点；TSV 填充和 RDL 结构稳定，工艺质量良好。

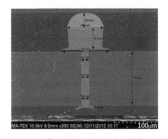
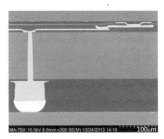

（a）背面铜柱及TSV剖面图　　　　　　（b）TSV中介层剖面图

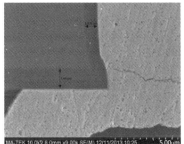

（c）背面TSV引出剖面图　　　　　　（d）正面TSV引出剖面图

图 7-63　TSV 结构剖面图

7.6 本章小结

高密度 TSV 中介层封装技术是后摩尔时代系统异质集成、小型化、多功能化的重要技术方向，可以实现更小的系统尺寸和更高的 I/O 带宽，在 FPGA、CPU、GPU 和存储器等器件的系统集成领域有很大优势。该技术的特征是中介层采用前道芯片工艺的布线技术，从而用与芯片内部互连相当的高密度布线代替采用基板工艺的互连布线方案，高密度的中介层再布线结构可以满足处理器、存储器等器件组成的复杂系统的互连需求。台积电开发了 2.5D 硅中介层转接封装技术平台——CoWoS，利用这个技术平台实现的高性能计算系统应用在逻辑上具有更低的功耗，使高带宽存储器具有更高的数据传输速率，为下一代高性能计算应用和人工智能系统的实现提供优越的功率性能保障。

TSV 作为典型的不连续结构，其基材硅为半导体材料，且其间距很小。TSV 结构本身对中介层甚至整个 2.5D 封装系统的电学链路的影响较大。信号的传输特性会随着 TSV 直径、高度的增加而变差；硅衬底电导率和损耗角正切值这两个电参数对 TSV 的插入损耗影响巨大。中介层的导热性能主要与硅和铜材料的体积比相关，而体积比由 TSV 直径和节距等因素决定。中介层越薄，TSV 直径对导热性能的影响就越大，当中介层的热性能稳定时，中介层越厚越有利于封装整体的散热。

本章针对一款高性能 CPU 的 2.5D 封装设计、工艺研发展开详细论述。该芯片有 9000 多个引脚，其中信号引脚包括多组数据传输速率达到 5Gbit/s 的 PCIE 高速信号，并且有多组 DDR3 信号，而电源众多的引脚包括内核区供电电源、DDR 区的 I/O 供电、测试区供电、时钟供电等。在整个 2.5D 封装设计中，为了保证电气性能，要协调好中介层和基板的设计，不仅要保证高速互连通道的电性能，而且要确保芯片供电系统的稳定。本章介绍了中介层上电源网络的设计、RDL 传输线的阻抗设计、有机基板的叠层设计，以及阻抗、串扰、延迟、过孔优化等设计；对中介层和基板高速互连通道的协同进行了仿真，并验证了 2.5D 封装设计中高速传输通道的电性能；最后对封装系统中的电源网络进行了仿真和优化，确保满足目标阻抗要求，为芯片提供稳定纯净的电源。设计的中介层尺寸为 22.6mm× 20.44mm×0.12mm，在中介层正面制作两层 RDL，背面制作铜柱凸点与基板进行连接。中介层正面有 9360 个输入引脚，背面有 4711 个输出引脚，包括完整的电源分布网络及信号传输网络。中介层中共设 4711 个 TSV，TSV 直径为 20μm，深宽比为 6∶1，最小节距为 270μm。本章介绍了全流程工艺研究过程和结果，可以为 TSV 中介层工艺开发提供一些借鉴。

第8章

3D WLCSP 技术与应用

目前，2.5 D 中介层封装、3D WLCSP 及 TSV 3D 集成电路（基于 TSV 的 3D 集成电路）是 TSV 技术最主要的三个应用范围。

TSV 技术在 3D WLCSP 方面得到了大规模应用，特别是应用于图像识别、指纹识别、滤波器、加速度计等系统内的传感器封装技术领域。其特点是采用 Via-last 技术，TSV 深宽比较小（1∶1～3∶1），直径较大。目前市场对 CMOS 图像传感器（CIS）芯片的需求不断增长，且其潜在的市场规模非常巨大。因此近年来，CIS 芯片的封装技术及其封装结构逐渐成为全球半导体封装技术领域研究的主要对象，并且也为 TSV 技术的应用打开了更为广阔的市场[245, 247, 254, 255]。本章首先重点介绍基于 TSV 技术和圆片键合的 3D WLCSP 技术、基于 Via-last 型 TSV 的埋入硅基 3D 扇出型封装技术，然后介绍 3D 圆片级扇出型封装技术。

8.1　基于 TSV 和圆片键合的 3D WLCSP 技术

基于永久键合的 3D WLCSP 集成技术本质上是采用 W2W 的方式进行圆片级堆叠，在圆片级键合中，不同层级芯片之间通过 TSV 互连[256]。主要有两种技术方案，一种是圆片键合后通过背面工艺将 TSV 露出，再进行重新布线；另一种是对圆片背面减薄抛光，然后制作 Via-last 型 TSV 进行互连。键合可以在有芯片的圆片之间，也可以在有芯片的圆片与支撑的无芯片的圆片之间进行，例如，图像传感器圆片与玻璃圆片键合，玻璃圆片提供机械支撑、保护和光学通道的功能。

8.1.1 图像传感器圆片级封装技术

圆片级封装现已成为一种主要的先进封装技术。在圆片级封装制程中，封装、测试工艺制程都是在圆片上直接进行的，封装完成后再进行切割、包装工艺流程。圆片级封装不仅有尺寸小、重量轻的特点，而且还满足了便携式手持设备的需求。在图像传感器芯片 TSV 封装技术领域，2007 年日本的东芝公司研发出了第一个带有 TSV 结构的芯片模组 CSCM（Chip Scale Camera Module）[257]。图 8-1 为东芝公司研发的 CIS 产品的 TSV 封装结构图。根据该公司公布的数据，采用 TSV 结构的图像传感器芯片，其封装后的体积相比没有采用 TSV 结构的体积减小了 64%，后来该公司又将原有的 5.0mm×5.0mm×3.5mm 的封装尺寸减小为 4.0mm×4.0mm×2.5mm，实现了 45%左右封装体积的缩减。

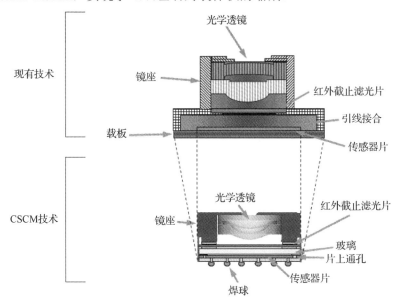

图 8-1 东芝公司研发的 CIS 产品的 TSV 封装结构图[257]

自 2008 年起，国际著名的半导体巨头公司 Aptina、东芝及 STMicroelectronics 等都采用 TSV 技术实现了手机端所用的 CIS 芯片的圆片级封装，并相继实现了量产。国内华天科技（昆山）电子有限公司、苏州晶方半导体科技股份有限公司等企业采用 Tessera 公司提供的专利技术进行产品封装，并在国际上率先实现了 12in 圆片级封装，取得了良好的经济和社会效益。

图 8-2 为早期利用 Tessera 技术的 CIS 芯片圆片级封装结构图，产品用于手机摄像头模组中。在该结构中，树脂墙体将焊盘和光学玻璃连接起来，该树脂墙体光学玻璃与 CIS 芯片正面之间形成格状空腔。通过光刻、刻蚀、电镀线路等工艺制程实现在芯片焊盘的背面制备 TSV，将焊盘的电性引向芯片背面，然后在芯片背面制作再布线和 BGA 焊球。这种基于 TSV 技术的封装结构，减小了封装面积。图 8-3 所示为基于 TSV 技术的圆片级封装产品图，其中左图是封装产品的球栅阵列面，右图是封装后的感光面。

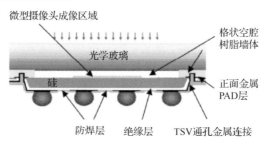

图 8-2　早期利用 Tessera 技术的 CIS 芯片圆片级封装结构图

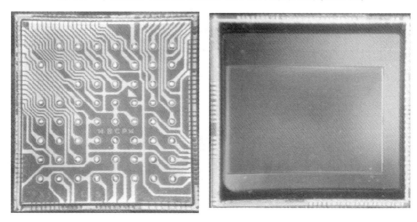

图 8-3　基于 TSV 技术的圆片级封装产品图

出于成本考虑，图像传感器封装大多采取低深宽比的 TSV 结构。目前基于 TSV 技术的 CIS 芯片圆片级封装工艺已经成熟，已经实现了大批量产并推向市场。图 8-4 所示为利用低深宽比的 TSV 结构的图像传感器封装工艺流程。具体的封装制程步骤如下：

（1）来料光学玻璃圆片清洗；

（2）在玻璃圆片上形成树脂墙体；

（3）玻璃圆片上的树脂墙体与芯片圆片正面对位压合；

（4）芯片圆片背面减薄至合适厚度；

（5）芯片圆片背面去应力刻蚀；

（6）光刻出凹槽并进切凹槽刻蚀；

（7）在凹槽内进行微孔和切割道的光刻、干法刻蚀及预切；

（8）在芯片圆片背面整面涂布钝化层；

（9）激光打孔，使微孔下方的金属焊盘暴露；

（10）芯片圆片背面通过溅射方法镀铝金属导电层；

（11）涂布、光刻、铝金属刻蚀制造出铝金属线路；

（12）在芯片圆片背面铝金属线路上通过化学镀方法镀 Ni/Au 金属层；

（13）在金属线路上方涂布防焊层；

（14）在防焊层上面采用印刷或植球的方式制成球栅阵列；

（15）在防焊层的空余位置进行激光打标（Laser Mark）；

（16）对芯片圆片进行影像测试（Image Test）；

（17）切割，终检包装出货。

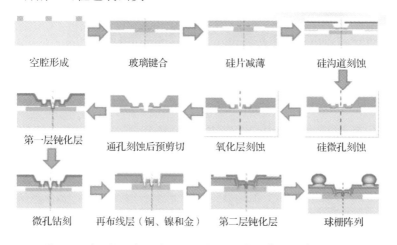

图 8-4　利用低深宽比的 TSV 结构的图像传感器封装工艺流程

TSV 技术在该封装制程的步骤（7）～步骤（12）中得到了很好的体现。步骤（7）的制程：在芯片圆片的背面进行涂布、光刻和干法刻蚀工艺，首先光刻出焊盘所对应的位置，然后用干法刻蚀去掉正对着焊盘位置的芯片圆片背面的硅基材，使芯片圆片背面正对焊盘位置处刻蚀出微孔，并暴露出微孔处所对应的金属焊盘。在步骤（12）中，实现铝金属布线与焊盘在垂直方向上的电性连接后，在铝金属线上化学镀 Zn/Ni/Au 金属层。将金属焊盘的电性信号垂直引到芯片圆片的背面构成了 TSV 技术的核心。

近年来，工业界研发了一种新的焊盘接触技术——平面停留 TSV 技术，即通孔干法刻蚀而不是激光打孔打开焊盘背面的介质层，再进行金属沉积、电镀，把金属布线引到背面。平面停留 TSV 技术近年来也得到了广泛的应用和批量生产。图 8-5 所示为采用激光打孔和平面停留技术的示意图及 SEM 切片图。

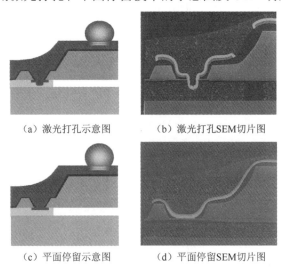

(a) 激光打孔示意图　　　　(b) 激光打孔SEM切片图

(c) 平面停留示意图　　　　(d) 平面停留SEM切片图

图 8-5　采用激光打孔和平面停留技术的示意图及 SEM 切片图

8.1.2　车载图像传感器产品圆片级封装技术

在现代汽车电子控制领域，传感器广泛应用在发动机、底盘和车身各个系统中。汽车传感器在这些系统中担负着信息的采集和传输功能，它采集的信息由计算机进行处理，形成指令发给执行器，完成电子控制和自诊断，是系统中非常重要的装置。它能及时识别外界的变化和系统本身的变化，再根据变化的信息去控制系统本身的工作。各个系统控制过程正是依靠传感器进行信息的反馈，实现自动控制工作的。

　　自动驾驶作为汽车智能领域的一个重要方向日渐得到传统汽车和科技行业的青睐。自动驾驶可分为四级或五级，当等级达到三级、四级或者更高时，自动驾驶汽车从提升决策感知系统对于功能安全、信息安全的环境适应性要求出发，就会需要更多的视觉摄像头，视觉在整个车辆系统中占据了核心关键地位。在 2D 应用中，目前高级驾驶辅助系统（Advanced Driving Assistance System，ADAS）的可视化功能系统可以由 6～8 个摄像机实现，其中包括双目、单目、单色、彩色摄像头系统，用于实现前撞警告、行人触碰预警、自动泊车等功能。图像传感器在高级辅助驾驶系统中的应用如图 8-6 所示。另外，3D 智能视觉应用则使座舱更加智能化，提升驾驶员行车的安全性及便捷性。

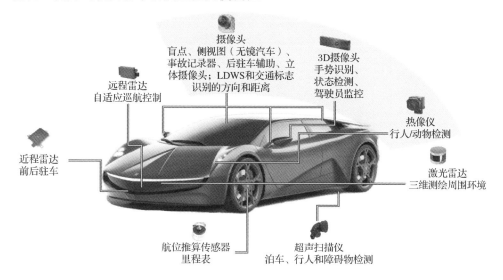

图 8-6　图像传感器在高级辅助驾驶系统中的应用

　　Yole 2019 年预测，汽车中摄像头模组全球市场 2020 年将达到 35 亿美元的水平，到 2025 年有望超过 80 亿美元，摄像头数量的不断增长正迅速提升 CMOS 图像传感器市场的体量。Yole 2019 年预测的汽车市场摄像头模组规模如图 8-7 所示。以特斯拉为例，车身最少有 4 个环视摄像头，且 ADAS 中至少使用 3 个摄像头，还有可能会在车舱内增设一个摄像头用来关注乘客及驾驶员，从摄像头数量的不断增设可以看出市场是呈现指数级增长的。

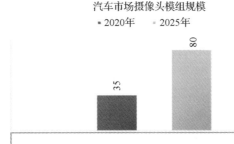

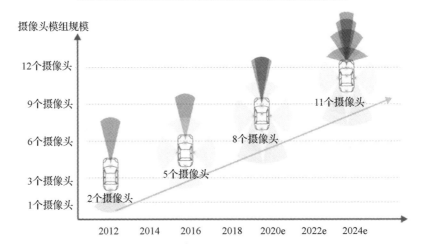

图 8-7　Yole 2019 年预测的汽车市场摄像头模组规模

　　针对汽车电子及智能制造等产业高速发展对于智能传感器高性能、高可靠性、高集成度、低成本等的要求，亟须开发以 TSV 技术为核心的高可靠性圆片级封装工艺。前期采用激光穿孔和表面停留的圆片级 TSV 封装工艺仅能满足消费电子类的可靠性要求，无法通过汽车电子可靠性验证。车载影像传感器使用环境严苛，对可靠性要求很高，需要进一步开发 3D 高可靠性圆片级封装技术。

　　汽车电子产品对可靠性的要求很高，需要通过汽车电子可靠性认证标准 AEC-Q100。华天科技（昆山）电子有限公司开发的双绝缘平面停留圆片级封装技术成功通过车载行业可靠性认证，产品结构如图 8-8 所示。采用 Via-last 技术将信号从金属焊盘导到硅面，整个封装厚度仅为 750μm，包括 400μm 的双面镀膜玻璃和 150μm 的硅。采用植球方案，锡球直径为 300μm，锡球高度为 150μm，硅封装利用率达 99.27%[258, 259]。

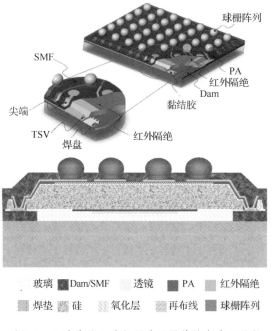

图 8-8　双绝缘平面停留圆片级封装技术产品结构

12in 车载影像传感器圆片级封装技术是基于平面停留结构而开发出来的，该技术主要针对 BSI 结构芯片，圆片来料后通过做好围堰的玻璃进行永久键合，研磨减薄，刻蚀凹槽和盲孔。为了解决红外光从模组背面侧穿透导致的"鬼影"影像问题，在传感器区域增加了一层薄铝层作为红外光阻挡层；为了通过带电的可靠性测试，采用了二氧化硅和加有机钝化层双层绝缘层结构，再布线将信号由焊盘引到圆片背面；为了采取边缘包边的结构，需做一步预切割，再涂布阻焊层，植球形成焊球阵列。车载 CIS 产品圆片级封装工艺流程示意图如图 8-9 所示。

首先，利用光刻技术在 12in 光玻璃上建立围堰（图 8-9 中的"空腔壁"），对应于相应芯片的非传感器区域。然后采用圆片级键合工艺将围堰玻璃与 CIS 圆片通过键合胶进行永久黏结。将键合后的圆片减薄到规定厚度，再通过去应力刻蚀减薄到设定厚度，去应力刻蚀可以释放研磨过程的应力和消除研磨微裂纹（图 8-9 中的"研磨和 E1"）。通过光刻和各向同性的干法刻蚀两步骤形成 TSV 的双台阶凹槽结构。其中，通过 LE 和 E2 先在圆片上刻蚀大开口斜槽，再通过 LV 和 E3 刻蚀盲孔。相对于直孔结构，双台阶凹槽结构工艺更简单，成本更低。去胶完成后，通过湿法清洗去除表面刻蚀氧化物，通常采用强碱性药水进行清洗。通过 PECVD 工艺在硅表面沉积二氧化硅作为第一绝缘层（图 8-9 中"PECVD"），因为 CMOS 图像传感器无法耐受高温，故需要低温 PECVD 工艺。为了解决拍照过程中的鬼影问题，先在圆片上溅射一层铝作为金属屏蔽层，再采用光刻和湿法刻蚀去除多余的铝（图 8-9 中的"红外隔绝"）。然后，通过喷涂方式制备第二钝化层（图 8-9 中的"PA 和 OE"），通过光刻显影暴露出金属焊盘，通过干法刻蚀去除氧化层。采用物理气相沉积法沉积金属钛和铜作为金属线路的种子层，通过电镀将铜层增加到所需厚度，再通过光刻和湿法刻蚀制备金属线路（图 8-9 中的"再布线层"），接下来再在铜线路上通过化学镀方式镀镍和金，对线路进行保护。为了保护芯片侧壁和线路表面，先后进行了预先切割和防焊层工艺，同时暴露出金属焊盘开口（图 8-9 中的"预剪切和防焊层"），采用植球回流制得锡球（图 8-9 中的"球珊阵列"）。最后，通过金刚石刀片将圆片切割成单颗芯片（图 8-9 中的"划片"）。

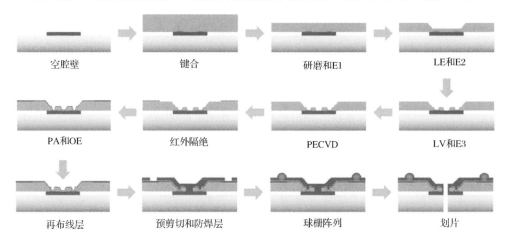

空腔壁　　　　　键合　　　　　研磨和E1　　　　　LE和E2

PA和OE　　　　红外隔绝　　　　PECVD　　　　　LV和E3

再布线层　　　预剪切和防焊层　　　球栅阵列　　　　划片

图 8-9　车载 CIS 产品圆片级封装工艺流程示意图

1. 双面镀膜玻璃清洗工艺

普通图像传感器圆片级封装采用的是光玻璃，可见光透射率为 92% 左右。为了提高透光率，获得更好的成像品质，在汽车产品的封装过程中应用了双面镀膜玻璃。双面镀膜玻璃的透射光谱和反射光谱如图 8-10 所示，在 0° 和 20° 入射角条件下，波长 420～900nm 的光的透射率均大于 97%。当入射光的角度增加到 35°

时，波长 420～850nm 的光的透射率仍然高达 96.5%。随着入射角的增大，只有波长较大且不在可见光光谱范围内的光有明显的透射率损失。同时，从图 8-10（b）可以看出，波长在 400～900nm 的光的反射率低于 1.5%。玻璃在做围堰前会用碱性药水清洗，为了保护镀膜不受药水腐蚀，需要在镀膜层表面增加牺牲层，一般采用二氧化硅作为牺牲层，牺牲层厚度需要跟清洗工艺进行搭配，保证清洗完后牺牲层全部去除，镀膜层损伤在可控范围内。

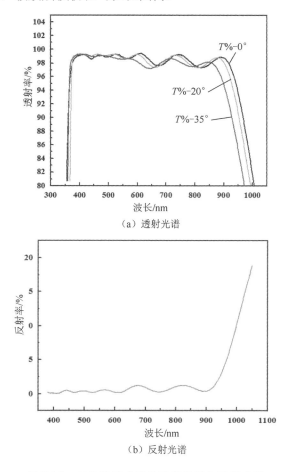

（a）透射光谱

（b）反射光谱

图 8-10　双面镀膜玻璃的透射光谱和反射光谱

2. 丝网印胶工艺

照相机镜头是由许多片单独的玻璃透镜安装在一起组合而成的，这些单独的玻璃透镜叫作透镜单元。所有镜头在它们传输影像的过程中都会受到某些非理想性因素的影响。明亮的光线通过照相机镜头时，一部分光线就会被这些透镜单元的各个表面反射回去。这种内部的反射能够引起一种幻影，并像影像一样出现在最后的照片上。有时我们会惊奇地发现，一张照片拍出以后，画面的某一部分会莫名其妙地发白，或者在意想不到的部位出现明亮的光环。我们把这种由强光造成的照片发白、形成光晕的现象称作"眩光（Flare）"。图8-11中接近顶部右端的像一个七边形的小斑点就是眩光。

图 8-11　拍照过程中的眩光问题

封装过程中胶线对眩光有很大的影响。为了减少眩光，必须避免镜面反射，让胶线恰好包裹围堰牙齿，不能溢出。如果胶线完全溢出牙齿，会形成一条直线。溢胶现象如图8-12（a）所示。溢胶会造成镜面反射，导致眩光。眩光现象如图8-12（b）所示。

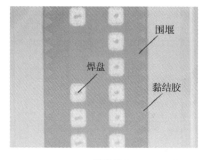
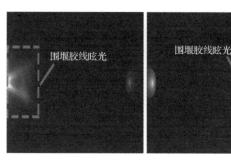

（a）溢胶现象　　　　　　　　　　　　　　　　（b）眩光现象

图 8-12　溢胶现象和眩光现象

传统的圆片级键合采用的是滚胶工艺，通过滚筒将键合胶滚到围堰表面，工艺简单，成本较低，但胶量无法控制，很容易造成溢胶现象。为了更好地控制胶量，让胶线沿着围堰牙齿分布，开发了丝网印胶工艺，如图 8-13 所示。

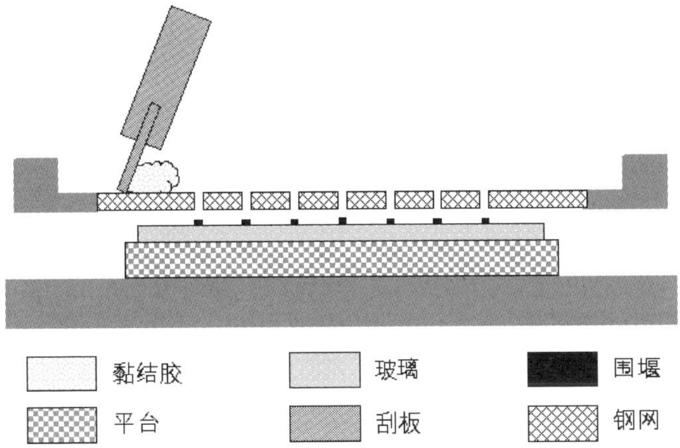

黏结胶
玻璃
围堰
平台
刮板
钢网

图 8-13　丝网印胶示意图

通过设计不同孔型和孔径的丝网，将一定量的键合胶印刷到围堰表面，通过优化丝网设计和压合参数能将胶线控制在围堰牙齿以内。图 8-14 显示了圆片不同区域的溢胶情况，从图片看出，胶线基本都控制在牙齿内，成波浪形，通过光学验证，未出现眩光问题。

20μm
23μm
20μm
20μm

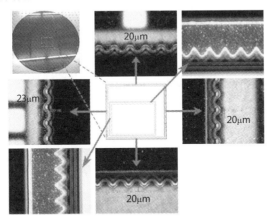

图 8-14　圆片不同区域的溢胶情况

3. 圆片研磨工艺

圆片与玻璃键合后，首先通过研磨减薄到规定厚度，由于产品键合后存在空腔，因此磨轮的选择和研磨参数的设定非常关键，否则容易出现研磨裂纹，影响产品品质。整个研磨过程分粗磨和精磨两种，本例产品最终研磨剩余量为 160μm。机械磨削会引起晶片表面的应力和微损伤，从而导致圆片在后续加工过程中产生裂纹。为了释放机械应力和消除微损伤，采用反应离子刻蚀法去除约 10μm 厚度的硅。研磨和刻蚀处理后的硅厚度数据如表 8-1 所示。研磨后 5 个区域的平均厚度为 158μm，刻蚀后的平均厚度为 151μm，每个点的数量满足相应的规格要求，变化在 5μm 以内。

表 8-1 研磨和刻蚀处理后的硅厚度数据

工 艺	位置 1	位置 2	位置 3	位置 4	位置 5	平均值	设计值
研磨/μm	157	157	158	159	157	158	160±5
刻蚀/μm	147	153	154	150	150	151	150±5

4. 圆片级刻蚀工艺

为了引出 I/O 信号，采用各向同性等离子体刻蚀形成双台阶 TSV 结构。首先刻蚀斜槽，然后在沟槽底部刻蚀锥形盲孔。相比于垂直通孔技术，该结构工艺步骤简单，成本低廉，更利于绝缘层的沉积。由于第二步采用聚合物钝化胶作为绝缘层，因此孔槽形貌直接影响聚合物的挂胶形貌。为了保证挂胶，通常采用 70°斜孔结构。硅槽的 3D 形貌图形及切割槽和孔的 3D 形貌图如图 8-15 所示。制程中采用 3D 显微镜监控形貌。

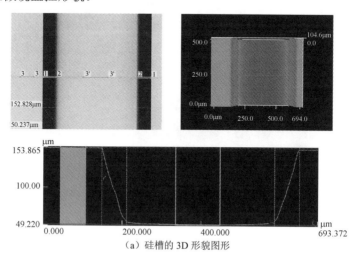

（a）硅槽的 3D 形貌图形

图 8-15 硅槽的 3D 形貌图形及切割槽和孔的 3D 形貌图

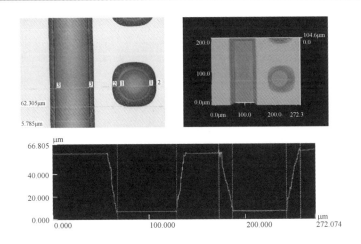

（b）切割槽和孔的 3D 形貌图

图 8-15　硅槽的 3D 形貌图形及切割槽和孔的 3D 形貌图（续）

该产品设计硅厚为 150μm，其中硅槽厚度为 100μm，开口是 500μm，盲孔上开口为 85μm，底部开口为 50μm，深度为 50μm。表 8-2 和表 8-3 所示的是通过 3D 显微镜测量的槽和孔的相关数据，均在设计要求的规格以内。

表 8-2　硅槽的深度和槽上开口数据

名　　称	位置 1	位置 2	位置 3	位置 4	位置 5	平均值	设计值
上开口/μm	504	503	496	504	500	501	500±20
深度/μm	102	101	101	102	101	101	100±5

表 8-3　锥形孔的孔上开口、下开口及深度数据

名　　称	位置 1	位置 2	位置 3	位置 4	位置 5	平均值	设计值
上开口/μm	84	84	86	87	89	86	85±10
下开口/μm	49	52	53	53	52	52	50±5
深度/μm	49	50	53	52	53	51	50±5

5．低温 PECVD 工艺

消费产品仅使用一层钝化层作为隔离层，所用材料一般为聚合物。而对于汽车应用来说，组装模块需要通过更严格的可靠性测试条件，特别是对于带偏压的模块。为了满足更高的可靠性要求，开发了二氧化硅和聚合物两种钝化层。用 PECVD 工艺沉积氧化层，用喷涂聚合物涂层形成二次钝化层。由于 CMOS 图像

传感器无法承受 300℃以上的高温，故开发了低温 PECVD 工艺，相比于业内成熟的高温 PECVD 工艺，低温 PECVD 工艺反应速率更低，容易存在膜不致密和覆盖率不高的问题。为了增强二氧化硅膜层和硅的结合力，PECVD 前处理工艺尤为关键，业内普遍采用 EKC 系列药水搭配超声波设备去除干法刻蚀产生的聚合物氟化物。图 8-16（a）所示的是沉积完二氧化硅的圆片，表面未出现分层和裂纹问题。通过对沉积工艺进行优化，台阶覆盖率能达到 40% 以上；图 8-16（b）显示的是芯片表面沉积的 0.93μm 厚度的二氧化硅，槽上厚度为 0.92μm，孔内厚度为 0.42μm，满足设计要求，详细数据如表 8-4 所示。

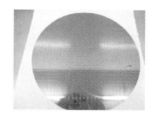

（a）沉积完二氧化硅的圆片

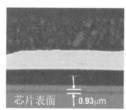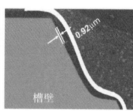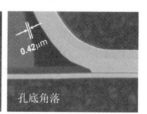

（b）芯片表面沉积的 0.93μm 厚度的二氧化硅

图 8-16　沉积完二氧化硅的圆片和芯片表面沉积的 0.93μm 厚度的二氧化硅

表 8-4　圆片上 5 个区域的圆片表面、沟槽侧壁和孔侧壁上的氧化物厚度

名　称	位置 1	位置 2	位置 3	位置 4	位置 5	平均值	设计值
圆片表面/μm	0.87	0.88	0.87	0.90	0.93	0.89	0.9±0.2
沟槽侧壁/μm	1.03	0.73	1.01	0.83	0.92	0.90	>0.3
孔侧壁/μm	0.39	0.40	0.36	0.50	0.42	0.41	>0.3

6. IR-Block 工艺

人们在拍照时常常会遇到照片某个部分出现明亮的光斑或者某个物体的虚像的情况，也就是常说的"鬼影"，如图 8-17 所示。这是因为在照相机的工作原理

中，存在多个人眼睛的相似点：照相机的机身拥有多块镜片，玻璃和塑料胶制成的镜片导致在无遮挡消光的状态下，有至少 5%以上的光源进入机身，有如光源进入眼球的视网膜，眩光会在镜头里形成虚像，从而形成"鬼影"。

图 8-17　拍照鬼影问题

与传统的板上芯片（Chip On Board，COB）封装相比，CIS-WLCSP 封装是基于无基板的芯片单元进行组装的，并直接焊接在 PCB 上。当红外光从传感器模块背后干扰时，会穿过防焊层、PA 和硅抵达二极管区域，与光信号混合，产生鬼影问题，基于汽车应用的安全考虑，这样的问题是不能接受的。为了解决这一问题，我们使用了一层金属铝作为红外遮挡层（IR-block），其原理图如图 8-18（a）所示。为了形成金属遮挡层，在圆片上溅射薄薄的金属铝，经过光刻和湿法刻蚀去除多余的铝（感光区域外），制备图 8-18（b）所示的红外遮挡层。

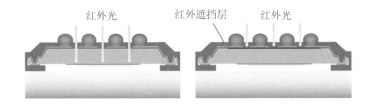

（a）红外遮挡层的原理图

图 8-18　红外遮挡层的原理图和红外遮挡层的外观图

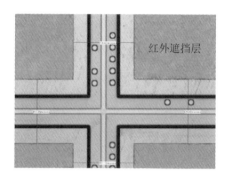

（b）红外遮挡层的外观图

图 8-18　红外遮挡层的原理图和红外遮挡层的外观图（续）

7. 圆片级再布线工艺

金属焊盘通过氧化硅刻蚀暴露后，先溅射一层金属种子层，通常采用钛铜，再进行整面电镀铜，厚度根据产品具体应用需求决定，通过涂布、曝光、显影和湿法刻蚀完成线路的制备。为了保护线路不受水汽侵蚀，通常会采用化学镀方式在铜线路表面形成一层镍金保护层，通常镍厚 3μm，金厚 0.1μm。图 8-19 是圆片整面采用化学镀后的外观图，化学镀前处理非常关键，否则容易出现跳镀、渗镀、外扩等异常现象。

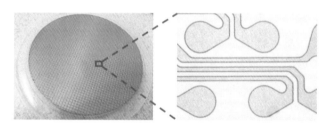

图 8-19　圆片整面采用化学镀后的外观图

8. 阻焊层涂布和植球工艺

为保护芯片侧壁和表面金属线路，采用旋转涂布的方法形成一层阻焊层，曝光显影后暴露出金属焊盘开口。通常阻焊层要覆盖部分焊盘，这样才能避免渗锡问题，阻焊层和金属焊盘的外观如图 8-20 所示。金属焊盘开口的数值与设计值 250μm 接近，满足产品规格。在金属焊盘形成后，用钢网植球回流制备焊点。本例选用的锡球直径为 300μm，材料为 SAC305，锡球的外观图及 SEM 图如图 8-21

所示,并配有相应的 SEM 截面。通过锡球剪切力实验测定了锡球与金属焊盘的结合强度。锡球的球高、直径和球剪切强度如表 8-5 所示,圆片上 5 个区域的锡球的平均球高为 251μm,平均直径为 308μm,平均剪切强度为 308gf,满足设计规范要求。

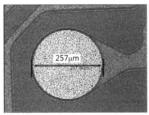

图 8-20　阻焊层和金属焊盘的外观图

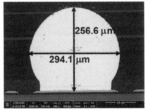

图 8-21　锡球的外观图及 SEM 图

表 8-5　锡球的球高、直径和球剪切强度

名　　　称	位置 1	位置 2	位置 3	位置 4	位置 5	平均值	设计值
球高/μm	248	250	260	245	251	251	250±30
直径/μm	307	312	310	306	306	308	300±30
剪切强度/gf	330	322	291	287	309	308	>200

工艺优化后,封装产品可进行质量验证,CIS WLCSP 产品的外观如图 8-22 所示。依据现有的电性和光学测试结果,小批量生产时平均收率可达 98%左右。CIS WLCSP 产品的横截面 SEM 图像如图 8-23 所示,沟槽深度约为 96μm,孔深度约为 52μm,孔底部的直径约为 47μm。氧化层、PA 层、RDL、防焊层、侧壁防护层的厚度分别满足设计规范要求。

9. 可靠性工艺

汽车电子产品需要通过汽车行业可靠性标准 AEC-Q100 认证。根据 JEDEC 标准,这里选取 3 个不同批次,每批次 77 颗样品进行可靠性测试。前处理采用 MSL3,

125℃烘烤24h，30℃/60%湿度浸泡192h，然后经过三次回流，峰值温度为260℃。表8-6列举了基本AEC-Q100的汽车电子可靠性实验条件及结果，每个条件需要从3个不同批次圆片取样，每批次取77颗，需要通过高温存储实验（HTS，125℃/1008h）、低温存储实验（LTS，−40℃/1008h）、恒温恒湿实验（THS，85℃/85%RH/1008h）、加速式温湿度及偏压测试（85℃/85%RH+Bias/1008h）、高低温循环实验（TC-B，−55～125℃/1000cyc）。所有实验全部通过外观检验和电性测试。

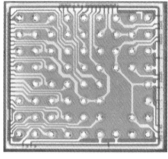  

（a）CIS WLCSP产品的锡球面外观图　　　　　　　（b）CIS WLCSP产品的感光面外观图

图8-22　CIS WLCSP产品的外观

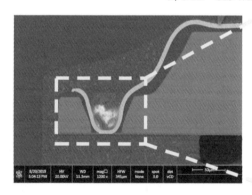 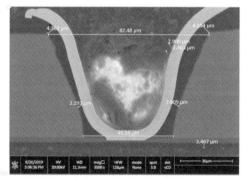

图8-23　CIS WLCSP产品的横截面SEM图像

表8-6　基本AEC-Q100的汽车电子可靠性实验条件及结果

测 试 名 称	条 件	数据读取点	样 品	失 效
前处理	MSL3(30℃/60%RH)	192h	231ea/lot*3	0
高温存储	125℃	1008h		0
低温存储	−40℃	1008h	77ea/lot*3	0
恒温恒湿	85℃/85%RH	1008h		0

续表

测 试 名 称	条　　件	数据读取点	样　　品	失　　效
加速式温湿度及偏压	85℃/85%RH +Bias	1008h	77ea/lot*3	0
高低温循环	−55～125℃	1000cyc		0

车载图像传感器圆片级封装常见的可靠性失效及解决方案如下。

1）线路断裂

圆片级封装过程涉及多种材料，如钝化胶、阻焊油、金属线路、硅、二氧化硅等，不同材料具有不同的热膨胀系数（CTE）和杨氏模量（Young's Module）。表 8-7 罗列了几种常见材料的热膨胀系数和杨氏模量。可以看到，聚合物材料和无机材料之间存在较大的 CTE 失配。在经过可靠性测试如高低温循环实验时不同材料变形程度不一样，故容易出现金属线路被拉扯断裂的现象，TC 实验中金属焊盘分层、RDL 裂纹等典型失效模式如图 8-24 所示。

表 8-7　几种常见材料的热膨胀系数和杨氏模量

材 料 性 质	Si	SiO$_2$	PA	Cu	防焊层
热膨胀系数/（ppm/℃）	2.8	0.5	54.0	16.9	58.0
杨氏模量/GPa	131.0	70.0	2.5	129.0	4.6

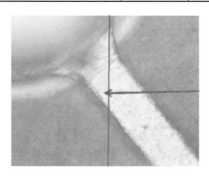

图 8-24　TC 实验中金属焊盘分层、RDL 裂纹等典型失效模式

为了减小金属焊盘和线路连接处应力过大的问题，设计了水滴性 RDL，加宽连接处线路宽度。通过仿真实验对不同的金属焊盘形状进行了评估，对应的条形有限元模型如图 8-25 所示。将 UBM 的形状按照角度进行分类，θ 分别取值为 0°、45°、90°、120° 和 135°，在相关模型层面上应用了对称约束。

图 8-26 所示为不同金属焊盘设计在温度循环实验第一个周期的应力分布，仿

真结果及相应实验结果如表 8-8 所示，金属焊盘的颈部承受了最高应力。随着角度 θ 的线性增加，颈部与金属焊盘之间的距离增大，最大应力呈线性减小。

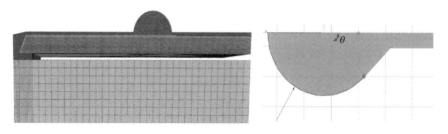

图 8-25　金属焊盘设计及其条形有限元模型

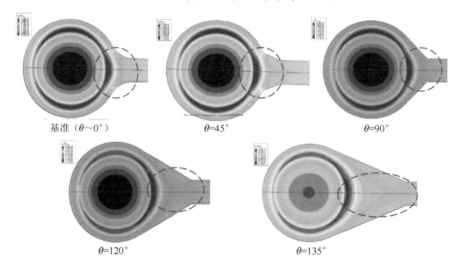

基准（$\theta \sim 0°$）　　　$\theta = 45°$　　　$\theta = 90°$

$\theta = 120°$　　　$\theta = 135°$

图 8-26　不同金属焊盘设计在温度循环实验第一个周期的应力分布

表 8-8　仿真结果及相应实验结果

θ/（°）	0	45	90	120	135
最大应力/MPa	437.7	458.2	428.2	410.7	406.5
1000 个循环后的失效比例/%	6.7	8.9	4.4	0	0

在经过高低温循环实验 1000 次后，45°设计应力最大，失效最多，达到 8.9%；其次是 0°设计，达到 6.7%；再次是 90°设计，达到 4.4%；120°和 135°设计应力相比前三种都有一定幅度的下降，未出现失效，如表 8-8 所示。

由数据可知，θ 为 135°时应力缓冲效果最明显，但是实际布线中需要根据芯片尺寸、布线空间和锡球间间距综合考量。此外，为了减少信号损失，电源排针和接地排针需要特殊加宽。实际布线效果如图 8-27 所示。

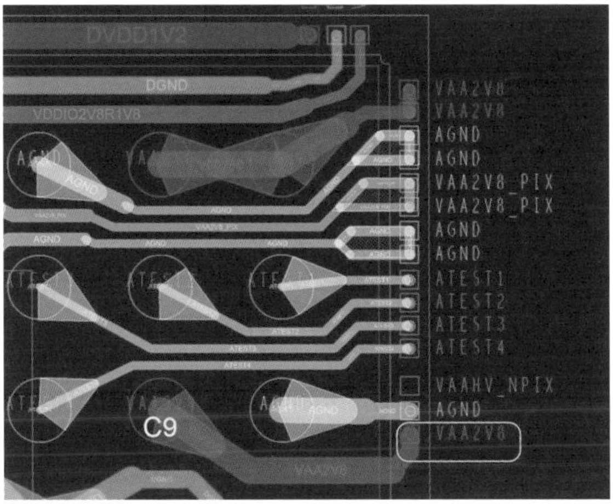

图 8-27　实际布线效果

2）金属线路和功能层接触点分层

双台阶 TSV 结构在孔槽上方存在大量的阻焊层，在经过高低温循环时，由于不同材料热特性失配，容易出现金属线路和圆片功能层之间的分层。

为了解决该问题，利用 ABAQUS 计算了不同槽孔搭配的应力分布，ABAQUS 软件中的封装结构仿真模型如图 8-28 所示。尺寸设置和实际一致，沟槽深度分别设计成 90μm/60μm，100μm/50μm，孔底部开口分别设置成 45μm、50μm、55μm。高低温循环实验加载温度条件为-40～125℃。

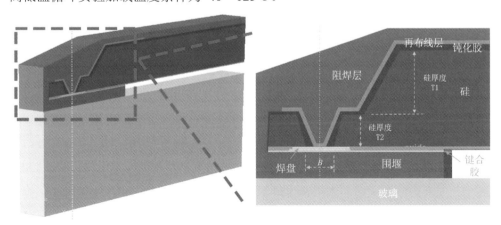

图 8-28　ABAQUS 软件中的封装结构仿真模型

图 8-29 显示了 TC 实验中金属焊盘上 S33 的应力分布，应力沿 z 轴方向，与金属焊盘垂直。表 8-9 列出了不同结构的金属焊盘上 S33 应力分布。当硅厚的配比为 90μm/60μm 和 100μm/50μm 时，最大应力分别对应为 71.81Mpa 和 70.23Mpa，说明硅配比对 S33 应力的影响不大。而 S33 应力随开孔直径的增加呈线性增加，如表 8-9 所示，在尺寸上增加 5μm，应力增加约 7%，这一应力应该是由防焊层在 Via 中的积累引起的。防焊层的 CTE 高达 58ppm/℃，当防焊层随温度降低而收缩时，会将金属焊盘拉升。结合仿真结果和工艺能力，实际结构设计中分别采用 Si_T1/Si_T2 为 100μm/50μm 和开孔直径为 50μm 的结构参数。

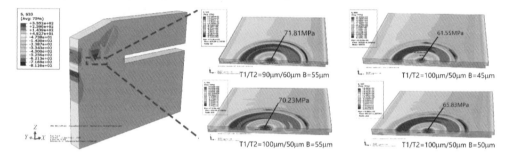

图 8-29　TC 实验中金属焊盘上 S33 的应力分布

表 8-9　不同结构的金属焊盘上 S33 应力分布

数值/条件	1	2	3	4
Si_T1/Si_T2/（μm/μm）	90/60	100/50	100/50	100/50
开孔直径/μm	55	55	50	45
最大应力/MPa	71.81	70.23	65.83	61.55

3）阻焊层裂纹

可以通过优化钝化层和阻焊层工艺窗口，消除阻焊层裂纹缺陷。圆片级 TSV 封装工艺中，钝化层、金属 RDL 和阻焊层呈三明治状，金属 RDL 夹在中间，三者热膨胀系数均不相同，存在较大偏差。三者的材料特性和各层厚度对阻焊层裂纹有较大影响。一方面需要调研热膨胀系数和弹性模量适中的钝化层材料及阻焊层材料，减少两者热失配；另一方面需要通过仿真模拟优化工艺窗口。与此同时，需要开发新型涂胶工艺，采用梯度升温方式减少胶层应力残余。钝化层和阻焊层厚度与金属焊盘周围应力分布关系图如图 8-30 所示。

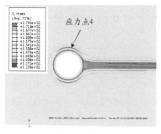

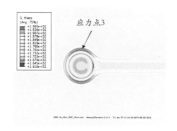

UBM mises 应力云图

SMF层 mises 应力云图　　　　　　PA层 mises 应力云图

图 8-30　钝化层和阻焊层厚度与金属焊盘周围应力分布关系图

从仿真结果可知，钝化层和阻焊层厚度对金属焊盘应力有较大的影响，两者存在适宜的厚度，钝化层厚度优化时需要综合考量拐角处挂胶，厚度太薄导致拐角处挂胶不足或者偏少将会带来漏电问题。阻焊层同样也存在拐角挂胶问题，因此厚度优化时需要结合实际工艺能力来进行。

优化金属焊盘和阻焊层开口设计：涂布阻焊层后需要通过曝光显影暴露出焊球位置。应力仿真显示焊球开口与金属焊盘尺寸之间的差值对应力也有较大影响，金属焊盘处应力随着金属焊盘尺寸的增大而减小，应力减小幅度为 41.8%。阻焊层开口尺寸对金属焊盘脖颈处应力也有一定的影响。随着阻焊层开口增大，阻焊层脖颈处应力波动变化，最大变化度为 8.0%，金属焊盘开口和阻焊层开口与应力关系图如图 8-31 所示。设计金属焊盘和阻焊层开口尺寸需要考虑工艺能力和布线空间。阻焊层开口过小易出现显影不洁和锡球脱落现象，必须通过实验设计优化出匹配的金属焊盘和阻焊层开口尺寸。

优化 RDL 走线：通过数据调研发现，如果焊盘周围走线存在拐角，诱发阻焊层裂纹的概率将会大大提升。此外，两个锡球之间的走线需要对称，如果布线不均衡，将会导致拉扯应力不匹配，靠近锡球的线路很容易诱发阻焊层裂纹从而导致线路断裂。RDL 走线异常的情况如图 8-32 所示。

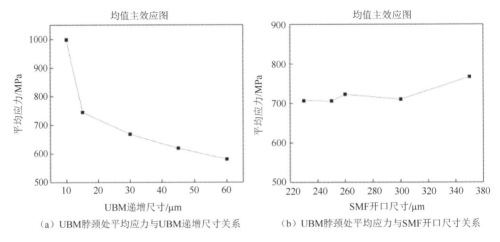

（a）UBM脖颈处平均应力与UBM递增尺寸关系　　（b）UBM脖颈处平均应力与SMF开口尺寸关系

图 8-31　金属焊盘开口和阻焊层开口与应力关系图

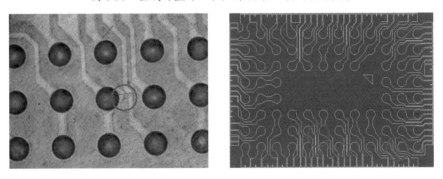

图 8-32　RDL 走线异常的情况

8.1.3　垂直 TSV 技术图像传感器圆片级封装工艺

近年来，低深宽比 TSV 互连技术虽然在图像传感器产品中大规模量产，但是，随着 CIS 芯片尺寸越来越小，像素越来越高，工业界能提供给封装工艺所用的空间受到极大限制。对应用于植入型生物医疗的 CIS，芯片尺寸小于 $500\mu m \times 500\mu m$，低深宽比 TSV 互连布线难以满足产品要求。因为 CIS 键合后有空腔存在，硅片减薄到 $100\mu m$ 左右比较可靠；芯片正面焊盘尺寸进一步减小，如 $60\mu m \times 60\mu m$ 左右，TSV 开口在 $30 \sim 50\mu m$ 比较合适。基于上述原因，为满足未来发展需要，研发深宽比为 $3 : 1$ 以上直孔 TSV 圆片级封装技术越来越迫切。进一步地，对于基于圆片键合技术的 BSI 芯片，低深宽比结构在圆片键合界面存在很大应力，往往会造成界面分层，而高深宽比 TSV 结构可以有效降低界面应力。基于圆片级 TSV 封装技术的 CSP 封装在车载应用中具有前景，但必须解决车载应用苛刻的可靠性要求，需要在材料和封装结构上进行优化。总的来说，高可靠性、高像素、高深宽比 TSV 封装是圆片级 CIS 发展趋势。

图 8-33 所示为垂直 TSV CSI 圆片级封装工艺流程[260]。从图 8-33 可以看出，整个封装流程有十几步大的工艺模块，有很多工艺需要进行针对性研发，解决相应的工艺难点。

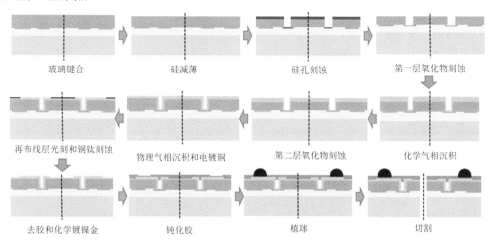

图 8-33　垂直 TSV CIS 圆片级封装工艺流程[260]

目前垂直 TSV CIS 圆片级封装面临的主要技术挑战如下。

1. 低温介质层沉积技术

Via-last 型 TSV 结构需要使用 PECVD 工艺沉积绝缘层（氧化物层、氮化物层或有机化合物层）作为 TSV 内的介质层，但是 PECVD 工艺对介质层沉积的温度要求很低，一般都在 200℃以下，或者更低。

目前高深宽比的 TSV 使 PECVD 工艺技术面临的挑战是要保证 TSV 具有良好的覆盖性，因此采用 PECVD 技术沉积薄膜，必须满足 TSV 的覆盖性需求。另外，通过低温 PECVD 工艺沉积介质层易产生缺陷，如 PECVD 表面开裂、钝化层脱落等。

2. 孔底介质层开窗技术与测试

TSV 制作过程中有两步氧化物刻蚀，分别在直孔刻蚀之后及 PECVD 工艺之后。孔底介质层开窗采用干法刻蚀技术。主要挑战是孔底氧化层残留，这会直接导致互连中的漏电及开路异常。第一次孔底氧化层刻蚀难度较大，因为焊盘上的介质层由前道工艺产生，材质可能不是单一介质且还有结构。此外，氧化层厚度能否准确表征也成为该技术实现的关键性难题。

3. 深孔清洗技术

TSV 孔内清洗的目的主要是去除因干法刻蚀工艺带来的附着在直孔侧壁的有机物残留。常规的 TSV 清洗工艺，去除有机物残留需要很长时间，且会对铝焊盘造成腐蚀；若缩短清洗时间，虽然可以避免铝焊盘腐蚀，但不能完全去除有机物残留。因此需要研究开发更为有效的 TSV 清洗工艺。

4. 深孔电镀

RDL 的形成是为了使焊盘与线路进行有效接触。表面 PVD 金属层、光刻金属线路、电镀线路构成了 TSV 技术中的 RDL 工艺。TSV 工艺为部分金属填充，即在完成 PVD 种子层后，再整面电镀，最后化学镀 Ni/Au。如果 TSV 清洗不完全导致有机物残留，会引起缺镀现象；或者 TSV 底部在电镀时出现气泡，其带来的后果是缺镀现象出现在产生气泡的位置。

5. 可靠性

封装完成后的芯片产品需要通过不同类型的可靠性测试。对于垂直 TSV，采用 PECVD 工艺制备绝缘层，侧壁应力造成的分层是潜在的失效点；需要结合失效模式，并结合有限元仿真的方法获得芯片失效的原因，提出改进方案。

8.2 基于 Via-last 型 TSV 的埋入硅基 3D 扇出型封装技术

2004 年，英飞凌科技公司提出圆片级扇出技术，通过将芯片埋入模塑料内，把 I/O 从芯片表面扇出到重构面上，以满足下一层次互连要求。扇出型封装结构如图 8-34 所示。2015 年，台积电公司成功研发了 3D 扇出技术（InFO），为苹果手机处理器提供封装方案，推动了扇出技术的发展。

2016 年，华天科技（昆山）电子有限公司开发了硅基埋入扇出（eSiFO）技术，创造性地使用硅片为载体。首先将芯片置于 12in 硅圆片上制作的高精度凹槽内，重构一个圆片；然后采用可光刻聚合物材料填充芯片和圆片之间的间隙，并在芯片和硅片表面形成扇出的钝化平面；再通过光刻打开钝化层开口，通过圆片级工艺进行布线和互连封装。埋入硅基扇出型封装工艺流程如图 8-35 所示。硅基埋入封装具有超小封装尺寸、工艺简单、易于系统封装和高密度 3D 集成等优点。研究人员对其关键技术及其机理开展了深入研究，并系统地研究了基于该封装形式的电、热、可靠性[261-264]。

图 8-34　扇出型封装结构

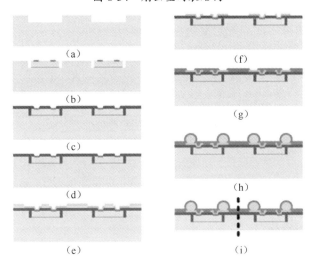

图 8-35　埋入硅基扇出型封装工艺流程

随着人工智能、自动驾驶、5G、物联网等新兴产业的兴起，为满足日益增长的高性能、小尺寸、高可靠性和超低功耗的市场需求，人们对 3D 集成封装技术的需求日益旺盛。华天科技（昆山）电子有限公司提出了一种利用 TSV 的嵌入式芯片系统新型 3D 系统集成封装技术。该技术是硅基埋入技术和 TSV 技术的结合，被命名为 eSinC（Embedded System in Chip）[265]。在完成标准 eSiFO 工艺后，工业界采用激光临时键合技术制备了背面 RDL 和 Via-last 型 TSV。利用此技术，成功制作完成一个包括 5 个芯片的正面和背面分别具有两层 RDL 的 3D 堆叠封装。单个封装通过微凸点和 TSV 连接。封装尺寸为 5mm×5mm，整体封装厚度为 0.78mm，单个 eSinC 封装厚度为 0.28mm。为了实现 eSinC 封装，需要开发几个关键技术，包括高深宽比 TSV、晶片薄化处理、低温 PECVD 工艺及临时键合。经过工艺优化，芯片获得了良好的电性良率[265]。

3D 堆叠 eSinC 封装示意图如图 8-36 所示。一个或两个已知正常芯片嵌入单个 eSinC 封装体中。通过电镀分别在 eSinC 封装体的正面和背面形成两层 RDL。通过微凸点和 Via-last 型 TSV，实现了三个独立的 eSinC 封装体与嵌入式芯片之间的电信号互连。eSinC 技术可以将不同的设计公司、圆片厂、圆片尺寸和特征尺寸的不同系统或不同功能的芯片集成到一个芯片中，从而实现真正的 3D 集成封装。eSinC 技术不仅实现了单个封装体中的多芯片互连，而且实现了不同封装体之间的互连。eSinC 技术的详细封装规格如表 8-10 所示。

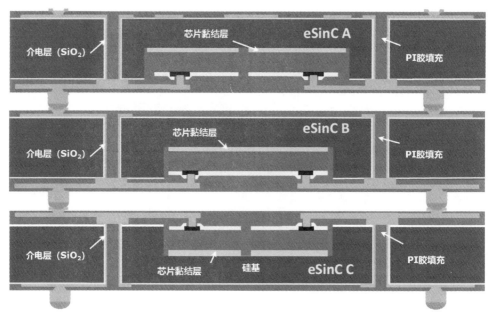

图 8-36　3D 堆叠 eSinC 封装示意图

表 8-10　eSinC 技术的详细封装规格

项　　目	eSincC A	eSincC B	eSincC C
封装尺寸/mm	5×5	5×5	5×5
封装厚度/μm	280	280	280
埋入芯片尺寸/mm	2×2	3×3	1.5×1.5
埋入芯片厚度/μm	80	80	80
埋入芯片个数	2	1	2
凸点数目	25	200	10
凸点节距/μm	400	200	500

8.2.1　封装工艺流程

图 8-37 所示为嵌入式芯片制备和硅基制备的工艺流程。在圆片级研磨、激光开槽和切割之后，将来料圆片分离成单个的芯片。采用干法刻蚀的方法在 12in 裸硅载体圆片上面制备凹槽。图 8-38 所示为 3D 堆叠 eSinC 工艺流程。在制造出正面 RDL 和微凸块或 UBM 后，使用临时键合技术将 eSinC 圆片与玻璃载体键合。通过对圆片进行研磨，将圆片减薄至目标厚度。通过 Bosch 刻蚀工艺很容易地制造出深宽比为 1∶1.5 的 Via-last 型 TSV。采用低温 PECVD 工艺，用 SiO_2 层代替聚合物作为钝化层。经过预清洗处理后，采用 PVD 工艺溅射 300nm 的钛作为阻挡层，500nm 的金属铜作为种子层。采用圆片级电镀工艺在整个圆片表面制备 5μm 厚的铜层。电镀铜后，借助 AZ4620 光刻胶光刻和种子层湿法刻蚀完成 RDL 图形。为方便后续工艺，采用真空层压工艺在垂直通孔内填充干膜。通过旋涂形成最终的阻焊层来保护 RDL，并且用曝光和显影将 UBM 暴露出来。然后在 eSinC 圆片的背面形成 Cu-Ni-SnAg 凸点。经过拆键合与切割后，制造流程结束。最后，利用热压键合（TCB）对单个 eSinC 芯片进行堆叠，形成 3D 堆叠 eSinC 封装体。

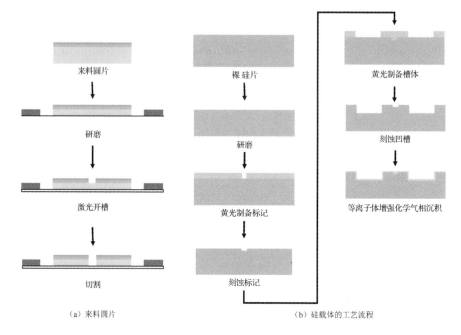

（a）来料圆片　　　　　　　　　　　　　　　　　　　（b）硅载体的工艺流程

图 8-37　嵌入式芯片制备和硅基制备的工艺流程

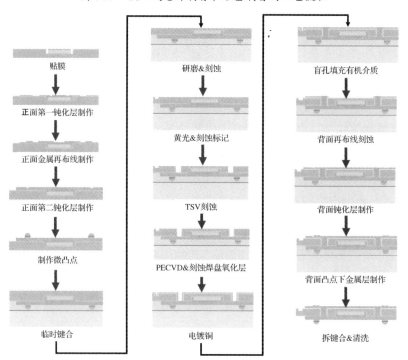

图 8-38　3D 堆叠 eSinC 工艺流程

8.2.2　封装工艺研究

1）划片和硅基准备

采用圆片级研磨工艺将来料圆片减薄至 90μm。通过激光开槽工艺去除划线中的测试单元。测试为良品的芯片通过圆片切割分离。

硅基直接影响直槽的刻蚀形貌，因此硅基的选择尤为重要。合格硅基圆片规格如表 8-11 所示。选择 12in 裸硅作为硅基。为了满足后续光刻、干法刻蚀等工艺的要求，采用干法刻蚀在载体晶片表面制备了对位标记。使用 NAURA 公司的干法刻蚀机，采用 Bosch 刻蚀工艺来形成直槽。槽的深度为(90±5)μm。槽的长度和宽度取决于预埋芯片的尺寸，每侧较后者大近 30μm。直槽制程的最大挑战是整个圆片的均一性。在 NAURA 的支持下，经过工艺优化，获得了 5μm 以内的平整度值。直槽制程需要光滑的底面，不允许出现任何可能导致芯片倾斜和裂纹的颗粒或微凸点。直槽的横截面如图 8-39 所示，底面光滑，无杂质和微凸点。从距侧壁 15μm处计算，槽体的底部斜坡规格<5μm。最后，采用 PECVD 工艺在表面沉积 0.5μm 厚的氧化层，作为 RDL 与硅载体之间的绝缘层。优化了氧化层的应力以控制圆片的翘曲。

表 8-11　合格硅基圆片规格

参　　数	数　　据
厚度/μm	≥870
硅片类型	P 型
晶向	100
电阻/Ω	1～100
硅片厚度变化量/μm	≤10

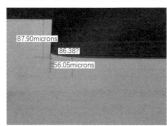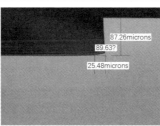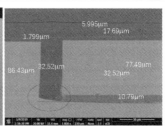

图 8-39　直槽的横截面

2）正面制造工艺流程

直槽形成后，使用高精度贴片机（名为 Nucleus）将来料圆片中准备好的芯片嵌入槽内。贴片是一个非常重要的过程，它直接影响后续的光刻工艺。根据槽的深度，采用 10μm 厚的晶片黏结薄膜（DAF）来保证所有嵌入芯片的均匀性。为了增加贴芯片的准确性，将芯片对准直槽的角。经过工艺优化，获得了 ±4μm 的高精度。采用真空压膜工艺，在硅基槽与嵌入式芯片之间的狭窄沟槽中填充干膜。圆片表面的干膜也起到绝缘层的作用。为了减少翘曲，尝试了几种不同 CTE 和杨氏模量的干膜。经过光刻和显影过程，嵌入芯片的焊盘暴露出来。同时，完成了一个新的重构圆片，并采用了标准的 WLP 工艺，包括 PVD 种子层、光刻 RDL、电镀 RDL、光刻胶剥离和湿法刻蚀。RDL 的厚度为 5μm，最小 L/S 为 15μm/15μm。RDL 形成后，再涂上第二层钝化层以保护 RDL。然后用标准凸点工艺形成微凸点或 UBM。至此，eSinC 的正面加工已经完成。

8.2.3　背面制造工艺流程

1. 临时键合

采用临时键合技术完成背面工艺。圆片被键合到玻璃载体上，然后减薄到目标厚度。由于后续 PECVD 和 PVD 工艺的高温、高真空条件，键合材料的耐热性要求在 300℃以上。我们测试了几种材料，并选择了一种激光临时键合材料。这种材料包括键合材料和脱模材料。由于脱模材料对激光敏感，因此在特定波长的激光照射下，圆片很容易与玻璃载体分离。在玻璃载体上依次涂布激光脱模材料和键合材料。根据 eSinC 正面凸点的高度确定剥离层的涂层厚度。将两种材料涂布后，利用圆片键合机将玻璃载体与圆片键合在一起。键合程序的关键因素是压力、温度、时间和真空度，其中压力是最重要的因素。键合后的圆片在 200℃下固化1h。固化温度波动过程由升温阶段、稳定阶段和缓慢下降阶段组成。温度的升降速率对圆片翘曲有很大的影响。最大的异常是临时键合过程中的气泡问题。有两种类型的气泡，一种是雪花气泡，另一种是块状气泡，如图 8-40 所示。它与键合程序和键合材料的用量有关。通过对键合程序和固化温度的工艺优化，解决了气泡问题。

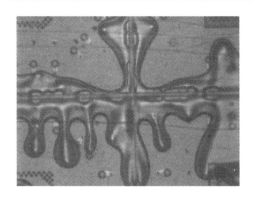 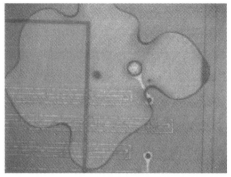

(a) 雪花气泡　　　　　　　　　　　　　　　　(b) 块状气泡

图 8-40　两种类型的气泡

2. Bosch 刻蚀

Bosch 刻蚀工艺广泛应用于 3D 堆叠结构，形成垂直通孔，实现了正面与背面的连接。设计了深宽比为 1 : 1.5 的垂直通孔，用于单个 eSinC 封装体互连。开孔尺寸为 120μm，通孔深度为 180μm。为了获得良好的电气性能和可靠性，控制由 Bosch 工艺引起的侧壁上的扇贝结构是非常重要的。刻蚀过程中的衍生物很容易被困在扇贝结构中，直接影响氧化层与硅之间的结合力。另外，较大的扇贝结构也会导致绝缘层覆盖率低，可靠性实验后会产生漏电问题。影响扇贝结构的因素很多，如气体流量、刻蚀周期、电极电压和功率、刻蚀速率等，刻蚀速率是最关键的因素。经过大量的实验，在合适的刻蚀速率下获得了光滑的侧壁。图 8-41 所示为 Bosch 刻蚀后的垂直通孔横截面，其实现了良好的垂直通孔轮廓，扇形尺寸小于 110nm，TSV 角为 (88±2)°。

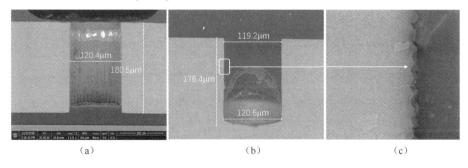

(a)　　　　　　　　　　(b)　　　　　　　　　　(c)

图 8-41　Bosch 刻蚀后的垂直通孔截面图

3. 氧化物沉积

经过 Bosch 刻蚀后，在 TSV 的侧壁上生成了聚合物。众所周知，清洗聚合物是保证工艺稳定性和可靠性的关键工艺。如果残留物没有清理干净，就会出现严重的分层剥离问题。由于具有良好的清洗性能，兆声波清洗成为一种新的深孔清洗方法。清洗过程中，清洗液（SC-1）在兆波能量的驱动下运动，产生微气泡轰击圆片表面和通孔壁，使颗粒和残留物破碎并溶解在清洗液中。

采用低温 PECVD 工艺（150℃）沉积 SiO_2 层作为绝缘层。图 8-42 显示了 PECVD 工艺后的截面图像。为了减小氧化层的内应力，开发了两步沉积工艺。经过工艺优化，获得了具有良好台阶覆盖率的连续 SiO_2 薄膜。薄膜中未发现剥离或裂纹问题。圆片表面 SiO_2 薄膜厚度约为 2μm，TSV 孔底拐角处台阶覆盖率约为 25%。最小 550nm 膜厚可保证可靠性实验后无电性失效。表 8-12 给出了 PECVD 工艺优化后的参数，表面氧化层厚度均一性小于 5%。氧化层应力为 0～200Mpa。在 PECVD 工艺之后，通过圆片级氧化物刻蚀来打开焊盘。

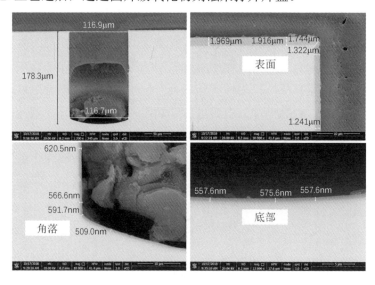

图 8-42　PECVD 工艺后的截面图像

表 8-12　PECVD 工艺优化后的参数

参　　数	取　　值
厚度/μm	2
氧化层比例/%	5

续表

参　　数	取　　值
氧化层应力/Mpa	0~200
折射率	1.45~1.54

进行 PECVD 工艺后发现两种常见的异常现象，一种是临时键合材料的雪花状气泡，另一种是氧化层与硅表面的分层。在高温和真空条件下，临时键合材料的溶剂蒸发会产生气泡。工业界对不同材料进行了测试，优化了键合工艺参数和键合后的固化曲线。沉积温度和沉积速率对氧化层的质量有很大的影响，尝试了200℃、180℃和150℃三种沉积温度，沉积后未发现剥落现象。做了大量的实验设计，以找到适合封装结构的薄膜应力。优化了沉积速率，将沉积次数从 2 次改为 4 次，氧化层剥落问题得到解决。PECVD 工艺后 eSinC 晶片的外观如图 8-43所示。

（a）SiO₂ 层无剥落　　　　　　　　　　　　　（b）临时键合无气泡

图 8-43　PECVD 工艺后 eSinC 晶片的外观

4．钝化

在标准的 WLP-RDL 工艺之后，最终的钝化材料被覆盖用来保护 RDL。最终钝化的固化温度是关键，因为固化温度直接影响 IMC 的厚度，后者直接影响芯片的堆积质量。在初步调试过程中，两个 eSinC 封装体通过铜凸点和 SnAg 凸点堆叠在一起。Cu-Ni-SnAg 凸点分析如图 8-44 所示。焊点中存在大量的微空洞，并形成了较厚的 IMC 层。因此，在 Cu 和 SnAg 之间镀上镍层，有效地减小了 IMC 层的厚度。然而，如图 8-44（b）、（c）所示，根据 EDX 结果，在 230℃最终固化 4h后，凸点呈花状，镍迁移严重。经后续分析，镍的迁移与温度直接相关，温度上限约为 210℃。不同烘烤条件下凸点形貌的 SEM 照片如图 8-45 所示。最后，选用一种新型低温固化钝化材料，其固化条件是在 150℃烘烤 1h。

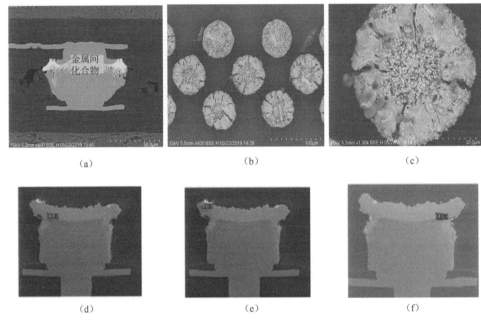

（a） （b） （c）

（d） （e） （f）

图 8-44　Cu-Ni-SnAg 凸点分析

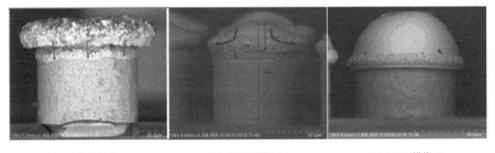

（a）230℃烘烤 4h　　　　（b）220℃烘烤 4h　　　　（c）210℃烘烤 4h

图 8-45　不同烘烤条件下凸点形貌的 SEM 照片

5. 拆键合

在完成整个圆片级工艺后，利用特定波长的激光扫描玻璃载体，将 eSinC 晶片与载玻片分离。在拆键合过程中，激光会损伤钝化层。为了解决这一问题，我们对激光拆键合的能量、频率和焦距等参数进行了优化。激光扫描后，脱模层失去黏性，圆片分离。采用湿法清洗或等离子体刻蚀的方法可以很容易地去除 eSinC

晶片上的残余物。

6. 封装结果

3D 堆叠 eSinC 结构的截面如图 8-46 所示。三个单独的 eSinC 封装体，总共包括 5 个芯片，通过 Via-last 型 TSV 和微凸点堆叠在一起。在没有锡球的情况下，总封装厚度只有 0.78mm，未来优化后甚至可以更薄。封装体内未发现分层和 RDL 裂纹。焊点连接良好，没有任何空洞。在功能测试中获得了良好的电性良率。由于设备的限制，TSV 的直径和深度不够小。通过设备升级，可以实现高深宽比的 TSV，以满足日益增长的高密度 3D 集成的需求。

（a）三层堆叠产品的横截面

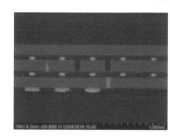

（b）三层堆叠产品的 TSV 部分的横截面

（c）三层堆叠产品的焊接点横截面（1）

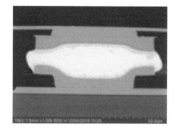

（d）三层堆叠产品的焊接点横截面（2）

图 8-46 3D 堆叠 eSinC 结构的截面

结果清楚地表明，eSinC 易于实现多芯片 SiP 和超小型薄型封装。现已经成功开发了各种关键工艺，包括嵌入式多芯片、临时键合、RDL 制程、高深宽比 TSV 和芯片与芯片堆叠。通过样品制样获得了良好的电性测试结果，并可通过工艺优化不断提高良率。eSinC 技术可以看成在单个芯片上嵌入更小的系统组件，形成 2.5D 和 3D 多芯片集成。eSinC 在物联网、汽车、5G、AR/VR、AI、传感器等领域有着广阔的应用前景。

8.3　3D 圆片级扇出型封装技术

WLCSP 具有较小的封装尺寸、厚度和重量，以及良好的电性能和热性能。但是随着芯片集成度的进一步提高、I/O 数的进一步增加，传统 WLCSP 的限制已初见端倪。因为标准的 WLCSP 是扇入型封装，封装尺寸与芯片尺寸保持一致，封装上最多可容纳的 I/O 数会受到芯片尺寸和 PCB 板工艺能力的限制（一般焊盘间距在 0.4mm 以上）。为了应对这个问题，英飞凌科技公司开发了一种嵌入式圆片级球栅阵列（eWLB）封装技术，该技术称作扇出型圆片级封装（FOWLP）技术[266, 267]。

典型 FOWLP 的样品及结构如图 8-47 所示。FOWLP 的结构特点是在芯片周围包覆有模塑料，芯片上的焊盘信号可以通过 RDL 扇出到模塑料上的引脚处。由于模塑料的存在，为 FOWLP 提供了额外的互连空间，使得 FOWLP 支持的 I/O 数大大增加，且不再受芯片尺寸的限制。除此之外，FOWLP 还继承了传统 WLCSP 的诸多优点，如良好的电性能和热性能。

图 8-47　典型 FOWLP 的样品及结构

早期大多数扇出都聚焦在 2D 应用上，后来，为满足高密度三维封装需要，科研人员开始探索 3D 和双面扇出结构。目前主要有两种不同的工艺/结构正在工程验证或批量生产中使用。

第一种是通过在有机或无机载体材料中形成垂直互连。这些具有垂直互连的载体与芯片同时嵌入，其工艺通常是芯片面朝下先贴片的扇出型封装。图 8-48 给出了嵌入 TSV 结构的 3D 扇出型封装[268]。

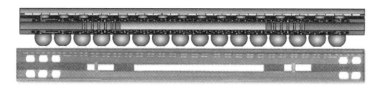

图 8-48　嵌入式 TSV 芯片 3D 扇出型封装

嵌入 TSV 芯片的 3D 扇出工艺流程如图 8-49 所示，这里将带有 TSV 结构的器件与扇出芯片一起埋入模塑料里。

放置芯片有源面在TSV载板上

包封载板

移除载板成型第一层RDL

临时键合载板扇出层减薄

成型第二层RDL

焊球植入

顶部分封装体扇出

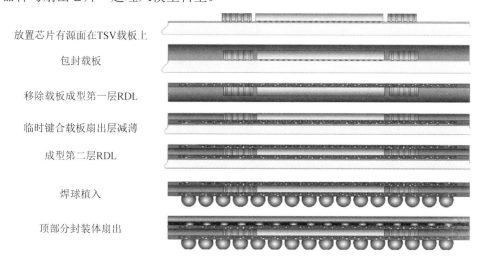

图 8-49　嵌入 TSV 芯片的 3D 扇出工艺流程

第二种是在芯片贴片黏结之前将铜柱电镀到临时载板上，芯片贴片后，进行塑封，然后研磨模塑料露出铜柱。然后在扇出面上通过制备金属再布线层（RDL）连接露出的铜柱，将上下两面通过铜柱实现垂直互连。这样就可以在扇出封装上堆叠另外的芯片或封装体。具有电镀铜柱的 3D 扇出如图 8-50 所示。

图 8-50　具有电镀铜柱的 3D 扇出

电镀铜柱实现 3D 扇出的工艺流程如图 8-51 所示。

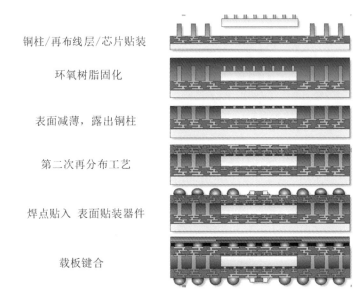

铜柱/再布线层/芯片贴装

环氧树脂固化

表面减薄，露出铜柱

第二次再分布工艺

焊点贴入 表面贴装器件

载板键合

图 8-51　电镀铜柱实现 3D 扇出的工艺流程

台积电创新开发的集成扇出（InFO）技术使用了这个工艺流程。在 2016 年苹果推出 iPhone 7 应用处理器（AP）除了升级的先进 CMOS 节点工艺，第一次采用了这个革命性的圆片级封装技术。

InFO 成功引发了对扇出型封装和芯片嵌入技术新一轮研究兴趣的热潮，席卷圆片厂、封测代工厂、研究机构和学术界，它使得封装工业进入了半导体工业的中心舞台。台积电将这一概念向前推进了一步，将多个单元处理器和内存集成到一个多层堆叠中，使用先进的结构即 3D 多栈（MUST）系统集成技术、3D MUST-in-MUST 扇出型封装。图 8-52 显示的是 TSMC 3D-MiM 封装结构[269]。

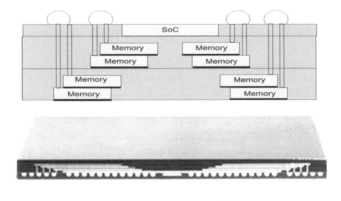

图 8-52　TSMC 3D-MiM 封装结构

8.4　本章小结

3D WLCSP 集成技术具有高性能、低功耗、封装尺寸小等诸多优点，广泛应用于 MEMS、传感器领域。随着技术的发展，已涌现出多种多样的 3D WLCSP 集成方式，即采用永久键合、临时键合的 3D WLCSP，采用后 TSV 与埋入硅基扇出相结合的 3D 封装等。本章主要介绍了基于 TSV 和圆片键合的 3D WLCSP 技术、基于 Via-last 型 TSV 的埋入硅基 3D 扇出型封装技术，详细介绍了所涉及的集成方式、关键技术，包括 TSV 圆片的制作、圆片键合、临时键合及拆键合等。最后简要介绍了 3D 圆片级扇出型封装技术的发展现状。

车载影像传感器圆片级封装技术是在平面停留 TSV 结构基础上开发出来的，该技术主要针对 BSI 结构芯片。圆片来料后通过做好围堰的玻璃进行永久键合、研磨减薄、刻蚀凹槽和盲孔，为了解决红外光从模组背面侧穿透导致的"鬼影"影像问题，在传感器区域增加了一层薄铝层作为红外遮挡层；为了通过带电的可靠性测试，采用了二氧化硅和加有机钝化层双层绝缘层结构，再布线层将信号由焊盘引到圆片背面，为了采取边缘包边的结构，需做一步预切割，再涂布阻焊层，植球形成焊球阵列。

工业界为提高 CIS 互连密度、可靠性，研发深宽比为 3：1 以上的直孔 TSV 圆片级封装技术越来越迫切。基于垂直 TSV 的 CIS 圆片级封装面临挑战的主要技术有低温介质层沉积技术、孔底介质层开窗技术与测试、深孔清洗技术、深孔电镀。同时，封装互连结构要具备良好的可靠性。

利用 Via-last 型 TSV 的埋入硅基 3D 扇出型封装技术，易于实现多芯片 SiP 和超小型薄型封装。现已经成功开发了各种关键工艺，包括嵌入式多芯片、临时键合、RDL 制程、高深宽比 TSV 和芯片与芯片堆叠。

3D 圆片级扇出型封装技术通常采用两种工艺。第一种是通过在有机或无机载体材料中形成垂直互连，这些具有垂直互连的载体与芯片同时嵌入，其工艺通常是芯片面朝下先贴片扇出型封装。第二种是在芯片贴片黏结之前将铜柱电镀到临时载板上，塑封后，通过研磨模塑料露出扇出封装铜柱形成垂直互连通道，从而实现三维封装。

第9章

3D 集成电路集成工艺与应用

自摩尔定律[270,271]提出以来，2D 平面集成电路基本上遵循着摩尔定律不断发展，晶体管尺寸不断减小，芯片的性能不断提高，同时不断降低生产成本。然而，随着晶体管尺寸的减小，晶体管的特征尺寸已日益接近物理极限，按照摩尔定律的方式单纯地缩小晶体管的特征尺寸来提升集成电路性能、降低功耗，变得越发困难。根据国际半导体技术发展路线图，未来集成电路技术发展将集中在以下三个方向。方向一：继续遵循摩尔定律缩小晶体管特征尺寸，以继续提升电路性能、降低功耗，即 More Moore；方向二：向多类型方向发展，拓展摩尔定律，即 More than Moore；方向三：整合系统级芯片与系统级封装，构建高价值集成系统。3D 集成是 More than Moore 一个至关重要的应用方向。集成电路技术由 2D 平面向 3D 方向发展，最早由诺贝尔奖获得者物理学家费曼于 1985 在日本所作的《未来的计算机》报告中提出，"推进计算机性能的一个方法是采用 3D 物理结构代替 2D 芯片。该技术分段实现，首先实现几层的 3D 集成，随着时间的推移 3D 集成芯片层数将会逐步增加"[272]。

3D 集成技术主要包括 3D 集成电路封装、3D Si 集成及 3D 集成电路集成[273]。其中，3D 集成电路封装与 3D Si 集成及 3D 集成电路集成的主要差别在于 3D 集成电路封装未采用 TSV 技术；3D Si 集成与 3D 集成电路集成主要差别在于 3D 集成电路集成采用凸点和 TSV 以使薄芯片堆叠，而 3D Si 集成仅采用 TSV 技术（即无凸点）。3D 集成电路集成将芯片在垂直方向（Z 方向）上借助 TSV、薄芯片/中介层和微凸点进行堆叠，可以实现高性能、低功耗、高宽带、小形状因子等优点，充分发挥圆片级堆叠和 TSV 技术短互连线长度的优势[274]。3D 集成电路集成技术已应用于含有 TSV 的储存芯片堆叠、Wide I/O DRAM、HBM 及 2.5D 集成电路集成等。本章主要介绍 3D 集成电路集成技术的集成方法及应用，在应用方面侧重于介绍存储器 3D 集成和异质芯片 3D 集成相关应用产品，并对 3D 集成电路集成技术的新进展及发展趋势进行概述。

9.1　3D 集成电路集成方法

3D 集成电路集成采用微凸点和 TSV 技术实现不同层芯片之间在 Z 方向上的垂直互连，显著地提高了系统集成度，并且通过 TSV 和薄芯片实现最短互连线长度。3D 集成电路相对于 2D 封装来讲最重要的区别在于，3D 集成电路是将多个功能芯片在垂直方向上堆叠集成，而不是将单个或多个芯片集成在 2D 封装体系中。3D 集成电路堆叠的方式主要有三种，分别为芯片-芯片（C2C）、芯片-圆片（C2W）和圆片-圆片（W2W），示意图分别示于图 9-1（a）～（c）中。

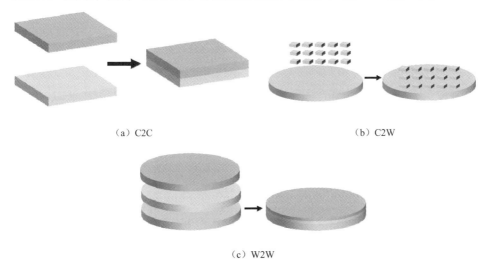

（a）C2C　　　　　　　　　　　　　　（b）C2W

（c）W2W

图 9-1　3D 集成电路堆叠示意图

9.1.1　C2C 堆叠

C2C 是将完成切割的芯片通过热压键合（TCB）的方式堆叠[275]，最大的优势在于可以使用已知良芯片，这样大大地提高了集成后的良率，并且 C2C 方式对堆叠芯片的大小没有限制，即不同大小的芯片也可以实现堆叠。但是，此堆叠方式效率低，并且薄芯片拿持技术是一个非常大的挑战。

9.1.2　C2W 堆叠

C2W 是将完成切割的芯片与圆片堆叠，通过拾取芯片、对位、放置，可以把所有单颗芯片与圆片同时键合在一起[276]。C2W 相对于 C2C 更加高效，成本更加低廉。C2W 也对堆叠芯片大小没有限制，易实现异质集成。与 C2C 类似，C2W 可以充分利用已知良芯片的优势以提高良率。鉴于 C2W 诸多优势，现已发展出多种 C2W 集成方法，主要包括以下几种[277]：通过传统方法将芯片置于圆片上，一起多次回流（Mass Reflow，MR）后，再通过毛细作用填充底充胶（Capillary Underfill，CUF），此方法称为 C2W MR+CUF；芯片铜柱凸点上涂覆非导电胶（Nonconductive Paste，NCP），然后通过 TCB 方式与圆片堆叠，NCP 起底部填充的作用，此方法称为 C2W TCB+NCP；芯片铜柱凸点上层压非导电膜（Nonconductive Film，NCF），然后通过 TCB 方式与圆片堆叠，NCF 起底部填充的作用，此方法称为 C2W TCB+NCF。

含有 TSV 的硅中介层可以实现高互连密度、更好的电性能及更低的功耗。台积电于 2012 年推出圆片基底封装 CoWoS[241]技术，成功使 3D TSV 技术导入量产阶段。TSMC CoWoS 技术是先将圆片减薄至 50μm 使 TSV 露出并制作 RDL 和 C4 凸点等，再通过 C2W 的方式将 200 μm 的功能薄芯通过微凸点与含有 TSV 中介层的圆片键合，如图 9-2（a）所示。完成 C2W 集成后切割成单颗芯片，完成 C2W 键合的光学图片如图 9-2（b）所示。最后再将 C2W 芯片集成到有机基板之上，完成的 CoWoS 光学图片如图 9-2（c）所示。

（a）200μm 的薄芯片堆叠于 50μm 超薄中介层

图 9-2　CoWoS 封装结构[241]

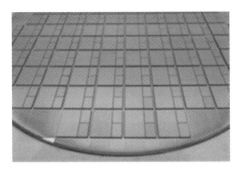

（b）完成 C2W 键合的光学图片

（c）CoWoS 光学图片

图 9-2　CoWoS 封装结构[241]（续）

9.1.3　W2W 堆叠

W2W 是一种真正意义上的圆片级集成，所有的工艺流程如 TSV、微凸点等的制作及键合均在圆片级进行，集成效率最高，成本最低，但无法具有上述已知良芯片的优势，因此良率较低。另外，W2W 相对于 C2C，W2W 在设计和制作集成方面有诸多不便，尤其是在功能芯片的尺寸或材料不同时。键合在一起的圆片要提供机械、热、电和光学连接，所以对键合性能要求很高。对 3D W2W 键合工艺或材料的要求主要有以下几个方面[278]：

（1）与 BEOL 集成电路工艺兼容，即键合温度一般要求小于 400℃，键合材料相对较薄且具有小的应力。

（2）在 BEOL 制程或封装流程中，键合界面要保持高的热稳定性和机械稳定性。

（3）在键合过程中不能渗气，或存在渗气通道，以防止在键合界面出现空洞。

（4）键合界面处不能有缝隙，并且要具有高键合强度，以防止分层。

对圆片键合的研究由来已久，已经发展出多种圆片键合方案。图 9-3 展示了常见的圆片键合方案，如介质键合、键合胶键合、金属键合和金属介质混合键合等。

3D 集成电路堆叠方向主要有面对面（Face-to-Face，FoF）、背对面（Back-to-Face，BoF）两种。FOF 为上面圆片的功能层与下面圆片的功能层面对面地键合在一起。BoF 为上面圆片的非功能层与下面圆片的功能层键合在一起，此方法可以堆叠多个圆片，并通过 TSV 实现芯片之间的信号连接，W2W 不同堆叠方向的工艺流程如图 9-4 所示。

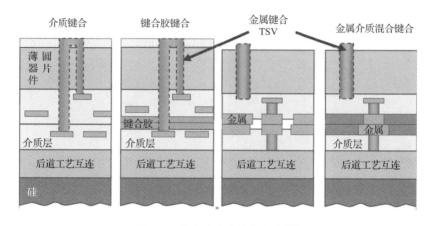

图 9-3　常见的圆片键合方案[279]

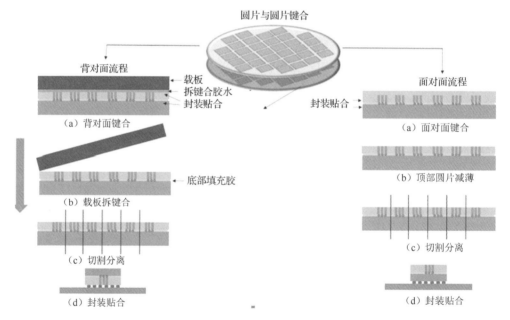

图 9-4　W2W 不同堆叠方向的工艺流程[280]

通过不断优化键合工艺和研究键合材料，3D 集成电路集成将逐渐由 C2C 向 C2W、W2W 方向发展，以提高集成度和集成效率，降低生产成本。

9.2　存储器 3D 集成

近年来 3D 集成电路一个热门应用是在存储领域中的应用，利用 TSV 技术将多层芯片堆叠。基于 3D TSV 的存储主要应用在高端器件之中，如高性能计算、服务器及企业存储等。其中主要的参与者有三星、海力士、美光和东芝半导体等，以下对其典型产品做简要技术概述。

9.2.1　三星动态随机存取存储器

三星早于 2010 年就在 8Gb 3D DDR3 DRAM 中采用 Via-last 型 TSV 技术实现了四层芯片堆叠，芯片尺寸为 10.9mm×9.0mm，与常规的基于引线键合的 QDPs（Quad-Diepackages）芯片堆叠封装相比，其能量损耗减少了 25%，I/O 数据传输速率由 1066Mbit/s 增长到 1600Mbit/s。三星 3D DDR3 DRAM 的显微镜图片及 TSV 的截面图如图 9-5 所示。2014 年 8 月三星第一次量产了基于 Via-middle 型 TSV 的 64GB 3D TSV DDR4 DRAM，DRAM 采用三星 20nm 集成电路工艺，通过尺寸为 7μm×50μm 的 TSV 进行堆叠，堆叠芯片的 TSV 之间采用铜柱凸点进行互连。三星 64GB DDR4 如图 9-6 所示。此 64GB 内存条上每一颗内存颗粒都封装了 4 个 4Gb 的 DDR4 DRAM 芯片，单颗容量为 2GB，DDR4 DRAM 内存颗粒多达 36 颗，与采用引线键合封装工艺的内存相比，这种内存条的信号传送速率提升一倍，而功耗减少一半。

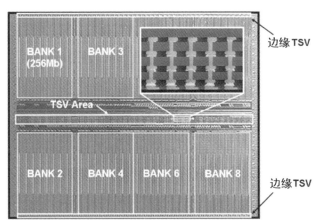

图 9-5　三星 3D DDR3 DRAM 的显微镜图片及 TSV 的截面图[281]

三星于 2015 年 11 月公布了基于 TSV 的 128GB DDR4 内存条，它所采用的是三星最先进的 20nm 制造工艺，产品如图 9-7（a）所示。三星电子内存销售和营销执行副总裁 Joo Sun Choi 总结了新款 128GB 模块的吸引力，"我们的高速、低功耗的 128GB TSV DRAM 模块将使我们的全球 IT 客户和合作伙伴能够推出新一代企业解决方案，同时投资的效率和可扩展性大大提高"。图 9-7（b）展示了几代 DDR 产品的功耗对比，DDR4 功耗显著降低。三星电子解释说，"TSV 高级电路采用数百个细孔，并通过穿过孔的电极垂直连接芯片组件，从而显著提升信号传输"。

（a）三星 64GB DDR4 产品图　　　　　　　（b）产品截面图

图 9-6　三星 64GB DDR4[282]

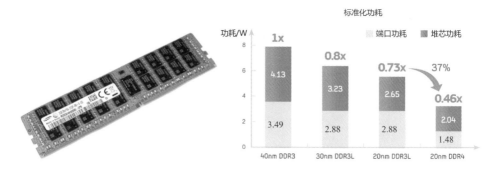

（a）三星 128GB DDR4 内存条[283]　　　　（b）几代 DDR 产品的功耗对比

图 9-7　三星 DDR 产品

9.2.2　美光混合立方存储器

美光使用 TSV 技术将高性能逻辑电路和 DRAM 结合在一起，研发了混合立方存储器。在混合立方存储器中，模块彼此堆叠在立方体中，而不是在主板上彼此相邻。混合立方存储器的核心是一个小型的高速逻辑层，它位于通过 TSV 互连的垂直堆栈 DRAM 芯片的下方，采用铜柱凸点实现堆叠 TSV 互连，结构图如图 9-8 所示。DRAM 专门用于处理数据，逻辑层控制混合立方存储器内的所有 DRAM。此混合立方存储器显著地提高了效率并优化了功耗，混合立方存储器比传统的 DDR3 DRAM 提供的带宽提高了 15 倍，能耗降低了 70%，与现有的带寄存器的双线内存模块（Registered Dual In-line Memory Module，RDIMM）相比，占用的空间减少 90%。即使与 DDR4 技术相比，混合立方存储器仍然快 5 倍，更节能，成为存储器领域的一项重大突破。最初，混合立方存储器模块有助于提升超级计算机、数据库和云计算机的性能，但是美光公司预测混合立方存储器在笔记本电脑市场同样具有广阔的应用前景。

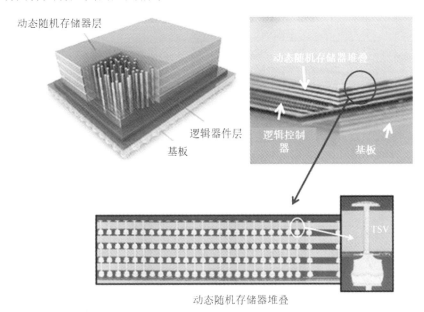

图 9-8　美光混合立方存储器结构图[284]

9.2.3　海力士高带宽内存

随着美国 AMD 半导体公司 FuryX 显卡的发布，高带宽内存（HBM）技术也正式登上舞台，HBM 显存技术主要的推动者是 AMD 和 SK Hynix。SK Hynix 通过成功开发全球首款 HBM 及其他新一代内存解决方案（包括使用先进的 TSV 技术），继续领导内存行业，图 9-9（a）展示了第一代 HBM（HBM1）示意图。每一颗 HBM1 都采用四层芯片（Die）进行堆叠以减小体积、提升效率。HBM 在带宽和功耗方面均优于 GDDR5。HBM 单芯片的带宽从 28GB/s 提升到了 128GB/s，同时功耗降低至少 50%。而 HBM 不仅可以用于显存，其他如 DRAM、NAND 及 SSD 解决方案也可以使用 HBM，应用前景非常广阔。微电子产业的领导标准机构固态技术协会于 2013 年 10 月正式将 HBM 列入其标准，后来发展出了 HBM2 标准。HBM2 是 HBM1 的下一代解决方案，两者的对比如图 9-9（b）所示。HBM2 带宽进一步提升到 256GB/s，支持 2、4 和 8 层芯片堆叠。与其他传统 DRAM 相比，HBM2 通过更高的带宽（高达 256GB/s）和更低的功耗来提供世界一流的性能。总之，HBM 具有高性能、低功耗和小尺寸等优势，有助于克服 DRAM 的最大速度和密度的限制。

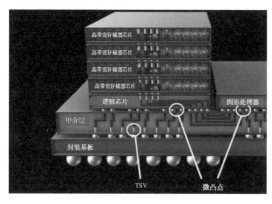

（a）第一代 HBM 示意图[285]

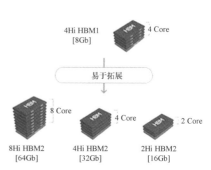

（b）HBM1 与 HBM2 对比图[286, 287]

图 9-9　HBM 结构

9.3　异质芯片 3D 集成

通过传统的缩小晶体管尺寸的方式来提高系统的集成度变得非常困难，在后摩尔定律的指引下，微系统的集成正在由 2D 集成向 3D 集成发展、由芯片级向集成度和复杂度更高的系统集成发展。近年来，半导体工艺技术的飞速发展不仅体现在射频、模拟、混合信号等传统的半导体工艺上，还体现在系统的异质集成等非传统的半导体工艺上。随着摩尔定律的结束、2.5D 和 3D 集成技术的出现，万物互联的新兴世界将导致连接需求的爆炸性增长，智能手机、平板电脑等移动设备的数量和数据通信需求快速增长，这些需求推动了一种新的集成方法即异质集成出现。异质集成是指将单独制造的组件集成到更高级别的集成组件中，从而显著地增强集成器件的功能。在此定义中，单独制造的组件包含诸如单个芯片、MEMS 器件、无源器件，以及集成封装或子系统被集成到单个封装的任何单元。异质集成可以集成的器件有射频/模拟电子系统中的双极器件（SiGe 和Ⅲ-Ⅴ族HBT）、低频模数混合信号系统中的 COMS 器件、MEMS/NEMS 等机械量检测器件、光电/电光转换器件等。

图 9-10 以采用异质集成的典型收发器系统为例，展示了异质集成对射频/混合信号系统的潜在影响。通过异质集成，一个典型收发器的几乎所有的主要组成部件，均可以受益于寄生效应的减少，并由于 Si CMOS 的控制和校准能力，可以充分发挥化合物半导体（Compound Semiconductor）材料的高性能优势。异质集成将 0.25μm InP HBTs 和 0.2μm GaN HEMTs 与 65nm Si CMOS 异质集成在一起。异质集成圆片如图 9-11 所示。

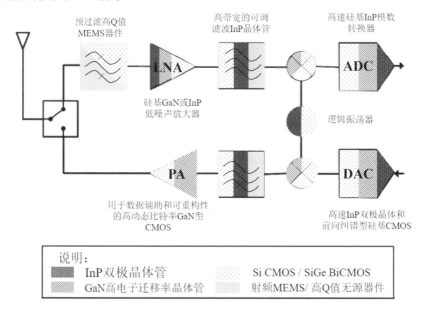

图 9-10　采用异质集成的典型收发器系统[288]

异质集成组件主要包括单芯片和多芯片封装（包括衬底）、集成光电子器件、集成电力电子模块、MEMS 和传感器集成、射频（RF）和模拟混合信号等。在本节主要为大家介绍异质集成射频器件和集成光电子器件。

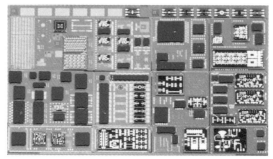

（a）DAHI 异质集成圆片显微照片[289]

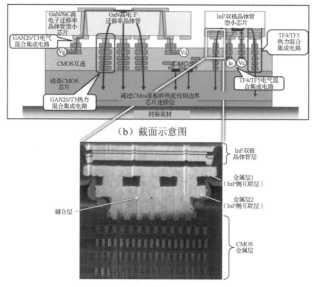

（b）截面示意图

（c）异质集成电路的FIB 截面[290]

图 9-11　异质集成圆片

9.3.1　异质集成射频器件

对于异质集成射频器件，Lee 等人[291]研究了一种基于玻璃的 3D-IPD（Integrated Passive Device）集成射频 ASIC（Application Specific Integrated Circuit），工艺流程如图 9-12（a）所示。具体操作主要包括以下几个关键步骤：玻璃圆片上制作 TGV（Through Glass Via）；TGV 金属化和填充；玻璃圆片正面制作 IPD 和凸点下金属层；圆片级封装，主要是将 ASIC 芯片在 C2W 级倒装在玻璃圆片上，然后进行圆片级塑封；玻璃圆片背部重新布线；布置焊料球和回流；最终切割成单颗芯片。最终集成器件的截面如图 9-12（b）所示。通过玻璃基可以实现最好的高 Q 值电感，而高 Q 值电感是实现高性能射频滤波器的一个关键因素。随着移动和手持设备所需的功能越来越强大，此集成方法可以容纳更多的频段，并且满足小尺寸的要求，具有小尺寸和高性能优势。

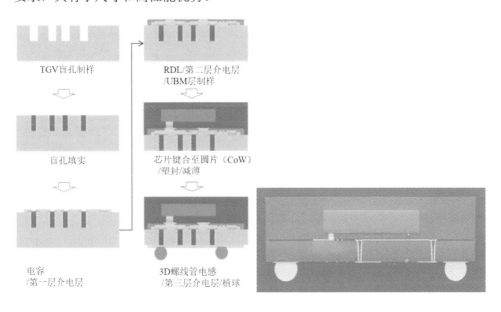

TGV盲孔制样　　　　　　RDL/第二层介电层/UBM层制样

盲孔填实　　　　　　芯片键合至圆片（CoW）/塑封/减薄

电容/第一层介电层　　　　3D螺线管电感/第三层介电层/植球

（a）工艺流程　　　　　　　　（b）最终集成器件的截面[291]

图 9-12　异质集成射频器件

基于 TSV 的 3D 集成电路集成大大推动了不同功能层之间的异质集成[135,292]。如今高信号传输速率、低功耗的 SiGe/CMOS 圆片技术，可以用来设计和制作具有多种元素、小尺寸的芯片，并且这种芯片具有多种多样的芯片上波束成形功能。Malta 等人[293]在 SiGeBi CMOS 波束成形芯片上通过 Via-last 型 TSV 垂直堆叠玻璃基板，而玻璃基板上包含射频中介层和贴片天线阵列。3D 集成相位阵列器件的截面示意图如图 9-13（a）所示。关键制程为 SiGe 波束成形圆片依次经过后通孔制作、临时键合/拆键合、RDL、微凸点制作并切割成单颗芯片。玻璃圆片也形成微凸点并切割成单颗芯片，然后 SiGe 波束成形芯片与玻璃芯片键合形成 3D 集成相位阵列器件，SEM 图及集成后外观形貌如图 9-13（b）和（c）所示。此异质集成方案的目标为开发 W-波段有源电子扫描阵列（Active Electronically Scanned

Array，AESA）雷达系统，提高在恶化的视觉环境（Degraded Visual Environments，DVE）中操作旋翼飞机的高级成像和感测能力。

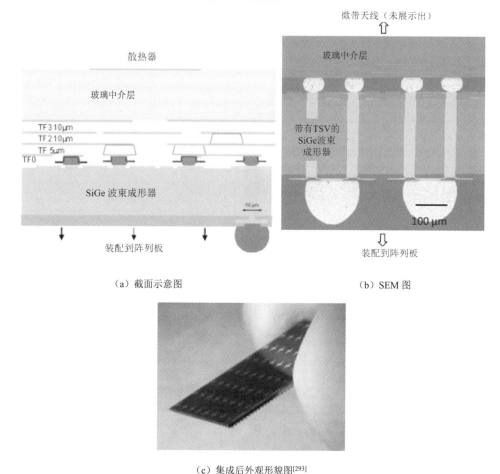

（a）截面示意图　　　　　　　　　　　（b）SEM 图

（c）集成后外观形貌图[293]

图 9-13　3D 集成相位阵列器件的截面示意图、SEM 图和集成后外观形貌图

9.3.2　集成光电子器件

近年来，为了满足数据中心在提高数据速率和降低成本方面的需求，硅基光学（Silicon Photonics）器件已经成为光收发器批量生产的解决方案。Durel 等人[294]首次展示了用于 Si 光子应用的分布布拉格反射器（Distributed Bragg Reflector，DBR）激光器件，其示意图如图 9-14 所示。光子芯片埋置在 SOI 中，而Ⅲ-Ⅴ圆片在另一侧与 SOI 圆片键合堆叠。这种创新方法允许将 CMOS 兼容的电气互连与

光源 3D 集成于相同的芯片上。光学表征证实此集成所得器件的单波长行为可以实现边模抑制比（Side Mode Suppression Ratio，SMSR）达 35dB 的激光输出，并且可以调整超过 4nm。

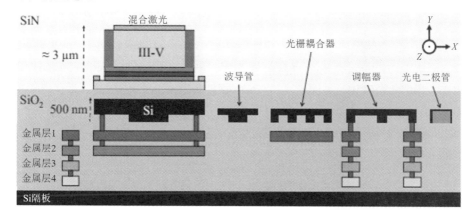

图 9-14　DBR 激光器件示意图[294]

9.4　无凸点 3D 集成电路集成

一直以来，3D 集成电路集成广泛采用 Sn 基钎料微凸点和 TSV 实现高效的垂直互连。然而，当钎料凸点间距持续减小到 20 μm 后，热压键合过程中的细微倾斜将使钎料变形挤出而发生桥连短路；同时，液-固反应形成的 IMC 将占据凸点大部分体积而转变为脆性连接；并且，表面扩散及克肯达尔孔洞等问题的影响急剧增加，互连间距难以进一步缩减[233, 295]。无凸点铜-铜直接键合，如图 9-15 所示[296]，可实现：①刚性互连，避免桥连问题；②与集成电路后道工序及 TSV 铜互连相兼容；③芯片堆叠中多次热压工艺无影响（铜熔点 1083℃）；④无脆性相 IMC 形成；⑤优异的电、热、机械和抗电迁移性能。因此，无凸点铜-铜直接键合应用于超细间距（<10μm）芯片垂直互连具有无可比拟的优势。

近年来在低温铜-铜直接键合技术方面的研究已取得一系列进展。采用 H_2+Ar/N_2 混合气体在 175℃ 处理 30min 后，铜-铜键合工艺温度可低至 200℃（175℃ 30min 键合+200℃ 1h 回火）[167, 168]。然而，甲酸气体原位 Pt 催化（HCOOH ⟶ CO_2+2H）形成的 H 自由基团，用于去除铜表面氧化物后，铜-铜可在 200℃热压 5min 实现键合，并无须回火处理，键合剪切强度超过 10MPa[142]。同时，研究人员还提出采用自组装单分子层（Self-Assembled Monolayers, SAM）[297]及 Ti[298]、Au[299]和 Pd[300]等金属层作为铜表面保护膜，可实现 140～300℃热压条件下的铜-铜键合，其键合剪切强度可高达 200MPa。采用表面激活键合（SAB）技术甚至可在高真空环境下实现室温铜-铜直接键合，且无须回火处理。在芯片级封装中采用 SAB 技术实现了 3μm 特征尺寸及 6μm 间距的芯片垂直互连，如图 9-16 所示[301]。另外，由于原子的固态扩散与晶粒取向相关，铜原子在（111）晶面的表面扩散速率比在（100）或（110）晶面的大 3～6 个数量级，因此采用（111）择优取向的纳米孪晶铜可在 150～200℃热压 10～60min 条件下实现铜-铜键合，如图 9-17 所示[140]。这些低温铜-铜直接键合技术的快速进步，推动了无凸点 3D 集成电路集成的发展。

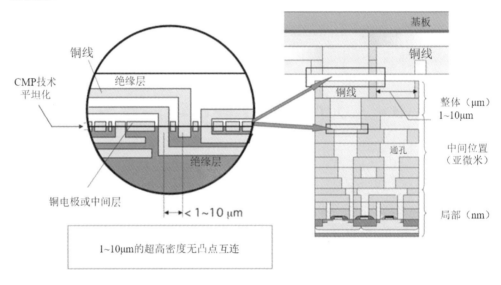

图 9-15　无凸点铜-铜直接键合示意图[296]

2020 年，台积电对外公布了其基于无凸点 3D 集成电路集成的低温集成片上系统（Low-Temperature-System-on-Integrated-Chip, LT-SoIC）先进封装技术[302]，其铜-铜键合工艺温度与无铅焊料回流工艺温度相当。LT-SoIC 集成采用超薄芯片，以实现高深宽比和高密度的 TSV 互连。为此，台积电提出并优化了两条工艺路线：①C2W 键合后再背面露铜（TSV Reveal Last）。首先芯片面对面铜-铜键合，随后对芯片背面减薄，背面露铜后沉积绝缘层和铜盘，再次与另一芯片铜-铜键合并重复以上工艺，实现芯片堆叠。②背面露铜后再 C2C 键合（TSV Reveal First）。

首先将圆片临时键合于玻璃载板进行背面减薄，背面露铜后沉积绝缘层和铜盘，圆片与载板拆键合后切割成单颗芯片，单颗芯片再分别进行铜-铜键合以实现芯片堆叠。对采用传统微凸点 3D 集成电路与无凸点 LT-SoIC 集成的 12 层存储器进行对比，如图 9-18 所示。无凸点 LT-SoIC 集成的存储器在 Z 方向尺寸下降可达 64%，届时带宽密度增加 28% 而能源消耗下降 19%[302]。同时，在热循环测试 200 个周期后，LT-SoIC 集成的存储器电性能无明显下降，说明铜键合具有较好的热机械可靠性。因此，无凸点 3D 集成电路集成技术可实现超高带宽密度的芯片垂直互连，继续推动芯片向高性能、微型化和低功耗方向发展。

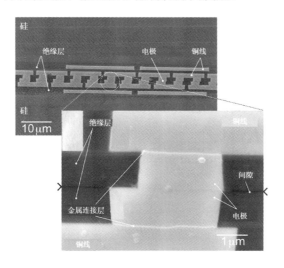

图 9-16　无凸点铜-铜直接键合实现 6μm 互连间距[301]

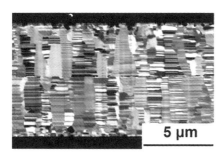

（a）横截面形貌

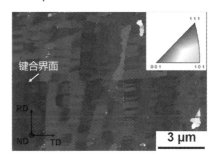

（b）晶粒取向图谱

图 9-17　择优取向（111）纳米孪晶铜低温键合界面[140]

封装类型 (控制器+**12*DRAM**)		典型3D	LT-SoIC 3D		
结构	键合技术	微凸点	LT SoIC 键合		
结构	Z方向参数 （芯片厚度）	1X (50μm)	0.64X (45μm)	0.50X (35μm)	0.36X (25μm)
电气 性能	带宽密度 （带宽/面积）	1X	1.18X	1.27X	1.28X
电气 性能	功耗 （能量/位宽）	1X	0.92X	0.86X	0.81X

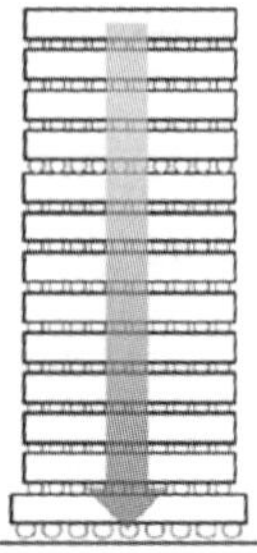

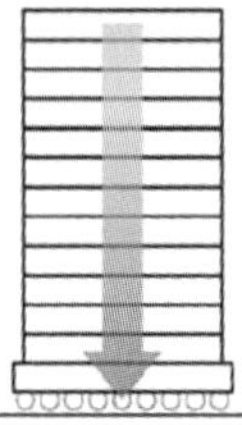

图 9-18　微凸点 3D 集成电路与无凸点 LT-SoIC 集成的 12 层存储器对比[302]

9.5　3D 集成模块化整合

随着芯粒及芯片模块化思想的提出，芯片设计、工艺制程和封装测试由单片一体化向多模块灵活整合发展。芯粒集成示意图如图 9-19 所示[303]。因此需要对不断推陈出新的先进封装技术进行相应的模块化整合。在此背景下，台积电推出了 3D Fabric™ 技术整合平台。3D Fabric™ 由前端和后端封装技术组成。前端为 SoIC 技术，后端技术包括 CoWoS 和 InFO 系列封装技术，台积电前端及后端 3D 集成结构示意图如图 9-20 所示[38]。相较于基于 TSV 并面向高端市场的 SoIC 和 CoWoS 技术，InFO 技术是平衡芯片性能及封装成本的折中方案，InFO 的设计和制造难度相对更低，概念接近 2.5D 集成，采用 RDL 及模塑料形成的有机中介层替代 TSV 硅中介层，在芯片性能变化不大或稍有下降的同时大幅降低芯片制造成本。InFO 通过 RDL 将芯片 I/O 进行扇出互连，大幅增加 I/O 接口；同时，可融合叠层封装等系统封装技术将处理器和存储器等进行系统集成，大幅减小封装芯片厚度，实现高密度芯片封装。台积电 InFO 技术已用于苹果 iPhone 7 系列手机的 A10 应用处理器封装，其量产始于 2016 年。事实上，封装技术整合的关键在于实现多尺度多维度的芯片互连，芯片在水平方向上可通过硅中介层、有机基板及

RDL 等技术实现几百微米到亚微米线宽/线距的多尺度互连,而芯片在垂直方向的互连整合了 TSV、钎料凸点、铜柱凸点及无凸点铜-铜键合等多种互连技术。因此,3D Fabric™ 技术可通过这些多尺度的 3D 互连将不同尺寸、材料、制程和功能的芯粒整合到一个芯片集成封装体中,从而提高带宽、延迟和电源效率,为高性能计算、人工智能和智慧终端等提供更小尺寸和更高性能的芯片。其优势在于模块化灵活制造,客户可以在模拟、射频等不常更改或扩展性不大的模块上,采用更成熟、更低成本的集成电路工艺技术,而在核心逻辑芯片上采用最先进的集成电路工艺材料和技术,既节约了成本,又缩短了新产品的研发周期。

图 9-19　芯粒集成示意图[303]

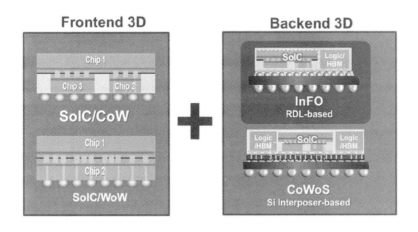

图 9-20　台积电前端及后端 3D 集成结构示意图[38]

与台积电类似,英特尔也顺势整合推出了包括 2.5D 嵌入式多芯片互连桥接 EMIB 技术[26]、基于 3D 集成电路集成的 Foveros 技术[304],以及将 EMIB 与 Foveros

相结合的 Co-EMIB 技术在内的多种先进封装技术模块，如图 9-21 所示。EMIB
封装技术的基本概念是将具有多层 BEOL 铜互连的薄硅片（厚度<75μm）嵌入有
机基板，随后在有机基板上制备互连通孔以替代 TSV，并结合微凸点技术以实
现局部高密度芯片互连[26]。为此，英特尔开发了相应的高精度硅片减薄/切割/拿
持技术、有机基板上制备槽体和通孔技术及多尺度微凸点混合互连技术。相比于
基于 TSV 硅中介层的 CoWoS 技术，EMIB 技术的优势在于不需要在大尺寸硅中
介层上制备 TSV，因此工艺相对简单，成本更加低廉。基于 EMIB 封装技术的
Kaby Lake 处理器于 2017 年发售。而 Foveros 是基于 Via-middle 型 TSV 及铜柱
微凸点的技术，可将高性能存储器与逻辑芯片进行面对面堆叠。微凸点特征尺寸
可小至 25μm，实现 50μm 间距的高密度互连。经过 SiN 绝缘层及微凸点应力工
艺优化后，Foveros 集成实现了良好的热机械及抗电迁移可靠性。英特尔采用 3D
Foveros 封装技术的 Lakefield 处理器于 2020 年投入市场。

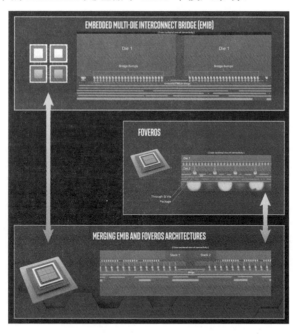

图 9-21　英特尔 3D 集成技术模块布局[26, 304]

EMIB 可将多芯片进行横向互连，让不同尺寸、类型和功能的芯片像拼图一
样在 2D 方向上拼接起来；Foveros 则是纵向堆栈，就好像盖高楼一样将芯片在垂
直方向上进行堆叠；将 EMIB 与 Foveros 结合的 Co-EMIB 技术则既可以让芯片横

向拼接，同时每层横向拼接的芯粒又可以在垂直方向上进行堆叠。英特尔将这些封装技术模块整合叠加，能带来更大的可扩展性和灵活性。面向未来的模块化芯粒设计趋势，英特尔结合新的设计方法和先进的封装技术模块，将关键的架构组件拆分为单独芯粒。将以前按照功能性来组合片上系统（SoC）的思路，转变为按芯片模块来进行组合。原来需要放到一个 SoC 芯片上做的方案，现在可以转换成多芯粒集成来做。并且，不仅可以利用英特尔的多节点制程工艺，也可以利用合作伙伴的工艺。这些分解开的芯粒再通过 3D 集成技术模块实现灵活整合，芯片产品具有设计成本低、速度快、带宽足和低功耗的优势。

除了台积电和英特尔，三星也在逐步完善其先进封装模块布局。2020 年 8 月，三星公布了其 3D 集成技术"eXtended-Cube"，简称"X-Cube"，通过 TSV 进行互连。据三星初步披露，X-Cube 测试芯片可将静态随机存储器（Static Random Access Memory, SRAM）芯片堆叠在逻辑 SoC 芯片上，从而能腾出更多空间来堆叠更多内存，以满足 5G、高性能计算、移动和可穿戴设备等前沿应用领域的严格性能要求。

9.6　本章小结

随着更高密度、更大频宽与更低功耗的需求日益增加，基于 TSV 的 3D 集成电路技术使得芯片在 3D 方向上堆叠，以更小的体积、更低的功耗，实现更加丰富、强大的功能，是实现"拓展摩尔定律"的关键技术。相对于 SoC 2D 系统，基于 TSV 和微凸点的 3D 集成电路具有成本低、功耗小、高速互连、高频宽及微型化等诸多优势，光子学或 MEMS 等新兴技术也将会整合到 3D 集成电路集成中。目前 3D 集成电路堆叠的方法最主要有 C2C、C2W 和 W2W 三种，三种堆叠方式各有优劣。随着集成电路技术的进步和对新材料的研究，W2W 将是降低成本、提高集成效率的重要集成方法。对于 3D 集成电路的应用，目前正在批量生产的产品有基于 TSV 堆叠的存储器、混合立方存储器、Wide I/O DRAM、HBM 及 2.5D 集成电路集成等。异质集成是将 CMOS 工艺中不能共存的多种材料集成堆叠在一起，它已成为 3D 集成电路应用的一个重要方面。

目前正在开发的无凸点 3D 集成电路集成技术可实现超高带宽密度的芯片垂

直互连，继续推动芯片向高性能、微型化和低功耗方向发展。对采用传统微凸点 3D 集成电路与无凸点 LT-SoIC 集成的 12 层存储器进行对比，无凸点 LT-SoIC 集成的存储器在 Z 方向尺寸下降可达 64%，带宽密度增加 28%，而能源消耗下降 19%。在热循环测试 200 个周期后，LT-SoIC 集成的存储器电性能无明显下降，说明铜-铜键合具有较好的热机械可靠性。

今后，人们对 3D 集成电路技术的研究将更加深入，因为其不仅需要在诸如高深宽比 TSV 制作及圆片级键合等关键技术上改良，还需要在设计、工艺整合及 3D 集成电路标准等方面同时进行根本性的变革。

第10章

3D 集成电路的散热与可靠性

3D 集成技术通过在垂直芯片（Z 方向）上采用 TSV 互连方式实现上下层之间的通信，能实现多芯片、异质芯片集成等多层堆叠的 3D 集成[305]。3D 集成技术使器件具有封装尺寸小、功能强、互连线短、带宽高、信号延迟低等优良特性，能够解决传统 2D 集成电路的瓶颈问题。但随着集成度的增加，3D 集成结构复杂度上升、具有包含不同材料的多层结构，并可能同时集成多个有源器件，因而热管理问题突出。构成器件的各层材料中，介电层材料的导热性很低，层与层之间的黏结材料热导系数不高，并且有界面热阻的影响，阻碍了芯片层的热量向外界环境的传输，导致 3D 集成器件发热问题严重，显著降低芯片封装的可靠性。因此，高效的热管理是 3D 芯片集成封装面临的重要挑战之一，也是 3D 集成电路集成的研究热点问题。

芯片技术的高速发展在不断增加 3D 集成电路散热的难度。面向 5G 等应用的新一代集成电路在工作频率、集成度、复杂度上不断提高，使集成电路的功耗急速增加。功耗的增加将直接导致集成电路在正常运行时温度上升快速，造成电路运行参数飘移，降低 CMOS 电路的驱动能力，增加互连时延，增大漏功耗，影响芯片的正常工作。同时，芯片温度上升会影响集成电路的正常工作寿命，甚至烧坏芯片。要使芯片降温，需要增加额外成本。此外，TSV 铜导体的电阻率会受到温度变化的影响，硅片中的载流子迁移率也会受到温度变化的影响进而导致硅衬底电导率的变化，这些都会影响器件及整个 3D 集成电路的性能及可靠性。因此，解决 3D 集成中的散热问题是提高器件可靠性的关键，芯片温度控制是 3D 集成电路重要的设计目标，尤其是当多个高功率芯片进行系统集成时，热管理极具挑战性。

10.1　3D 集成电路中的热管理

集成电路热管理是对器件散热进行规划的措施和方法，为确保产品的高可靠性，采用 3D 集成电路集成封装技术时应考虑其热管理指标。所有集成电路在有功耗时都会发热，为了保证器件中芯片上的结温低于最大允许温度，经由封装从集成电路到周围环境的高效散热十分重要。为了进行有效的热管理，对温度的分布和热传导进行分析和预测是热管理设计中非常关键的一个步骤。在 3D 集成中分析通常采用热阻分析法和有限元分析法。

10.1.1　热阻分析法

在讨论封装的热传导能力时，可以从热阻出发，定义热特性的重要参数。热阻是材料对热量传导的阻碍能力，用单位热量单位时间通过材料所导致的温度降低来表征，是描述物质热传导特性的一个重要指标。集成电路封装的总热阻是衡量封装将管芯产生的热量传导至电路板或周围环境的能力的一个标准。给出不同两点的温度，则从其中一点到另外一点的热流量大小完全由热阻决定。如果已知一个集成电路封装的热阻，则根据给出的功耗和参考温度即可计算集成电路的结温。

对于 3D 集成电路集成，可以把集成器件中的每一个组件和界面分别看成一个热阻，通过合理的简化，形成一个热阻网络，进行热阻网络分析。采用 3D 热阻网络分析方法，基于系统内部各平面的温度和热量彼此存在差别，其温度和功率密度矢量与空间三个维度方向有关。与垂直器件方向（Z 方向）上的传热相比，水平方向上热量的流动明显比较小，为简化问题，每层热阻常作为恒定值来处理。因此，可将器件划分为一系列的节点，这些节点由热阻互相连接，形成一个 3D 热阻网格进行分析。当给定器件热源功率后，可以通过分析获得任意两个节点之间的温差。

10.1.2　有限元分析法

有限元法是进行热分析的常用数值计算分析方法，通过将分析对象离散化，求解弱形式的热传导微分方程，获得结构内任意一点的温度变化。有限元分析可计算器件中的温度分布，与热阻分析法相比，建立 3D 集成电路集成结构进行有限元分析，所需计算规模比较大，尤其是当 3D 集成电路集成中包含了大量 TSV 在内的微纳互连结构时。因此，为了有效进行 3D 集成电路集成热管理，可以结合有限元分析和热传导理论，采用均匀化模型降低分析规模[305, 306]。

3D 集成电路集成热管理中，热设计主要通过热阻分析法、有限元分析和测试等方法，计算、模拟和测量得到组件中各元器件的温度和温度分布。合理的热设计前提是必须掌握整个封装的热场分布，即需要有准确的热分析技术。工业界通常针对一个具体设计方案进行计算和分析，获得温度场分布及其极值点，反馈至布线、结构、材料性能要求等热设计过程中，提供具体的改进方案，形成一种设计、分析、再设计、再分析的工作流程，不断改善 3D 集成电路集成封装体的散热性能，最终达到设计要求。

10.2　3D 集成电路散热影响因素与改进

3D 集成电路集成中芯片产生的热量主要散热通道是由芯片热生成区通过封装结构到达器件的外表面，然后通过对流和辐射的方式扩散到周围环境中。因此，3D 集成电路的热管理涉及热源、热传导途径和散热环境三个主要部分。围绕这三个主要部分，解决 3D 集成电路封装的散热问题需要从器件内部和外部两个方面展开。

（1）芯片的低功耗设计：在如今流行的移动计算处理、大数据处理的情况下，如何进行低功耗设计来降低系统能量耗费和节约成本是重中之重。需要在保证性能的前提下，尽可能地节省集成电路功耗、降低集成电路发热率，提高集成电路的可靠性。

（2）弱化芯片热点效应：芯片设计时要避免热点的出现，使整个芯片的热量分布尽可能均匀。

（3）结构优化热量分布：进行芯片在传导、对流作用下 3D 封装结构的热阻网络模型分析或有限元分析，通过计算、仿真找出影响 3D 封装散热效果的关键因素；通过对散热过孔的拓扑优化和参数优化来获得最佳的散热效果，研究多芯片堆叠时功率分配不同对 3D 封装温度分布的影响，综合优化和功率分配的研究成果得到散热效果最优的 3D 封装结构。

（4）微结构改变：在微结构改变方面有许多方法。例如，在芯片高功率区域设计用于导热的 TTSV，TTSV 不传输信号，仅用于导热，它能显著增强热量向周围环境的传导（占用芯片面积）。但其排列及数量需要结合热分析进行设计。

（5）提高封装材料、界面材料热导性能：材料和界面的热阻对散热影响很大，在叠层元件之间增加高导热系数材料，如石墨烯复合材料等；采用改进的低热阻成型材料，加快芯片内部热量传导，改进散热效果。

（6）散热结构：增加热沉等外部散热结构，或采用低热阻 PCB 板等改善热传导效率。

（7）外部冷却装置：使用强风冷却、液体冷却、相变制冷等外部散热技术，实现高速冷却。

10.3　TSV 电学可靠性

在高速电路中，串扰现象是非常普遍的。如果不能合理地处理这些串扰，则很可能会破坏集成系统的时序，产生诸如振转、反射、近端串扰、开关噪声、非单调性、地弹、衰减及容性负载等问题，并对互连通道中的信号波形产生不利的影响，进而干扰系统的正常工作，这些现象称为信号完整性问题。3D 集成电路集成中采用 TSV 垂直互连显著减小互连线长度，大大降低信号在传输过程中的损耗，提高了信号的完整性。但是 TSV 周围仍可能存在寄生效应，寄生电容和寄生电阻会使一部分信号泄露，除了结构优化，使用新材料抑制寄生效应来提高信号的完整性也是一个重要的研究方向。高速传输电路的信号中如果出现噪声，就会极大地影响系统的性能，因此研究抑制噪声耦合就变得至关重要。当前抑制噪声耦合的方法主要是改变结构，如使用节隔离环、深阱隔离环和屏蔽等，将噪声与信号隔离开，使一部分噪声被这些屏蔽结构直接吸收，从而提高系统的隔离度。

随着微电子半导体制造技术的不断进步，圆片的尺寸也变得越来越大，芯片时钟的周期变得越来越小。但是，互连线信号延迟、线距缩小导致的噪声和串扰等问题严重制约了集成电路的快速发展。在 3D 集成电路中，要想设计出高速信道并进行信号完整性分析，需要建立电学模型，准确分析电学性能，结合其他电路，才能评估系统整体的电学性能。分析方法包括建模和仿真、等效电路模型及解析方法。解析模型可以给出每一个寄生元件的物理意义，有助于理解电性能中的功耗、延迟和噪声耦合等问题。

当两条互连线并排分布时，如相邻两个 TSV，彼此之间就会产生一定的耦合电容或耦合电感，耦合噪声就会相应地产生。耦合噪声问题是芯片内部最常见也是最重要的信号完整性问题之一，它可能引起门电路的误触发，导致系统无法正常工作。TSV 之间的耦合分为电容耦合和电感耦合。电容耦合是相邻互连线上的电压变化，在互连线上会引起感应电流而产生电磁干扰；电感耦合则是相邻互连线上的电流变化产生磁场，在互连线上产生感应电压进而产生一定的电磁干扰。目前芯片内部电容耦合是最主要的因素，由于互连线间的寄生电容很大，所以电容耦合产生的噪声会严重影响系统的性能。当芯片速度高达几十吉赫兹时，电感耦合的作用将会变得十分明显。

目前，由于对高带宽的要求逐渐增加，越来越多的信号被集成在有限的 2D 平面上，从而增加了密度。密度的增加虽然有利于减小芯片的面积，但是 TSV 之间信号噪声耦合的强度也在不断增强。有些射频电路对噪声有严格的要求，所以其中的耦合噪声对信号的完整性和系统的性能都产生了严重的破坏，现在的噪声耦合已经成为了 3D 集成电路的一个主要问题。

随着时钟频率的日益提高，信号完整性问题随之日趋严重，当时钟频率超过 100MHz 时，信号完整性变得尤其重要。高频甚至微波频率范围内的 3D 集成系统，其内部的各个功能模块的作用及工艺技术不尽相同，因而其对模块间时序的良好转换有着更高的要求，使得信号完整性问题更为严峻。因此，引入 TSV 的 3D 高速互连系统中的信号完整性问题需要重点关注。

10.4　TSV 噪声耦合

在集成密度很高的阵列中，TSV 之间常常会产生严重的噪声耦合串扰。噪声耦合主要分为两种方式，一种是 TSV 与有源电路之间通过衬底的噪声耦合，另一种是不同信号之间的噪声耦合。TSV 结构中，金属导体外面包裹着一层很薄的氧化物绝缘层，从而产生了较大的寄生效应，即在金属导体与衬底之间有较大的寄生电容，使电流通过寄生电容进入衬底中。由于衬底可以导电，流到衬底中的电流就可以直接对衬底中的有源电路或者互连线进行干扰，使系统的性能降低。反之，有源电路或者衬底中的噪声也可以通过寄生电容耦合到信号中。另外，3D 集成电路在工作过程中带来的温升也直接影响电路的性能。由于铜的电阻率受温度变化的影响，因此 TSV 铜导体的寄生电阻也受到温度变化的影响。高频条件下，TSV 的半径、工作频率都对寄生电阻有显著的影响。

为了提高 3D 信号通道中高速信号的传输质量，可根据 TSV 3D 信号通道不同的工作频率范围，采用不同的阻抗匹配方案。在数吉赫兹的频率范围内，可采用集总电容实现阻抗匹配；当工作频率升高到微波范围内（20GHz）时，一般采用分布式的切比雪夫多节阻抗变换器来实现不同芯片层互连线及 TSV 之间的阻抗匹配。

3D 互连中一般通过以下三种方法减小电路干扰：通过增加电阻大的绝缘层来增大电阻，通过增加硅片厚度或者正交布线来增加端口距离；添加小介电常数材料以减小寄生电容；通过提高铜电路均匀度、采取最优电路布线、保证良接触来减小寄生电感。在高频情况下，特别是当寄生电容的影响足够大，以至于可以抵消增大的绝缘层电阻影响时，增加绝缘层来减小干扰的效果不佳。

静电放电(Electrostatic Discharge，ESD)也可能对 3D 集成电路造成影响。ESD是指具有不同静电电位的物体互相靠近或直接接触引起电荷转移，从而产生静电放电电磁脉冲，可形成高电压、强电场、瞬时大电流，并伴有强电磁辐射。为防止 3D 集成电路集成器件受到 ESD 影响而损坏，应保证环境湿度，铺设防静电地板或地毯，使用离子风枪、离子头、离子棒等设施在一定范围内防止静电产生。应采用防静电塑料隔离半导体器件，操作人员应在手腕上带防静电手带等来避免ESD 的影响。

10.5　TSV 的热机械可靠性

TSV 结构是 3D 电路集成和器件集成封装的关键结构，TSV 是在硅片上刻蚀通孔，再由电镀铜填充通孔的 Cu-Si 复合结构，具有 Cu/Ta/SiO₂/Si 多层界面。由于 Si 和 Cu 的热膨胀系数失配超过 10ppm/K，所以在受到热载荷时，热应力很大，导致 TSV 器件热应力水平较高，可能引发严重的热机械可靠性问题。TSV 技术为 3D 集成电路集成提供了关键的连接，针对 TSV 可靠性问题进行系统的、实际 3D 集成电路集成器件的参数化研究，有助于 TSV 的可靠性设计。此外，电镀铜填充 TSV 后，常出现微缺陷，缺陷处的应力集中易导致 TSV 破坏，引起电连接失效。高密度封装中常包含上千个 TSV 结构，其直径一般为 10～100μm，每个 TSV 都是电信号通路，TSV 失效均可导致封装集成器件的失效。因此，单个 TSV 的可靠性研究有着十分重要的意义。

10.5.1　TSV 中的热机械失效

TSV 结构的热力学可靠性问题比较复杂，涉及工艺、材料、载荷条件等方面。由于应力是引起 TSV 结构失效的主要驱动力之一，因此，TSV 结构中不同材料之间的热失配应力、工艺过程累积的残余应力分析、TSV 制造过程中的缺陷等引起的局部应力集中，都是 TSV 热力学可靠性研究中关注的重要问题[305-307]。

应力引起的 TSV 可靠性问题主要有以下几个方面：硅中较大的应力可能严重劣化硅器件的性能，例如，100MPa 应力可引起金属–氧化物半导体场效应管（MOSFET）的载流子移动性变化 7%，因此在 TSV 周围高应力区[称为 KAZ（Keep-Away Zone）] 不宜布置 MOSFET，高应力甚至导致硅出现断裂破坏[308, 309]；与焊锡接点电迁移问题中电流密度起主导作用不同，TSV 中的高应力将导致更严重的电迁移现象，缩短器件寿命[310, 311]；TSV 中的不同材料界面通常是薄弱区域，高应力容易造成 TSV 界面的破坏，导致 TSV 器件产生漏电失效[312, 313]。

TSV 结构中，由于铜和硅热膨胀系数相差 6 倍，热变形导致铜胀出或者缩进硅表面。虽然铜胀出会释放部分应力，但会影响 TSV 界面的完整性，并导致 TSV 两端的 BEOL 层等结构遭到破坏[314, 315]。为了正确计算 TSV-铜在工艺过程和服役时的变形量，需要考虑 TSV-铜本身发生弹塑性变形及 TSV 界面上可能发生的滑动。铜与 TSV 界面之间可能存在界面摩擦滑移和界面扩散滑移两种滑移变形机制[314, 316]。这两种变形机制对 TSV-铜的变形量有不同影响。当 TSV 界面发生扩散滑移时，电流对 TSV-铜的变形量有显著影响；当电流方向与界面切应力方向一致时，铜的变形量显著增大，反之则能减小铜的变形[316]。

利用有限元分析方法可以对 TSV 结构中的应力和断裂等相关问题进行计算分析，辅助 TSV 可靠性设计。3D 集成电路集成结构复杂，包含了大量的 TSV 等微结构，受到计算限制，因此常采用简化后的 TSV 有限元模型。例如，针对单个 TSV 建立模型、采用 2D 模型等，进行应力计算和可靠性分析。这些方法往往过于简化，导致计算结果与实际情况有较大的差距。除了有限元等数值分析方法，也有针对简化 TSV 结构利用解析解来进行分析的方法[17]，但解析解很难分析完整的器件模型。针对建立较为复杂的、更接近实际器件结构的 3D 模型，用有限元法分析 3D 集成电路集成的热应力、温度变化导致的 TSV 胀出，以及 TSV 中介层中 TSV 热应力及其间距的影响等，研究人员发表了许多有价值的研究结果，但分析模型和计算量都非常大。针对复杂 TSV 微结构分别建立热传等效、应力等效模型不失为一种降低计算规模、可行的解决方案[317, 318]。

综上所述，3D 集成电路集成 TSV 面临的热机械可靠性问题，主要来源于不同材料之间的热膨胀系数失配。热膨胀系数失配将会受到器件在生产过程中温度变化的影响而产生较大的热应力，这种热应力不仅可能导致界面断裂失效，还可能导致载流子移动性减弱、电迁移问题的产生。3D 集成电路集成结构复杂，对包含大量 TSV 的器件的有限元分析也具有一定的挑战性。因此需要结合局部和整体的情况进行分析，以便于获得 3D 集成电路集成器件的内部应力分布，从而进行 3D 集成电路集成器件的可靠性设计。

10.5.2　TSV 热机械可靠性影响因素

采用有限元分析方法，结合子模型和等效模型，可以对含有 TSV 的 3D 集成电路集成器件进行参数化分析，从而获得关键因素。由于存在大量的 TSV 等微结构，用有限元进行整体模型分析时，计算规模巨大。利用热传等效和应力等效模型进行分析，可以显著减少计算量，降低计算成本。以 2.5D TSV 中介层集成器件为例，通过对 TSV 中介层封装器件整体模型热应力、参数化和结构优化进行分析和研究，可以获得影响 TSV 热机械可靠性的主要因素。

在 2.5D 或 3D 集成电路集成中，以 TSV 中的应力为研究对象，可能的影响因素主要有 TSV 直径、底填料的杨氏模量、TSV 节距、底填料的 CTE 等。通过有限元分析发现，在 TSV 中介层边缘、芯片和中介层的交界位置，TSV 中的应力较大；

TSV 中的热应力随着 TSV 直径增加而增大，可能导致可靠性问题，因此，减小 TSV 直径能降低应力，例如，采用直径小于 30μm 的 TSV；为避免相邻 TSV 之间的应力相互影响，TSV 面内排列设计时，TSV 节距与其直径的比值应当不小于 2.5。对各种影响因素进行优化，可通过正交实验（通过有限元分析获得因素组合的结果）和主因素分析/完全因子分析等统计分析方法获得影响的大小和优化结果。

　　TSV 电镀填充过程出现的缺陷，也是影响 TSV 性能和可靠性的主要原因之一。有限元分析也能对电镀铜填充 TSV 中可能产生的缺陷（见图 10-1）附近的应力进行分析。针对一个典型的含 TSV 中介层的 2.5D 集成器件，采用有限元子模型方法分析了 TSV 中缺陷附近的应力，进而考察了 TSV 位置、缺陷的位置和缺陷的长径比等关键因素的变化对应力的影响。研究发现，距离器件中心不同位置的 TSV 受到缺陷的应力影响是相近的，而位于 TSV 中不同位置的缺陷的应力影响是不同的，在相同载荷、缺陷尺寸条件下，靠近 TSV 底部的缺陷导致的最大应力的影响要小于位于 TSV 顶部的缺陷导致的应力影响；缺陷长径比的不同对应力有较大影响，长径比越大则应力越大，满足二次多项式关系，即缺陷宽度一定，缺陷越长则应力越大。上述影响规律可作为控制缺陷影响的参考，在制造时应当消除影响过大的缺陷。

（a）光镜照片　　　　　　　　　　（b）FIB 切开后的电镜照片

图 10-1　TSV 中缺陷的光镜照片和 FIB 切开后的电镜照片

10.6 3D 集成电路中的电迁移

电迁移现象是指集成电路工作时，金属线内部有电流通过，在电流的作用下金属离子产生物质运输的现象。电迁移可导致金属线的某些部位出现空洞从而发生断路，或者一些部位由于物质输运出现晶须生长或小丘造成电路短路。芯片的集成度越来越高，芯片上的金属互连线变得更细、更窄、更薄，电流密度不断增大，导致其电迁移现象成为严重的可靠性问题之一。3D 集成电路集成中的各种互连结构，如再布线、通孔、微凸点位置等也可能出现电迁移失效问题。

3D 集成电路正常通电工作时的发热或外界环境的影响会导致温度分布，从而在器件内部产生热失配应力。由此，器件内部存在的温度梯度和热应力梯度可能会驱动原子运动，产生物质输运现象，进一步加速电迁移失效的发生。温度梯度和热应力梯度造成的影响，通常称为温度迁移和应力迁移，往往伴随着电迁移同时发生。它们与电迁移现象密切相关，因此本节将讨论其对电迁移的影响。

10.6.1 电迁移现象

电迁移问题由来已久，早在 100 多年前法国科学家 Gerardin 就发现了电迁移现象，此类问题第一次被大家关注是在 20 世纪 60 年代封装开始出现时。最早的商用集成电路大约运行 3 周就出现了电迁移导致的失效，引起了业界对该问题的重视。Motorola 的 Jim Black 在薄膜中观察到了电迁移[319]，并通过实验得出铝线出现电迁移失效的平均时间公式[320]，称为 Black 公式。电迁移研究贯穿了半导体工业发展的初期，当时集成电路中的金属连线大约是 20μm 宽。现在的 3D 集成电路集成中的金属互连仅有数百至数十纳米的宽度，金属连线中电流密度增长迅速，这使得对电迁移的研究越来越重要。

当金属导体中通过大电流密度时，静电场驱动电子从阴极向阳极高速运动。金属原子受到猛烈的电子流冲击，形成了电子风力 F_{wd}。同时，金属原子还受到静电场力 F_{el} 的作用。原子受力及其机理如图 10-2 所示。

当互连引线中的电流密度较高时，大量电子碰撞原子所产生的电子风力 F_{wd} 大于静电场力 F_{el}。因此，金属原子产生了从阴极向阳极的受迫的定向扩散，即发生了金属原子的电迁移。原子受到的合力即电迁移驱动力可表示为

$$F_{en} = F_{wd} + F_{el} = Z^* e \rho j \qquad (10-1)$$

式中，F_{wd} 为电子风力；F_{el} 为电场力；Z^* 为有效电荷；ρ 为电阻率；j 为电流密度；e 为单个电子的电量。

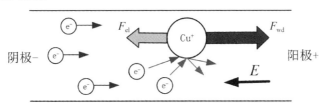

图 10-2　原子受力及其机理

大电流密度导致的电子风力占主导地位，是原子移动的驱动力。当驱动力使原子获得的能量超过激活能 E_a 时，发生物质输运过程，物质移动方向与电子移动方向相同，即从阴极向阳极移动。互连结构中有不均匀的结构，如连线的端点、连线方向改变的转折位置、连接尺寸出现突变及金属材料晶粒变化等，均可能导致局部电流密度的突变，使得金属连线局部出现孔洞，产生显著的电迁移现象。典型的三种电迁移失效问题如图 10-3 所示，分别是连线耗尽层出现孔洞、通孔耗尽层出现孔洞及微凸点附近电迁移导致的微孔洞。

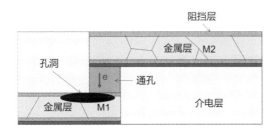

（a）连线耗尽层出现孔洞

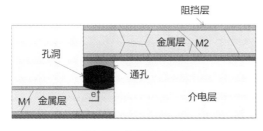

（b）通孔耗尽层出现孔洞

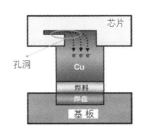

（c）微凸点附近电迁移导致的微孔洞

图 10-3　典型的三种电迁移失效问题

原子在多晶结构中的扩散主要有三种形式：晶界扩散、晶格扩散和表面扩散（见图 10-4）。多晶薄膜上晶界多，晶界上的缺陷数也多。沿着晶界金属原子激活能较小，通常基于晶界扩散机理的电迁移占较大比例。但是对于不同的金属材料和工艺，可能出现三种扩散形式分别主导的情况。对于铝合金，当温度 $T<0.5T_{melt}$（T_{melt} 为铝合金熔点）时，多晶铝合金导体中电迁移诱发的离子输运主要沿着晶粒边界（即晶界）进行。对于纯铜的金属化层，通过电迁移测试发现，离子的主要扩散路径为沿着两种不同材料的界面，即沿着铜的表面进行扩散，而不是像在铝合金中那样沿着晶界进行扩散。这是由于铜表面的氧化物 CuO 与铜基体之间界面的结合相对较差，使得界面为铜离子的迁移提供了高流动性通道，因此表面扩散占主导地位。对于微凸点结构，凸点中原子的扩散主要是晶格扩散，这是由于凸点合金的熔点低和原子的扩散率高，因此即使温度不高，凸点中的电迁移速率仍然很快。

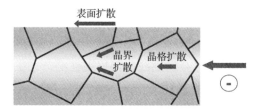

图 10-4　互连金属中原子扩散的方式

电迁移导致连线局部材料耗尽从而出现孔洞，该过程与温度密切相关。电迁移使原子朝一个方向运动，同时受到晶界结构的阻碍，导致在金属原子移动的轨迹上产生原子空位。空位的产生会造成布线层的断面面积减小，电流密度进一步加大，由焦耳热引起温度升高，空隙生长加速，最后形成宏观缺陷和空洞，最终出现断路失效。孔洞生长过程与温度相互增强的关系如图 10-5 所示。

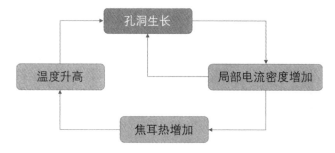

图 10-5　孔洞生长过程与温度相互增强的关系

器件线宽进入纳米时代后，集成密度不断提高，特征尺寸减小，使得电流密度不断增大，电流的焦耳热效应会引起金属连线电迁移加速，增加电迁移失效的可能性。电迁移一方面导致局部材料耗尽出现孔洞，引起断路失效；另一方面，由于物质输运过程的守恒性，金属移动堆积产生小丘，可能导致临近布线间或多层布线的层间出现短路故障。基于上述原因，电迁移相关的失效形式表现为：①在引线、微凸点内形成空洞，接触电阻增大；②空洞逐渐扩大，直至贯穿引线或互连凸点，形成断路；③导致界面强度下降；④在互连结构中形成小丘，造成相邻线路短路。

10.6.2　电迁移的基本理论

电迁移的过程即原子在驱动力作用下的移动导致了与电子流动同一方向的物质流。因此，与其他输运过程类似，电子迁移可以视为满足扩散定理的物理过程。因此沿着金属晶体结构随时间 t 的电子迁移，可以简化为一维的输运方程：

$$\frac{\partial c}{\partial t} = D \cdot \frac{\partial^2 c}{\partial x^2} \qquad (10\text{-}2)$$

式中，c 为原子/空位浓度；D 为扩散系数；x 为位置坐标。电流密度激励下的原子扩散速度 v 可以表示为

$$v = \frac{D}{kT} \cdot ez^* \rho j \qquad (10\text{-}3)$$

式中，k 为玻耳兹曼常数；T 为绝对温度；e 为单个电子的电量；z^* 为有效电荷；ρ 为电阻率；j 为电流密度[321, 322]。

扩散系数 D 表明了扩散的速度，它是一个与原子的尺寸、扩散物质相关，同时也和温度和压力相关的一个物理常数。结合晶格扩散和晶界的影响，扩散系数 D 可以表示为

$$D = D_v + \delta \cdot \frac{D_b}{d} \qquad (10\text{-}4)$$

式中，D_v 为晶格中的扩散系数；D_b 为沿着晶界的扩散系数，其中也考虑了晶粒的宽度 δ 和平均晶粒尺寸 d 的影响。一般情况下，扩散系数基于反应动力的表示为

$$D = D_0 \exp\left(-\frac{E_a}{kT}\right) \qquad (10\text{-}5)$$

式中，D_0 为饱和扩散系数；E_a 为激活能。激活能越低，迁移扩散过程越容易发生。对于铝和铜两种材料不同迁移路径（晶格、晶间和表面）的激活能如表 10-1 所示。

表 10-1　铝和铜不同迁移路径的激活能

迁移扩散过程	激活能/eV	
	铝	铜
晶格中迁移	1.2	2.3
晶间迁移	0.7	1.2
表面迁移	0.8	0.8

根据质量守恒，结合扩散速度式（10-3）和扩散系数式（10-5），可以得到电场作用下的原子迁移强度 J_E：

$$J_E = \frac{c}{kT} \cdot D_0 \cdot \exp\left(-\frac{E_a}{kT}\right) \cdot ez^*\rho j \qquad (10\text{-}6)$$

根据式（10-1），结合式（10-6）可以得到电迁移控制方程

$$\frac{\partial c}{\partial t} - \nabla \cdot J_E = 0 \qquad (10\text{-}7)$$

按照电迁移的控制方程，材料的主要物理特性决定了迁移扩散系数，进而影响金属导线电迁移的强弱。这些材料物理特性包括材料种类、材料微结构（如晶粒大小和分布）、薄膜的织构、界面形貌等，以及导线中电流强度和温度分布等。

10.6.3　温度和应力对电迁移的影响

3D 集成电路器件工作状态中产生的电迁移，往往伴随着温度和应力的变化。电迁移失效与温度的相互影响如式（10-6）所示。电迁移与应力之间也有相互影响的关系，应力一方面来源于电迁移：电迁移使得引线内部产生空洞和原子聚集，在空洞聚集处是拉应力区，在原子聚集处是压应力区，为了重新回到平衡态，原子在压应力的作用下，沿应力梯度方向形成回流。由于应力梯度引起的原子回流与电迁移的运动方向正好相反，所以阻碍了电迁移的进行。另一方面，由于外加温度场导致器件中产生的热失配应力，往往由于器件存在多种材料，造成热应力的不均匀分布，不均匀应力的梯度形成驱动力，引发应力迁移现象。在器件工作状态下，温度场、电场和应力场同时作用，因此这三类的迁移往往伴随发生。另外一种与组分浓度梯度相关的化学迁移现象与其他三种迁移现象相比很微弱，一

般忽略不计。固态物质输运过程中的多种迁移方式如图 10-6 所示。

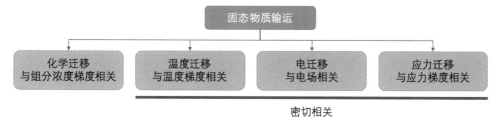

图 10-6 固态物质输运过程中的多种迁移方式

通过与电迁移类比，可以获得温度迁移和应力迁移的原子迁移强度。与电迁移类似，驱动力对应为温度梯度和应力梯度，则可以分别得到与温度迁移相关的原子迁移强度 J_T、与应力迁移相关的原子迁移强度 J_S，它们分别表示为

$$J_T = -\frac{cQ}{kT^2} \cdot D_0 \cdot \exp\left(-\frac{E_a}{kT}\right) \cdot \nabla T \qquad (10\text{-}8)$$

$$J_S = -\frac{c\Omega}{kT} \cdot D_0 \cdot \exp\left(-\frac{E_a}{kT}\right) \cdot \nabla \sigma \qquad (10\text{-}9)$$

式中，∇ 为哈密顿算符；Q 为传输的热量；Ω 为原子体积；σ 为机械拉伸应力。结合电场驱动的原子迁移强度 J_E 的表达式（10-6），考虑了温度迁移和应力迁移的总原子迁移强度为

$$J_a = J_E + J_T + J_S \qquad (10\text{-}10)$$

将方程（10-7）的原子迁移强度 J_E 换成总的原子迁移强度 J_a，则得到考虑了温度和应力影响的控制方程。

10.6.4 电迁移失效模型

通过求解电子迁移的控制方程可以得到原子/空位分布随时间的变化，由此可以估计电迁移的实效寿命。然而，这个求解过程比较复杂，影响因素很多。另外一个思路是结合电迁移理论，通过实验获得电迁移失效平均寿命（Mean Time to Failure，MTF）的经验公式。Blech 公式就是针对铝导线电迁移研究建立的失效物理模型，得到了广泛的应用，其一般形式可以表示为

$$\text{MTF} = \frac{A_0}{(j - j_c)^n} \exp\left(-\frac{E_a}{kT}\right) \qquad (10\text{-}11)$$

式中，A_0 为与工艺流程、材料相关的系数，随器件的不同而改变，反映了不同器件中金属化层微观结构的差异。电迁移失效机制一般采用的是对数正态失效时间分布模型。n 为电流密度指数。一般对于铝合金，$n=2$；对于铜，$n=1$。j_c 为临界电流密度，只有当电流大于 J_c 时才会发生电迁移损伤。由 Blech 长度方程可以得到 j_c，$(J \cdot L)_c = A_{Blech}$。对于铝合金，$A_{Blech} \approx 6000 A/cm$；对于铜，根据周围介电层和阻挡层材料的机械强度不同，$A_{Blech} \approx 1000 \sim 4000 A/cm$。若测试导电条带长度大于 $250\mu m$，那么 j_c 通常比正常电迁移电流密度（$>1MA/cm^2$）要小，此时 j_c 常忽略不计。然而，对小于 $250\mu m$ 的半导体器件进行设计，当重点考虑 Blech 效应。对于铝合金，失效时间一般与导线宽度相关，最坏的情况下（最短失效时间）导线宽度约为平均晶粒尺寸的 2 倍。对于铜来说，电迁移性能最差的地方为导线宽度最窄的位置。

10.6.5 影响电迁移的因素和降低电迁移的措施

影响互连引线电迁移的因素十分复杂，包括布线形状、晶粒、温度、电流密度、应力梯度、工艺流程等。各种因素对电迁移的影响如表 10-2 所示。

表 10-2 各种因素对电迁移的影响

主要影响类型	主要影响因素	影 响 规 律	机理和解释
布线形状	互连线长度	平均失效时间 $MTF = Aw\exp\left(\dfrac{a}{l}\right)$ 铝互连：电迁移寿命随着 a/l 的增加呈指数曲线下降。当线长度超过一定限度时，电迁移寿命最终达到一个稳定值	互连线的电迁移失效是由某个严重缺陷造成的，随着互连线的增长，缺陷数增加，严重缺陷数也随之增多，电迁移失效概率增加。当连线达到一定长度时，出现严重缺陷的概率很大，长度再增加，失效概率也几乎不再增加了
	厚度	随着厚度的减小，比表面积增加，表面扩散增加，使电迁移寿命下降；但薄的线条散热能力提高，互连线的焦耳温升会降低，有利于电迁移寿命提高。另外，厚度变小，空洞易贯穿导线引起开路，使平均失效时间下降	比表面积增加，使得表面扩散增加，使电迁移寿命下降 薄的线条散热能力提高，互连线的焦耳温升会低些，有利于电迁移寿命提高

续表

主要影响类型	主要影响因素	影　响　规　律	机理和解释
布线形状	宽度	当线宽远大于平均晶粒大小时,其电迁移寿命随线宽而增加;线宽缩小到晶粒大小甚至更小时,晶界扩散减小且向晶格扩散和表面扩散转化,使电迁移寿命有可能增加 相同的线宽下,晶粒尺寸越大,电迁移寿命越长	沿晶界发生的电迁移导致的裂痕要贯穿线宽比较困难;晶界扩散减小且向晶格扩散和表面扩散转化;线宽减小到比晶粒的尺寸小时,将出现"竹节"结构,此时电迁移寿命得到改善
	引线几何形状	90°转角引线处的电流密度及密度梯度比 45°角和 30°角时大,厚膜引线受转角形状的影响比薄膜引线大,其电迁移现象也更为显著	引线的形状会改变电流密度的分布,引起电流聚集,产生局部的空位流增量
晶粒	晶粒大小 晶粒分布	同线宽条件下,晶粒尺寸越大,电迁移越不显著;晶粒大小不均匀,当沿电流方向晶粒逐渐减小时,电迁移明显;反之,沿电流方向,晶粒增大,则电迁移缓解	相同线宽下,晶粒尺寸越大,晶界越少,转为晶格扩散和表面扩散,缓解了电迁移 当沿电流方向晶粒逐渐减小时,晶界的增多加强了原子迁移,导致空洞在大晶粒与小晶粒交界处产生 当沿电流方向晶粒逐渐增大时,大小晶粒交界处产生质量堆积,形成小丘,阻碍电迁移现象
温度及电流密度	温度高低 电流密度大小	温度越高,原子扩散越显著;互连线上的电流密度越大,互连线的电迁移寿命越短	互连线截面尺寸不断缩小使电流密度增加。当互连线中形成空洞时,电流通过的截面积缩小,空洞邻近区域的电流密度增高,造成电流拥挤效应。大电流密度下,电子风的作用更显著,电迁移速率增加。由于焦耳热与电流密度的平方成正比,所以电流拥挤效应将导致空洞附近局部升温,进一步加速空洞的生长
应力梯度	梯度高低	应力梯度加速电迁移过程,降低了电迁移平均寿命	热应力梯度会降低产生空洞的应力阈值,使空洞的形成更加容易

主要影响类型	主要影响因素	影 响 规 律	机理和解释
工艺流程	CMP 等引入的缺陷	CMP 工艺可能导致碎屑进入铜的表面，形成杂质或缺陷，并成为空洞成核的位置	杂质原子和空位降低了空洞成核的能量势垒，因此空洞会在有杂质原子的地方出现，提供电迁移扩散路径

由于电子与金属离子之间的相互作用总是存在的，因此电迁移现象不可能完全消除。但只要在设计上、工艺上充分注意，将电迁移限制在许可的范围内，则可以最大限度地避免电迁移失效。为有效减少电迁移失效，一般采取如下措施：

（1）尽量减少金属引线覆盖面积，增加金属引线的厚度，减小电流密度，并尽量将金属布在厚氧化层上以减少针孔短路的可能，同时减少氧化层台阶以避免尖锐的转角。

（2）降低互连线中的电流密度，引线必须有足够的电流容量。

（3）降低结温，增加散热。

（4）避免金属膜划伤，采用干法工艺、激光划片等方法；加强检测，剔除划伤金属膜。

（5）严格控制金属膜厚度并进行检测；保证烧结质量，减少因接触不良和压偏造成的热阻增加。

10.7 3D 集成电路中的热力学可靠性

10.7.1 封装结构对可靠性的影响

3D 集成电路集成中，热和热应力问题显得更加严峻。ITRS 在其 2012 年的报告 *Assembly & Packaging* 中指出热管理是 3D 集成技术中的重大挑战之一，并提出了多层导热片结构、微流管结构等潜在的解决方案。Yole Dévelopment 公司 2012 年关于 3D 集成的预测报告对 2.5D/3D 结构中的热与热应力问题进行了单独的分析，足见其对 3D 集成中温度问题和热应力问题的重视。

3D 集成电路集成结构复杂，散热不易，原因是：①2.5D 和 3D 封装往往集成了多个芯片，晶体管数目较多，发热量较大，但整体的封装面积却并未随之大幅增加，因此 2.5D 和 3D 结构较其他的封装形式有更高的发热密度；②各芯片采用堆叠式的封装结构，具有更多的界面，阻碍了芯片热量的散发，位于堆叠底层和中部的芯片，其热量的散发将更为困难；③对于 TSV 结构，铜导体部分被芯片、基板等结构包围，使得 TSV 导体产生的焦耳热量很难散发出去，导致 TSV 温度迅速升高。

10.7.2　3D 集成电路中的失效问题

3D 集成电路集成中包含多种材料，热膨胀系数各异并且结构复杂，集成器件中的温度变化导致不同材料的热变形程度不同，引发 3D 集成电路集成中的热应力。例如，芯片的热膨胀系数为 2.6ppm/℃，而用于互连的铜的热膨胀系数约为 17ppm/℃，两者相差超过 6 倍多。集成器件中用到的一些高聚物，如聚酰亚胺等，其热膨胀系数也较高，这些材料间的热膨胀系数失配导致封装过程产生较大的热力学应力和应变，危及器件的可靠性。3D 集成电路集成中可能出现的失效破坏有多种形式。

不同材料界面分层：界面分层是 3D 集成器件中常见的失效方式，通常是由于热应力超过界面强度而导致的失效，如 TSV 中电镀填充铜的滑移；对于包含吸湿效应高聚物形成的材料界面，吸收湿气一般导致界面强度下降，加剧了界面分层现象，如 EMC 和芯片间的界面分层。分层现象是一种主要的失效，比钝化层裂纹或金属线漂移更易于发生[323-325]。

材料断裂：3D 集成中较高的热应力，可能导致器件中的材料断裂[326]。例如，在温度循环过程中，大温差引起的高应力导致芯片钝化层开裂或 PI 层出现裂纹。3D 集成中的互连结构也是薄弱结构，比如，微凸点在热-机械应力作用下可能出现疲劳断裂。

金属互连失效：物理失效和电子放电是引起金属间短路的两种主要原因。外加载荷引起 3D 集成中的高应力[327, 328]或由于内部填充粒子造成材料不均匀引起的应力集中[325, 329]等，会导致互连线变形而形成短路或断路失效。

芯片上微结构失效：3D 集成中有可能包括 40nm 及以下工艺节点的芯片，

这些芯片后道工艺中的布线层通常包含力学性质脆弱的低介电常数（Low-k）材料，用于满足芯片电性能的要求。尽管未封装的芯片出现布线层断裂的概率并不高[330, 331]，但在封装过程中，芯片布线层出现断裂，尤其是 Low-k 材料出现破坏的情况较为严重。原因是 Low-k 材料本身、其与氧化物和金属及阻挡层间的界面强度不高，导致封装过程出现更多的失效，即封装交互作用的影响比较显著。

10.7.3　3D 集成电路热力学分析与测试

3D 集成电路集成的失效破坏中，涉及集成器件中的微小结构。因此进行 3D 集成电路集成的计算分析需要考虑局部应力的计算。"子模型法"是构建模型部分区域进行精细有限元分析的方法，又称为"切割边界位移法"。"切割边界"指的是子模型从整体模型分割开的边界，而整体模型切割边界的计算位移值即子模型的边界条件[332]。有限元分析方法也可以进行温度场的热仿真，能准确计算出功率与温度间的关系，在 3D 集成结构中可建立多层级的仿真模型，以完成从器件级到系统级的仿真分析优化。

有限元分析中，对关心区域的温度、应力、应变进行精确分析时，需要提高此处的网格密度。但对于除此区域之外的部分，若同时提高网格密度，则会加大计算量，耗费过多的计算时间；若保持原有的网格密度，则由于相邻单元的尺寸相差过于悬殊，会引起很大的计算误差。利用子模型方法可解决上述问题，即只在关心的局部区域建立子模型、细化网格、在切割边界上施加边界条件进行分析，从而求得局部区域的解。有限元子模型分析流程图如图 10-7 所示。

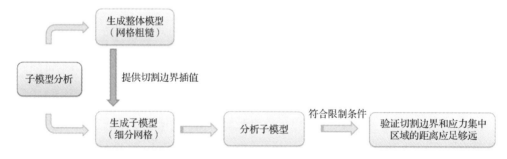

图 10-7　有限元子模型分析流程图

利用有限元方法分析 3D 集成电路集成器件中的热应力时，为避免整体模型中建立微小互连结构划分网格，导致整体模型计算规模过大而无法求解，可以引入子模型方法进行计算，以获得更准确的局部应力分布。类似地，3D 集成电路集成的局部温度也可以应用子模型分析获得。

10.8 3D 封装中芯片封装交互作用

10.8.1 封装形式对芯片失效的影响

封装过程中，由于不同材料之间热力学性能的差异，封装器件内部，尤其是芯片及其周围可能是高应力区。封装过程导致芯片中的微结构出现破坏失效的现象，称为芯片-封装交互作用（Chip Packaging Interaction，CPI）。当前，为了满足高密度、高性能器件所要求的相应输入输出比（I/O），并降低 RC 延迟，引入面阵列技术和 Cu/Low-k 互连结构在现代集成电路制造中已经非常通用，尤其是针对 40nm 制程以下的先进芯片。由于 LK/ULK 材料具有多孔结构，其弹性刚度、杨氏模量、界面黏附性等机械性能均随 k 值的减小而显著降低，这使得采用 LK/ULK 介质的先进芯片对封装和组装过程中的应力更为敏感。CPI 引起的局部高应力会导致互连结构中的 Low-k 介质在封装工艺过程中产生裂纹、分层等现象，导致器件失效。

随着器件尺寸的缩小和封装密度的增大，LK 和 ULK 介质材料的应用会越来越广泛。因此，由 CPI 引起的失效成为了影响器件寿命的关键因素之一，成为业界关注的重点问题。

10.8.2 芯片和封装交互影响问题

针对不同的 CPI 失效模式及其原因，实验和仿真计算上都有很多研究报道。实验方面：通过光学云纹（莫尔）干涉法可测量倒装芯片封装的热形变[333]，测试结果结合计算分析表明，封装底部的角区域存在正剥离应力；剪切应变在靠近芯片下角的底填料边角区域达到最大，芯片距中心位置最远的焊点受到的应变最大；封装结构翘曲引起的应变可以直接影响位于最外层的焊料凸点附近的 Cu/Low-k 互连结构，从而驱动裂纹的形成和扩展，出现凸点下芯片布线层破坏。有限元仿真模拟得到的封装结构翘曲结果（Z 方向位移）与实验吻合良好。

由于倒装芯片内部的应力、应变等物理量难以直接测量，有限元分析方法是进行 3D 集成热应力分析和预测的主要手段。该方法可以获得封装器件由于热效应导致的变形和应力分布、封装过程中的应力和位移变化等，有助于理解 3D 集成电路集成出现失效的根源。但由于互连结构与封装结构的尺寸差距极大，约为 10^6 倍，因此通常的子模型方法不易直接得到互连结构中的计算结果。为了解决封装结构与互连结构之间的尺寸差异，Motorola 的研究人员首次引入多级子模型技术，用来计算经过倒装的芯片其互连结构界面的能量释放率[334, 335]。目前，建立 2D 或 3D 多级有限元模型进行计算的方法已有较多应用报道。

采用 2D 有限元模型建立"整体-局部"二级模型，对回流焊降温过程中整体模型易发生失效的微焊点处的应力变化情况进行分析，得到局部模型中 BEOL 结构的应力分布[336]。进一步分析结果显示，低 CTE 的基板材料、高玻璃化转变温度（T_g）底填料、大尺寸的铜柱及厚度小的芯片可以有效降低应力值。有学者通过建立 2D 三级子模型法，研究了 Cu/ULK 互连结构中金属层（或者 SiO_2）厚度、钝化介质层及焊盘结构对封装过程可靠性的影响[337]。分析结果显示：互连结构中越靠近焊点区域的，断裂风险越高；而使用弹性的聚酰亚胺作为钝化层，并增大钝化层厚度则能够更好地减缓封装对 Cu/ULK 互连结构造成的应力。利用 2D 有限元方法建模的优点是计算量小，计算用时少，且可以对芯片结构进行精细化建模。但 3D 有限元方法在计算精度上优于 2D 有限元，因此也有许多研究者利用 3D 有限元方法对 CPI 问题进行了研究。

结合 2D 和 3D 模型进行有限元分析的方法，Uchibori 等人[338]研究了 65nm 制程的四层 Cu/ULK 互连结构（3D 模型），以及 90nm 制程的七层和九层 Cu/ULK 结构（2D 模型）中的能量释放率（简称 ERR）。研究发现，在 65nm 制程的四层 Cu/ULK 互连结构（M1-M4）中，若 Low-k 介质用在所有层，则 M4-ERR>M3-ERR>M2-ERR>M1-ERR；若在 M4 层使用 TEOS，则 M3-ERR>M4-ERR>M2-ERR>M1-ERR，其中 M4-ERR 减小了 34%。此外，在 90nm 制程的七层与九层模型中，裂纹一旦产生，将会不断扩展。

通过建立 3D-四级子模型的有限元分析方法，Zhang 等人[339]解决了封装层级尺寸与 Cu/Low-k 互连结构层级尺寸之间的差距，进而研究了 CPI 对 45nm 制程 Cu/Low-k 互连结构可靠性的影响。利用参数化仿真的方法，LEE 等人[340]研究了不同封装材料和结构参数对采用铜柱凸点互连的高性能倒装芯片封装体内 Low-k 层内应力的影响。虽然多级子模型的方法在一定程度上克服了封装结构与互连结构之间的尺寸差异，但随着子模型级数的增加，计算结果的精度却在大幅度降低。一般情况下，仍建议采用"整体-局部"两级模型的方法，减少插值次数，降低多次插值对计算精度的影响。

10.8.3　交互影响分析和设计

影响芯片 CPI 可靠性的因素可分为材料因素、结构因素、工艺因素三类。其中结构因素指器件结构中不同的几何尺寸对 CPI 可靠性的影响，包括凸点高度和直径、PI 开口及层厚、芯片的厚度等。

目前用于倒装芯片的无铅凸点主要有焊料凸点和铜柱凸点，铜柱凸点具有良好的电学和热学性能，可以代替焊球凸点满足器件更精细化结构的要求，在高密度 3D 集成封装领域中具有很好的应用前景。铜柱凸点如图 10-8 所示。

图 10-8　铜柱凸点[342]

铜柱的硬度大于焊球的硬度，和介质层等材料之间的机械性能差异更大，对可靠性提出了不小的挑战。当铜柱凸点的节距在 60μm 以下时，铜柱间的交互作用明显[36]。研究发现，铜柱高度和铜柱与焊料的高度比均会对可靠性造成影响[341]。在其他条件不变的情况下，降低铜柱的高度可以提高可靠性；保持铜柱高度不变，减少焊料的高度也可以提高可靠性。因此同时减小铜柱和焊料高度能达到更好的效果。但由于器件结构的要求，铜柱和焊料层高度之和为定值，因此需要研究合适的焊料-铜柱高度比。模拟结果显示,较大的焊料-铜柱高度比更有利于提高器件可靠性。也有研究证明,大直径的铜柱有利于减小应力。

对于聚合物层,开口大小和厚度对可靠性均有影响。当 SiO_2 钝化层被聚合物层(杨氏模量为 29.1%)取代时,裂纹的能量释放速率能下降 29.1%[337]。具有弹性的聚合物层能对脆弱的 Low-k 介质进行更好的保护。这是由于聚合物层能产生较大的形变而不损坏,能对应力进行缓冲,使整体的应力下降。PI 的开口减小 20%能使应力下降 17%[339],而当 PI 层厚度从 0.8μm 上升至 2.3μm 时,应力下降 10%。值得注意的是,有报道指出,在焊料凸点结构中,PI 层作为缓冲层可以有效地降低应力,但对于铜柱凸点互连结构,引入聚合物 PI 层无法缓解应力[342]。原因是,在铜柱结构的器件中,应力通过焊盘结构传播,聚合物层的引入无法分担应力。不仅如此,聚合物层和铜柱的热力学性能间的差异还可能导致更大的应力。

10.9　本章小结

3D 集成器件的结构和封装复杂度提升,导致封装可靠性面临众多的挑战,如结构设计和材料选择相关的热机械可靠性、电迁移引起的可靠性及芯片-封装交互影响等可靠性问题,都需要在 3D 集成中进行综合考虑。为实现 3D 集成电路集成的可靠性设计,一方面需要深入理解相关的可靠性机理;另一方面要配合标准的可靠性实验,发展可行的计算分析方法以进行失效机理的研究。失效机理研究主要包括 3D 集成电路集成结构、芯片上微区应力的分析等,需要开展不同参数对应力的影响等方面的研究。这也是有效辅助封装可靠性设计不可或缺的一个重要方面。

3D 集成电路集成中芯片产生的热量主要由芯片结区通过封装结构到达器件的外表面,然后通过对流和辐射的方式扩散到周围环境中。因此,3D 集成电路的热管理涉及热源、热传导途径和散热环境三个主要部分。围绕这三个主要部分,解决 3D 集成电路封装的散热问题需要从器件内部和外部两个方面展开。

在 3D 集成电路中,设计出高速信道并进行信号完整性分析,需要建立电学模型，准确分析电学性能，结合其他电路，才能评估系统整体的电学性能。分析方法包括建模和仿真、等效电路模型及解析方法。解析模型可以给出每一个寄生元件的物理意义，有助于理解功耗、延迟和噪声耦合等电性能方面的问题。

在集成密度很高的阵列中，TSV 之间常会产生严重的耦合。TSV 结构中，金属导体外面包裹着一层很薄的氧化物绝缘层，从而产生了较大的寄生效应，即在金属导体与衬底之间有较大的寄生电容，使电流通过寄生电容进入衬底中。由于衬底可以导电，流到衬底中的电流就可以直接对衬底中的有源电路或者互连线进行干扰，使系统性能降低。

TSV 结构是 3D 电路集成和器件集成封装的关键结构，TSV 是在硅片上刻蚀通孔，再由电镀铜填充通孔的 Cu-Si 复合结构，具有 $Cu/Ta/SiO_2/Si$ 多层界面。由于硅和铜的热膨胀系数失配超过 10ppm/K，所以在受到热载荷时，热应力很大，导致 TSV 器件热应力水平较高，可能引发严重的热机械可靠性问题。由于 TSV 技术为 3D 集成电路集成提供了关键的连接，针对 TSV 可靠性问题进行系统的、实际 3D 集成电路集成器件的参数化研究，有助于 TSV 的可靠性设计。此外，电镀铜填充 TSV 过程中，若出现微缺陷，缺陷处的应力集中易导致 TSV 破坏，引起电连接失效。高密度封装常包含上千个 TSV 结构，其直径一般为 10～100μm，每个 TSV 都是电信号通路，TSV 失效均可导致封装集成器件的失效。

在 2.5D 或 3D 集成电路集成中，以 TSV 中的应力为研究对象，可能的影响因素主要有 TSV 直径、底填料的杨氏模量、TSV 节距、底填料的热膨胀系数等。通过有限元分析发现：TSV 中介层边缘、芯片和中介层的交界位置，TSV 中的应力较大；TSV 中的热应力随着 TSV 直径增加而增大，可能导致可靠性问题，因此，减小 TSV 直径能降低应力，如采用直径小于 30μm 的 TSV；为避免相邻 TSV 之间的应力相互影响，TSV 面内排列设计时，TSV 节距与其直径的比值应当不小于 2.5。为优化各种影响因素，正交实验（通过有限元分析获得因素组合的结果）和主因素分析/完全因子分析等统计分析方法是经典的优化设计手段。

TSV 电镀填充过程出现的缺陷，也是影响 TSV 性能和可靠性的主要原因之一。3D 集成电路集成中的各种互连结构，如再布线、通孔、微凸点位置等也可能出现电迁移失效问题。

　　3D 集成电路集成中可能出现的失效破坏有多种形式。3D 集成电路通电工作时的发热或由于外界环境的影响而产生的温度分布,在器件内部产生热失配应力。同时在器件内部存在的温度梯度和热应力梯度也可能驱动原子运动,产生物质输运现象,进一步导致电迁移失效情况的发生。3D 集成电路集成包含了多种材料,热膨胀系数各异并且结构复杂,温度改变造成不同热膨胀系数材料变形不同,导致 3D 集成电路集成中出现热应力。芯片与基板间的热膨胀系数失配导致封装过程产生较大的热力学应力和应变,危及器件的可靠性。

参考文献

[1] 王阳元, 张兴. 面向 21 世纪的微电子技术 [J]. 世界科技研究与发展, 1999, 21(4): 4-11.

[2] 吴德馨. 迈向二十一世纪的集成电路技术 [J]. 电子产品与技术, 2000, 4(1): 5-6.

[3] BLACKWELL G R. The electronic packaging handbook [M]. Boca Raton:CRC Press LLC, 2017.

[4] TUMMALA R R. Fundamentals of microsystems packaging [M]. New York: McGraw-Hill Education, 2001.

[5] ULRICH R K, BROWN W D. Advanced electronic packaging [M]. Hoboken: Wiley, 2006.

[6] 万里兮. 系统级封装及其研发领域 [J]. 电子工业专用设备, 2007, 8(1): 1-5.

[7] LEPSELTER M P. Beam-lead technology [J]. Bell System Technical, 1966, 45 (2): 233-253.

[8] METZ E D. Metal problems in plastic encapsulated integrated circuits[J]. Proceedings of the IEEE, 1969, 57(9): 1606-1609.

[9] JOHNSON D R, WILLYARD D L. Influence of lead frame thickness on the flexure resistance and peel strength of thermocompression bonds[R].Albuquerque:Sandia Labs, 1975.

[10] STEITZ R. Method of joining solder balls to solder bumps: US3719981[P]. 1973-03-13.

[11] MARTIN J H. Interconnection of planar electronic structures: US3904934[P]. 1975-09-09.

[12] RODRIGUEZ A R, CRONIN J. Process for manufacturing multilayer ceramic chip carrier modules: US4345955[P]. 1982-08-24.

[13] LIN P T, MCSHANE M B, WILSON H P. Semiconductor device having a pad array carrier package: US5216278[P]. 1993-06-01.

[14] DEVLIN D J. Integrated circuit package and lead frame:US4289922 [P].1981-09-15.

[15] DEO SINGH N N, CHANG A H. Semiconductor package with segmented lead frame:

US5281849[P].1994-01-25.

[16] ADAMS V J, BENNETT P T, HUGHES H G, et al. Semiconductor wafer level package: US5323051[P]. 1994-06-21.

[17] JAN S R, CHOU T P, YEH C Y, et al. A compact analytic model of the strain field induced by through silicon vias [J]. IEEE transactions on electron devices, 2012, 59(3): 777-782.

[18] DANG B, WRIGHT S L, ANDRY P S, et al. 3D chip stacking with C4 technology [J]. IBM journal of research development, 2008, 52(6): 599-609.

[19] CHOUDHURY D. 3D integration technologies for emerging microsystems[C].Proceedings of the 2010 IEEE MTT-S International Microwave Symposium, Anaheim, 2010.

[20] MOORE G E. Cramming more components onto integrated circuits [J]. Electronics, 1965, 38(8):114-117.

[21] MOORE G E. Progress in digital integrated electronics[C].Proceedings of the Electron Devices Meeting, Washington, 1975.

[22] LEE M L, FITZGERALD E A, BULSARA M T, et al. Strained Si, SiGe, and Ge channels for high-mobility metal-oxide-semiconductor field-effect transistors [J]. Journal of applied physics, 2005, 97(1): 1.

[23] MISTRY K, ALLEN C, AUTH C, et al. A 45nm logic technology with high-k+ metal gate transistors, strained silicon, 9 Cu interconnect layers, 193nm dry patterning, and 100% Pb-free packaging [C]. Proceedings of the 2007 IEEE International Electron Devices Meeting, Washington, 2007.

[24] NATARAJAN S, AGOSTINELLI M, AKBAR S, et al. A 14nm logic technology featuring 2nd-generation finfet, air-gapped interconnects, self-aligned double patterning and a 0.0588 μm^2 sram cell size [C].Proceedings of the 2014 IEEE International Electron Devices Meeting, San Francisco, 2014.

[25] DESAI S B, MADHVAPATHY S R, SACHID A B, et al. MoS2 transistors with 1-nanometer gate lengths [J]. Science, 2016, 354(6308): 99-102.

[26] MAHAJAN R, SANKMAN R, PATEL N, et al. Embedded multi-die interconnect bridge (EMIB)—a high density, high bandwidth packaging interconnect[C].Proceedings of the 2016 IEEE 66th Electronic Components and Technology Conference (ECTC), Las Vegas, 2016.

[27] LIN L, YEH T C, WU J L, et al. Reliability characterization of chip-on-wafer-on-substrate

(CoWoS) 3D IC integration technology[C].Proceedings of the 2013 IEEE 63rd Electronic Components and Technology Conference, Las Vegas, 2013.

[28] HOEFFLINGER B. ITRS: The international technology roadmap for semiconductors [M]. Berlin: Springer, 2011.

[29] FEYNMAN R.The pleasure of finding things out [J]. Nature, 1999, 401(2): 426-427.

[30] LU J Q. 3D hyper-integration: Past, present and future [J]. Future fab international, 2012, 4(1): 81-87.

[31] KIM N, WU D, KIM D, et al. Interposer design optimization for high frequency signal transmission in passive and active interposer using through silicon via (TSV)[C].Proceedings of the 2011 IEEE 61st Electronic Components and Technology Conference (ECTC), Lake Buena Vista, 2011.

[32] WILLIAM S. Semiconductive wafer and method of making the same:US3044909 [P].1962-07-17.

[33] VENKATADRI V, SAMMAKIA B, SRIHARI K, et al. A review of recent advances in thermal management in three dimensional chip stacks in electronic systems [J]. Journal of electronic packaging, 2011(133): 11-26.

[34] BEYNE E. The 3D interconnect technology landscape [J]. IEEE design test, 2016, 33(3): 8-20.

[35] ABABEI C, MAIDEE P, BAZARGAN K. Exploring potential benefits of 3D FPGA integration[C]. Proceedings of the International Conference on Field Programmable Logic and Applications, Lisbon, 2004.

[36] JUNG M, SONG T, WAN Y, et al. How to reduce power in 3D IC designs: A case study with OpenSPARC T2 core [C]. Proceedings of the IEEE 2013 Custom Integrated Circuits Conference, San Jose, 2013.

[37] VAN HUYLENBROECK S, LI Y, HEYLEN N, et al. Advanced metallization scheme for 3× 50μm via middle TSV and beyond[C]. Proceedings of the 2015 IEEE 65th Electronic Components and Technology Conference (ECTC), San Diego, 2015.

[38] CHEN Y, YANG C, KUO C, et al. Ultra high density SoIC with sub-micron bond pitch[C]. Proceedings of the 2020 IEEE 70th Electronic Components and Technology Conference (ECTC), San Diego, 2020.

[39] WANG C, CHANG W, CHEN C, et al. Immersion in memory compute (ImMC) technology[C].

Proceedings of the 2020 IEEE Symposium on VLSI Technology, Honolulu, 2020.

［40］ASSOCIATION S I. International technology roadmap for semiconductor, interconnect chapter [M]. Heidelberg: Springer, 2013.

［41］VAN DER PLAS G, LIMAYE P, MERCHA A, et al. Design issues and considerations for low-cost 3D TSV IC technology [J]. IEEE journal of solid-state circuits,2010, 46(1): 293-307.

［42］BANIJAMALI B, RAMALINGAM S, NAGARAJAN K, et al. Advanced reliability study of TSV interposers and interconnects for the 28nm technology FPGA[C]. Proceedings of the 2011 IEEE 61st Electronic Components and Technology Conference (ECTC), Lake Buena Vista, 2011.

［43］SU M, BLACK B, HSIAO Y H, et al. 2.5D IC micro-bump materials characterization and IMCs evolution under reliability stress conditions[C]. Proceedings of the 2016 IEEE 66th Electronic Components and Technology Conference (ECTC), Las Vegas, 2016.

［44］LEE C C, HUNG C, CHEUNG C, et al. An overview of the development of a GPU with integrated HBM on silicon interposer[C]. Proceedings of the 2016 IEEE 66th Electronic Components and Technology Conference (ECTC), Las Vegas, 2016.

［45］CHANDRASEKARAN N. Challenges in 3D memory manufacturing and process integration[C]. Proceedings of the 2013 IEEE International Electron Devices Meeting, Washington, 2013.

［46］LEE D U, KIM K W. A 1.2V 8Gb 8-channel 128GB/s high-bandwidth memory (HBM) stacked DRAM with effective I/O test circuits[J]. IEEE journal of solid-state circuits, 2014, 50(1): 191-203.

［47］VAN HUYLENBROECK S, STUCCHI M, LI Y, et al. Small pitch, high aspect ratio via-last TSV module[C]. Proceedings of the 2016 IEEE 66th Electronic Components and Technology Conference (ECTC), Las Vegas, 2016.

［48］BEYNE E, KIM S W, PENG L, et al. Scalable, sub 2μm pitch, Cu/SiCN to Cu/SiCN hybrid wafer-to-wafer bonding technology[C]. Proceedings of the 2017 IEEE International Electron Devices Meeting (IEDM), San Francisco,2017.

［49］VAN HUYLENBROECK S, DE VOS J, EL-MEKKI Z, et al. A highly reliable 1.4μm pitch via-last TSV module for wafer-to-wafer hybrid bonded 3D-SOC systems[C]. Proceedings of the 2019 IEEE 69th Electronic Components and Technology Conference (ECTC), Las Vegas,2019.

［50］YOSHIKAWA H, KAWASAKI A, NISHIMURA Y, et al. Chip scale camera module (CSCM) using through-silicon-via (TSV)[C]. Proceedings of the 2009 IEEE International Solid-State

Circuits Conference-Digest of Technical Papers, San Francisco, 2009.

［51］ ZOSCHKE K, OPPERMAN H, FRITZSCH T, et al. Fabrication of 3D hybrid pixel detector modules based on TSV processing and advanced flip chip assembly of thin read out chips[C]. Proceedings of the 2017 IEEE 67th Electronic Components and Technology Conference (ECTC), Lake Buena Vista, 2017.

［52］ EBEFORS T T, FREDLUND J,PERTTU D, et al. The development and evaluation of RF TSV for 3D IPD applications[C]. Proceedings of the 2013 IEEE International 3D Systems Integration Conference (3DIC), San Francisco,2013.

［53］ WU B, KUMAR A, PAMARTHY S J J O A P. High aspect ratio silicon etch: A review [J]. Journal of applied physics, 2010, 108(5): 9.

［54］ TANG Y, SANDOUGHSAZ A, OWEN K J, et al. Ultra deep reactive ion etching of high aspect-ratio and thick silicon using a ramped-parameter process [J]. Journal of microelectromechanical systems, 2018, 27(4): 686-697.

［55］ ZHAO Y, LIN Y. Estimating the etching depth limit in deep silicon etching[C].Proceedings of the 2019 China Semiconductor Technology International Conference (CSTIC), Shanghai, 2019.

［56］ WANG Z. Microsystems using three-dimensional integration and TSV technologies: Fundamentals and applications [J]. Microelectronic engineering, 2019, 2(10): 35-64.

［57］ DUBEY A K, YADAVA V. Experimental study of Nd: YAG laser beam machining—An overview [J]. Journal of materials processing technology, 2008, 195(1-3): 15-26.

［58］ LAAKSO P, PENTTILä R, HEIMALA P. Effect of shot number on femtosecond laser drilling of silicon [J]. Journal of laser micro/nanoengineering, 2010, 5(3): 18-22.

［59］ LE V N A, CHEN Y J, CHANG H C, et al. Investigation on drilling blind via of epoxy compound wafer by 532 nm Nd: YVO4 laser [J]. Journal of manufacturing processes, 2017, 27(2): 14-20.

［60］ TAN B. Deep micro hole drilling in a silicon substrate using multi-bursts of nanosecond UV laser pulses [J]. Journal of micromechanics microengineering, 2005, 16(1): 109.

［61］ TANG C W, YOUNG H T, LI K M. Innovative through-silicon-via formation approach for wafer-level packaging applications [J]. Journal of micromechanics microengineering, 2012, 22(4): 19-45.

［62］ TRUZZI C, RAYNAL F, MEVELLEC V. Wet-process deposition of TSV liner and metal films[C]. Proceedings of the 2009 IEEE International Conference on 3D System Integration, San

Francisco, 2009.

[63] TöPPER M, FISCHER T, BAUMGARTNER T, et al. A comparison of thin film polymers for wafer level packaging[C]. Proceedings of the 2010 60th Electronic Components and Technology Conference (ECTC), Las Vegas, 2010.

[64] ZHAO S, YU D, ZOU Y, et al. Integration of CMOS image sensor and microwell array using 3D WLCSP technology for biodetector application [J]. IEEE transactions on components, packaging manufacturing technology, 2019, 9(4): 624-632.

[65] CHAN A, UDDIN M, CHOW C. Effect of spin coating on the interfacial adhesion of epoxy adhesive on silicon substrate for the fabrication of polymer optical waveguide[C]. Proceedings of the 2004 54th Electronic Components and Technology Conference, Las Vegas, 2004.

[66] MCDERMOTT M, CHATTERJEE S, HU X, et al. Application of quality by design (QbD) approach to ultrasonic atomization spray coating of drug-eluting stents [J]. An official journal of the american association of pharmaceutical scientists, 2015, 16(4): 811-823.

[67] PHAM N P, BOELLAARD E, BURGHARTZ J N, et al. Photoresist coating methods for the integration of novel 3D RF microstructures [J]. Journal of microelectromechanical systems, 2004, 13(3): 491-499.

[68] WILKE M, WIPPERMANN F, ZOSCHKE K, et al. Prospects and limits in wafer-level-packaging of image sensors [C]. Proceedings of the 2011 IEEE 61st Electronic Components and Technology Conference (ECTC), Florida, 2011.

[69] TÖPPER M, ACHEN A, LOPPER C, et al. Materials for 300mm wafer level packaging technologies[C]. Proceedings of the SPIE Proceedings Series, Florida, 2002 .

[70] SHARIFF D, SUTHIWONGSUNTHORN N, BIECK F, et al. Via interconnections for wafer level packaging: Impact of tapered via shape and via geometry on product yield and reliability[C].Proceedings of the 2007 57th Electronic Components and Technology Conference, Sparks, 2007.

[71] MATTHIAS T, KREINDL G, DRAGOI V, et al. CMOS image sensor wafer-level packaging [C]. Proceedings of the 2011 12th International Conference on Electronic Packaging Technology and High Density Packaging, Florida,2011.

[72] ZHUANG Y, YU D, DAI F, et al. Low temperature wafer level conformal polymer dielectric spray coating for through silicon vias with 2: 1 aspect ratio [J]. Microsystem technologies, 2016,

22(3): 639-643.

［73］庄越宸. 基于硅通孔晶圆级封装的聚合物绝缘层喷涂工艺研究 [D]. 北京: 中国科学院大学, 2015.

［74］CIVALE Y, CROES K, MIYAMORI Y, et al. On the thermal stability of physically-vapor-deposited diffusion barriers in 3D through-silicon vias during IC processing [J]. Microelectronic engineering, 2013, 10(6): 155-159.

［75］KNAUT M, JUNIGE M, NEUMANN V, et al. Atomic layer deposition for high aspect ratio through silicon vias [J]. Microelectronic engineering, 2013, 10(7): 80-83.

［76］DJOMENI L, MOURIER T, MINORET S, et al. Study of low temperature MOCVD deposition of TiN barrier layer for copper diffusion in high aspect ratio through silicon vias [J]. Microelectronic engineering, 2014, 120(1): 27-32.

［77］KWON O K, KWON S H, PARK H S, et al. PEALD of a ruthenium adhesion layer for copper interconnects [J]. Journal of the electrochemical society, 2004, 151(12): C753.

［78］ESMAEILI S, LILIENTHAL K, NAGY N, et al. Co-MOCVD processed seed layer for through silicon via copper metallization [J]. Microelectronic engineering, 2019, 21(1): 55-59.

［79］ARMINI S, EL-MEKKI Z, VANDERSMISSEN K, et al. Void-free filling of HAR TSVs using a wet alkaline Cu seed on CVD Co as a replacement for PVD Cu seed [J]. Journal of the electrochemical society, 2010, 158(2): H160.

［80］KONDO K, SUZUKI Y, SAITO T, et al. High speed through silicon via filling by copper electrodeposition [J]. Electrochemical solid state letters, 2010, 13(5): D26.

［81］HAYASHI T, KONDO K, SAITO T, et al. High-speed through silicon via (TSV) filling using diallylamine additive [J]. Journal of the electrochemical society, 2011, 158(12): D715.

［82］JUN J, KIM I, MAYER M, et al. A new non-PRM bumping process by electroplating on Si die for three dimensional packaging [J]. Materials transactions, 2010, 10 (8): 1711-1747.

［83］SHEN W W, CHEN K N. Three-dimensional integrated circuit (3D IC) key technology: Through-silicon via (TSV) [J]. Nanoscale research letters, 2017, 12(1): 1-9.

［84］BEICA R, SHARBONO C, RITZDORF T. Through silicon via copper electrodeposition for 3D integration [C]. Proceedings of the 2008 58th Electronic Components and Technology Conference, Lake Buena Vista, 2008.

［85］BEICA R, SIBLERUD P, SHARBONO C, et al. Advanced metallization for 3D integration[C].

Proceedings of the 2008 10th Electronics Packaging Technology Conference, Lake Buena Vista, 2008.

［86］CAO H, LING H, ZOU K, et al. Simulation of electric field uniformity in through silicon via filling[C]. Proceedings of the 2010 11th International Conference on Electronic Packaging Technology & High Density Packaging, Lake Buena Vista, 2010.

［87］HAYASE M, TAKETANI M, AIZAWA K, et al. Copper bottom-up deposition by breakdown of PEG-Cl inhibition [J]. Electrochemical solid state letters, 2002, 5(10): C98.

［88］DOW W P, YEN M Y, LIN W B, et al. Influence of molecular weight of polyethylene glycol on microvia filling by copper electroplating [J]. Journal of the electrochemical society, 2005, 152(11): C769.

［89］DOW W P, HUANG H S. Roles of chloride ion in microvia filling by copper electrodeposition: I. studies using SEM and optical microscope [J]. Journal of the electrochemical society, 2005, 152(2): C67.

［90］DOW W P, HUANG H S, YEN M Y, et al. Roles of chloride ion in microvia filling by copper electrodeposition: II. studies using EPR and galvanostatic measurements [J]. Journal of the electrochemical society, 2005, 152(2): C77.

［91］BOZZINI B, D'URZO L, ROMANELLO V, et al. Electrodeposition of Cu from acidic sulfate solutions in the presence of bis-(3-sulfopropyl)-disulfide (SPS) and chloride ions [J]. Journal of the electrochemical society, 2006, 153(4): C254.

［92］DOW W P, HUANG H S, LIN Z. Interactions between brightener and chloride ions on copper electroplating for laser-drilled via-hole filling [J]. Electrochemical solid state letters, 2003, 6(9): C134.

［93］FENG Z V, LI X, GEWIRTH A A. Inhibition due to the interaction of polyethylene glycol, chloride, and copper in plating baths: A surface-enhanced Raman study [J]. The journal of physical chemistry B, 2003, 107(35): 9415-9423.

［94］WANG A Y, CHEN B, FANG L, et al. Influence of branched quaternary ammonium surfactant molecules as levelers for copper electroplating from acidic sulfate bath [J]. Electrochimica acta, 2013, 10(8): 698-706.

［95］MOFFAT T P, YANG L Y O. Accelerator surface phase associated with superconformal Cu electrodeposition [J]. Journal of the electrochemical society, 2010, 157(4): D228.

［96］HAYASE M, NAGAO M. Copper deep via filling with selective accelerator deactivation by polyethyleneimine [J]. Journal of the electrochemical society, 2013, 160(12): D3216.

［97］WILLEY M J, WEST A C. SPS adsorption and desorption during copper electrodeposition and its impact on PEG adsorption [J]. Journal of the electrochemical society, 2007, 154(3): D156.

［98］DOW W P, CHIU Y D, YEN M Y. Microvia filling by Cu electroplating over a Au seed layer modified by a disulfide [J]. Journal of the electrochemical society, 2009, 156(4): D155.

［99］DOW W P, YEN M Y, LIU C W, et al. Enhancement of filling performance of a copper plating formula at low chloride concentration [J]. Electrochimica acta, 2008, 53(10): 3610-3619.

［100］MALTA D, GREGORY C, TEMPLE D, et al. Optimization of chemistry and process parameters for void-free copper electroplating of high aspect ratio through-silicon vias for 3D integration[C].Proceedings of the 2009 59th Electronic Components and Technology Conference, Lake Buena Vista, 2009.

［101］DELBOS E, OMNèS L, ETCHEBERRY A. Bottom-up filling optimization for efficient TSV metallization [J]. Microelectronic engineering, 2010, 87(3): 514-516.

［102］BEICA R, SHARBONO C, RITZDORF T. Copper electrodeposition for 3D integration[C]. Proceedings of the 2008 Symposium on Design, Test, Integration and Packaging of MEMS/MOEMS, Cannes,2008.

［103］BAE J, CHANG G H, LEE J J J O T M, et al. Electroplating of copper using pulse-reverse electroplating method for SiP via filling [J]. Journal of the microelectronics and packaging society, 2005, 12(2): 129-134.

［104］KIM I R, HONG S C, JUNG J P. High speed Cu filling into tapered TSV for 3-dimensional Si chip stacking [J]. Korean journal of metals materials, 2011, 49(5): 388-394.

［105］JIN S, SEO S, PARK S, et al. Through-silicon-via (TSV) filling by electrodeposition with pulse-reverse current [J]. Microelectronic engineering, 2016, 156(1): 5-8.

［106］LIN N, MIAO J, DIXIT P. Void formation over limiting current density and impurity analysis of TSV fabricated by constant-current pulse-reverse modulation [J]. Microelectronics reliability, 2013, 53(12): 1943-1953.

［107］TIAN Q, CAI J, ZHENG J, et al. Copper pulse-reverse current electrodeposition to fill blind vias for 3D TSV integration [J]. IEEE transactions on components, packaging manufacturing technology, 2016, 6(12): 1899-1904.

［108］ZHU Q, ZHANG X, LIU C, et al. Effect of reverse pulse on additives adsorption and copper filling for through silicon via ⌊J⌋. Journal of the electrochemical society, 2018, 166(1): D3006.

［109］HOFMANN L, ECKE R, SCHULZ S E, et al. Investigations regarding through silicon via filling for 3D integration by periodic pulse reverse plating with and without additives [J]. Microelectronic engineering, 2011, 88(5): 705-708.

［110］KIM I R, PARK J K, CHU Y C, et al. High speed Cu filling into TSV by pulsed current for 3 dimensional chip stacking [J]. Korean journal of metals materials, 2010, 48(7): 667-673.

［111］SONG C, WANG Z, TAN Z, et al. Moving boundary simulation and experimental verification of high aspect-ratio through-silicon-vias for 3D integration [J]. IEEE transactions on components, packaging manufacturing technology, 2011, 2(1): 23-31.

［112］FANG C, LE CORRE A, YON D. Copper electroplating into deep microvias for the "SiP" application [J]. Microelectronic engineering, 2011, 88(5): 749-753.

［113］LIN J, CHIOU W, YANG K, et al. High density 3D integration using CMOS foundry technologies for 28 nm node and beyond[C].Proceedings of the 2010 International Electron Devices Meeting, Lake Buena Vista,2010.

［114］HUANG B K, LIN C M, HUANG S J, et al. Integration challenges of TSV backside via reveal process [C].Proceedings of the 2013 IEEE 63rd Electronic Components and Technology Conference, Las Vegas Nevada, 2013.

［115］KUMAR N, RAMASWAMI S, DUKOVIC J, et al. Robust TSV via-middle and via-reveal process integration accomplished through characterization and management of sources of variation[C].Proceedings of the 2012 IEEE 62nd Electronic Components and Technology Conference, Las Vegas Nevada, 2012.

［116］JOURDAIN A, BUISSON T, PHOMMAHAXAY A, et al. Integration of TSVs, wafer thinning and backside passivation on full 300mm CMOS wafers for 3D applications[C].Proceedings of the 2011 IEEE 61st Electronic Components and Technology Conference (ECTC), Las Vegas Nevada, 2011.

［117］YU J, DETTERBECK S, LEE C, et al. An alternative approach to backside via reveal (BVR) for a via-middle through-silicon via (TSV) flow[C].Proceedings of the 2015 IEEE 65th Electronic Components and Technology Conference (ECTC), Las Vegas Nevada, 2015.

［118］SONG C, WANG L, YANG Y, et al. Robust and low cost TSV backside reveal for 2.5D multi-die integration[C].Proceedings of the 2016 IEEE 66th Electronic Components and Technology Conference (ECTC), Las Vegas Nevada, 2016.

[119] WANG L, SONG C, WANG J, et al. A wet etching approach for the via-reveal of a wafer with through silicon vias [J]. Microelectronic engineering, 2017, 179(3): 1-6.

[120] LASKY J. Wafer bonding for silicon-on-insulator technologies [J]. Applied physics letters, 1986, 48(1): 78-80.

[121] SHIMBO M, FURUKAWA K, FUKUDA K, et al. Silicon-to-silicon direct bonding method [J]. Journal of applied physics, 1986, 60(8): 2987-2989.

[122] BRUNET L, BATUDE P, FENOUILLET-BéRANGER C, et al. First demonstration of a CMOS over CMOS 3D VLSI CoolCube™ integration on 300mm wafers[C]. Proceedings of the 2016 IEEE Symposium on VLSI Technology, Honolulu,2016.

[123] OHBA T, KIM Y, MIZUSHIMA Y, et al. Review of wafer-level three-dimensional integration (3DI) using bumpless interconnects for tera-scale generation [J]. IEICE electronics express, 2015, 12(7): 2015-2002.

[124] KIM Y, KODAMA S, MIZUSHIMA Y, et al. Ultra thinning down to 4μm using 300mm wafer proven by 40nm node 2Gb DRAM for 3D multi-stack WOW applications[C]. Proceedings of the 2014 Symposium on VLSI Technology (VLSI-Technology): Digest of Technical Papers, Honolulu, 2014.

[125] KIM Y, KODAMA S, MIZUSHIMA Y, et al. Warpage-free ultra-thinning ranged from 2 to 5μm for DRAM wafers and evaluation of devices characteristics [C].Proceedings of the 2016 IEEE 66th Electronic Components and Technology Conference (ECTC), Las Vegas Nevada, 2016.

[126] TONG Q Y, GöSELE U. A model of low-temperature wafer bonding and its applications [J]. Journal of the electrochemical society, 1996, 143(5): 1773.

[127] LIAO G L, SHI T L, LIN X H , et al. Effect of surface characteristic on room-temperature silicon direct bonding [J]. Sensors actuators a: Physical, 2010, 158(2): 335-341.

[128] CHONG G, TAN C. PE-TEOS wafer bonding enhancement at low temperature with a high-κ dielectric capping layer of Al_2O_3 [J]. Journal of the electrochemical society, 2010, 158(2): H137.

[129] HAYASHI S, SANDHU R, WOJTOWICZ M, et al. Determination of wafer bonding mechanisms for plasma activated SiN films with x-ray reflectivity [J]. Journal of physics D: Applied physics,

2005, 38(10A): A174.

［130］BOSCO N, ZOK F. Critical interlayer thickness for transient liquid phase bonding in the Cu–Sn system [J]. Acta materialia, 2004, 52(10): 2965-2972.

［131］BOSCO N, ZOK F. Strength of joints produced by transient liquid phase bonding in the Cu–Sn system [J]. Acta materialia, 2005, 53(7): 2019-2027.

［132］LIU H, WANG K, AASMUNDTVEIT K, et al. Intermetallic compound formation mechanisms for Cu-Sn solid–liquid interdiffusion bonding [J]. Journal of electronic materials, 2012, 41(9): 2453-2462.

［133］LUU T T, DUAN A, AASMUNDTVEIT K E, et al. Optimized Cu-Sn wafer-level bonding using intermetallic phase characterization [J]. Journal of electronic materials,2013, 42(12): 3582-3592.

［134］DUAN A, LUU T T, WANG K, et al. Wafer-level Cu–Sn micro-joints with high mechanical strength and low Sn overflow [J]. Journal of micromechanics microengineering, 2015, 25(9): 097001.

［135］LUU T T, HOIVIK N, WANG K, et al. High-temperature mechanical integrity of Cu-Sn SLID wafer-level bonds [J]. Metallurgical materials transactions A, 2015, 46(11): 5266-5274.

［136］LUU T T. Solid liquid interdiffusion wafer-level bonding for MEMS packaging [D]. Kongsberg:Buskerud and Vestfold University College (HBV), 2015.

［137］WANG Y H, NISHIDA K, HUTTER M, et al. Low-temperature process of fine-pitch Au-Sn bump bonding in ambient air [J]. Japanese journal of applied physics, 2007, 46(4S): 1961.

［138］HIGURASHI E, KAWAI H, SUGA T, et al. Low-temperature solid-state bonding using hydrogen radical treated solder for optoelectronic and MEMS packaging [J]. ECS transactions, 2014, 64(5): 267.

［139］FAN A, RAHMAN A, REIF R. Copper wafer bonding [J]. Electrochemical solid state letters, 1999, 2(10): 534.

［140］LIU C M, LIN H W, HUANG Y S, et al. Low-temperature direct copper-to-copper bonding enabled by creep on (111) surfaces of nanotwinned Cu [J]. Scientific reports, 2015, 5(9):734.

［141］YANG W, AKAIKE M, FUJINO M, et al. A combined process of formic acid pretreatment for low-temperature bonding of copper electrodes [J]. ECS journal of solid state science technology, 2013, 2(6): P271.

[142] YANG W, AKAIKE M, SUGA T. Effect of formic acid vapor in situ treatment process on Cu low-temperature bonding [J]. IEEE transactions on components, packaging manufacturing technology, 2014, 4(6): 951-956.

[143] LIM D, WEI J, LEONG K, et al. Surface passivation of Cu for low temperature 3D wafer bonding [J]. ECS solid state letters, 2012, 1(1): P11.

[144] HSU S Y, CHEN H Y, CHEN K N. Cosputtered Cu/Ti bonded interconnects with a self-formed adhesion layer for three-dimensional integration applications [J]. IEEE electron device letters, 2012, 33(7): 1048-1050.

[145] CHEN H Y, HSU S Y, CHEN K N. Electrical performance and reliability investigation of cosputtered Cu/Ti bonded interconnects [J]. IEEE transactions on electron devices, 2013, 60(10): 3521-3526.

[146] HUANG Y P, CHIEN Y S, TZENG R N, et al. Novel Cu-to-Cu bonding with Ti passivation at 180℃ in 3D integration [J]. IEEE electron device letters, 2013, 34(12): 1551-1553.

[147] TOFTEBERG H R, SCHJøLBERG-HENRIKSEN K, FASTING E J, et al. Wafer-level Au-Au bonding in the 350-450℃ temperature range [J]. Journal of micromechanics microengineering, 2014, 24(8): 084002.

[148] MALIK N, SCHJøLBERG-HENRIKSEN K, POPPE E, et al. Al-Al thermocompression bonding for wafer-level MEMS sealing [J]. Sensors actuators a: Physical, 2014, 211(1): 15-20.

[149] MALIK N, SCHJøLBERG-HENRIKSEN K, POPPE E U, et al. Impact of SiO_2 on Al-Al thermocompression wafer bonding [J]. Journal of micromechanics microengineering, 2015, 25(3): 035025.

[150] MALIK N, POPPE E, SCHJøLBERG-HENRIKSEN K, et al. Environmental stress testing of wafer-level Al-Al thermocompression bonds: Strength and hermeticity [J]. ECS journal of solid state science, 2015, 4(7): P251.

[151] SHIGETOU A, ITOH T, MATSUO M, et al. Bumpless interconnect through ultrafine Cu electrodes by means of surface-activated bonding (SAB) method [J]. IEEE transactions on advanced packaging, 2006, 29(2): 218-226.

[152] SHIGETOU A, HOSODA N, ITOH T, et al. Room-temperature direct bonding of CMP-Cu film

for bumpless interconnection [C].Proceedings of the 2001 51st Electronic Components and Technology Conference, Orlando, 2001 .

[153] KIM T, HOWLADER M, ITOH T, et al. Room temperature Cu-Cu direct bonding using surface activated bonding method [J]. Journal of vacuum science technology a: Vacuum, surfaces,, 2003, 21(2): 449-453.

[154] SHIGETOU A, ITOH T, SUGA T. Direct bonding of CMP-Cu films by surface activated bonding (SAB) method [J]. Journal of materials science, 2005, 40(12): 3149-3154.

[155] SHIGETOU A, SUGA T. Modified diffusion bonding of chemical mechanical polishing Cu at 150℃ at ambient pressure [J]. Applied physics express, 2009, 2(5): 056501.

[156] SHIGETOU A, SUGA T. Modified diffusion bonding for both Cu and SiO_2 at 150℃ in ambient air [C]. Proceedings of the 2010 60th Electronic Components and Technology Conference (ECTC), Las Vegas Nevada, 2010.

[157] HIGURASHI E, IMAMURA T, SUGA T, et al. Low-temperature bonding of laser diode chips on silicon substrates using plasma activation of Au films [J]. IEEE photonics technology letters, 2007, 19(24): 1994-1996.

[158] OKUMURA K, HIGURASHI E, SUGA T, et al. Influence of air exposure time on bonding strength in Au-Au surface activated wafer bonding[C].Proceedings of the 2015 International Conference on Electronics Packaging and iMAPS All Asia Conference (ICEP-IAAC), Kyoto, 2015.

[159] SUGA T, TAKAHASHI Y, TAKAGI H, et al. Structure of Al-Al and Al-Si_3N_4 interfaces bonded at room temperature by means of the surface activation method [J]. Acta metallurgica et materialia, 1992, 40(1): 33-37.

[160] AKATSU T, HOSODA N, SUGA T, et al. Atomic structure of Al/Al interface formed by surface activated bonding [J]. Journal of materials science, 1999, 34(17): 4133-4139.

[161] SHIMATSU T, MOLLEMA R, MONSMA D, et al. Metal bonding during sputter film deposition [J]. Journal of vacuum science technology a: Vacuum, surfaces, films, 1998, 16(4): 2125-2131.

[162] SHIMATSU T, UOMOTO M. Atomic diffusion bonding of wafers with thin nanocrystalline metal films [J]. Journal of vacuum science technology b, nanotechnology microelectronics: Materials, processing, measurement, phenomena, 2010, 28(4): 706-714.

[163] SHIMATSU T, UOMOTO M. Room temperature bonding of wafers with thin nanocrystalline

metal films [J]. ECS transactions, 2010, 33(4): 61.

［164］SHIMATSU T, UOMOTO M, KON H. Room temperature bonding using thin metal films (bonding energy and technical potential) [J]. ECS transactions, 2014, 64(5): 317.

［165］GUEGUEN P, DI CIOCCIO L, GERGAUD P, et al. Copper direct-bonding characterization and its interests for 3D integration [J]. Journal of the electrochemical society, 2009, 156(10): H772.

［166］BAUDIN F, DI CIOCCIO L, DELAYE V, et al. Direct bonding of titanium layers on silicon [J]. Microsystem technologies, 2013, 19(5): 647-653.

［167］REBHAN B, PLACH T, TOLLABIMAZRAEHNO S, et al. Cu-Cu wafer bonding: An enabling technology for three-dimensional integration[C].Proceedings of the 2014 International Conference on Electronics Packaging (ICEP), Toyama,2014.

［168］REBHAN B, TOLLABIMAZRAEHNO S, HESSER G, et al. Analytical methods used for low temperature Cu-Cu wafer bonding process evaluation [J]. Microsystem technologies, 2015, 21(5): 1003-1013.

［169］PENG L, ZHANG L, FAN J, et al. Ultrafine pitch (6$\mu\hbox {m} $) of recessed and bonded Cu-Cu interconnects by three-dimensional wafer stacking [J]. IEEE electron device letters, 2012, 33(12): 1747-1749.

［170］LIM D, WEI J, LEONG K, et al. Cu passivation for enhanced low temperature ($\leqslant 300$ C) bonding in 3D integration [J]. Microelectronic engineering, 2013, 106(1): 44-48.

［171］SUGA T. Feasibility of surface activated bonding for ultra-fine pitch interconnection-A new concept of bump-less direct bonding for system level packaging [C].Proceedings of the 2000 50th Electronic Components and Technology Conference, Las Vegas Nevada, 2000.

［172］TONG Q Y. Room temperature metal direct bonding [J]. Applied physics letters, 2006, 89(18): 182101.

［173］ENQUIST P. Scalability and low cost of ownership advantages of direct bond interconnect (DBI®) as drivers for volume commercialization of 3D integration architectures and applications [J]. Materials research society symposia proceedings, 2009(1112): 28-121.

［174］TONG Q Y, FOUNTAIN JR G G, ENQUIST P M. Method for low temperature bonding and bonded structure:US9331149 [P].2009-10-22.

［175］TONG Q Y, ENQUIST P M, ROSE A S. Method for room temperature metal direct bonding:US6962835 [P].2005-11-08.

［176］ENQUIST P, FOUNTAIN G, PETTEWAY C, et al. Low cost of ownership scalable copper direct bond interconnect 3D IC technology for three dimensional integrated circuit applications[C].Proceedings of the 2009 IEEE International Conference on 3D System Integration, Las Vegas Nevada, 2009.

［177］ENQUIST P. Handbook of wafer bonding: Metal/silicon oxide hybrid bonding [M]. New Jersey: John Wiley & Sons, 2012: 261-278.

［178］LIN H, STEVENSON J, GUNDLACH A, et al. Direct Al-Al contact using low temperature wafer bonding for integrating MEMS and CMOS devices [J]. Microelectronic engineering, 2008, 85(5-6): 1059-1061.

［179］GOTO M, HAGIWARA K, IGUCHI Y, et al. 3-D silicon-on-insulator integrated circuits with NFET and PFET on separate layers using Au/SiO$_2$ hybrid bonding [J]. IEEE transactions on electron devices, 2014, 61(8): 2886-2892.

［180］DI CIOCCIO L, GUEGUEN P, TAIBI R, et al. An overview of patterned metal/dielectric surface bonding: Mechanism, alignment and characterization [J]. Journal of the electrochemical society, 2011, 158(6): P81.

［181］DI CIOCCIO L, MOREAU S, SANCHEZ L, et al. Cu-SiO$_2$ hybrid bonding [M]. New York:John Wiley & Sons, 2011:295-312.

［182］SHIGETOU A, SUGA T. Vapor-assisted surface activation method for homo-and heterogeneous bonding of Cu, SiO$_2$, and polyimide at 150 ℃ and atmospheric pressure [J]. Journal of electronic materials, 2012, 41(8): 2274-2280.

［183］LIU F, YU R, YOUNG A, et al. A 300mm wafer-level three-dimensional integration scheme using tungsten through-silicon via and hybrid Cu-adhesive bonding [C]. Proceedings of the 2008 IEEE International Electron Devices Meeting, San Francisco, 2008.

［184］MCMAHON J, LU J Q, GUTMANN R. Wafer bonding of damascene-patterned metal/adhesive redistribution layers for via-first three-dimensional (3D) interconnect[C]. Proceedings of the Electronic Components and Technology, 2005 ECTC'05, Las Vegas Nevada, 2005.

［185］TAKEDA K, AOKI M. 3D integration technology using hybrid wafer bonding and via-last TSV process[C]. Proceedings of the IEEE International Interconnect Technology Conference, San Jose,2014.

［186］SAKAI T, SAKUYAMA S, MIZUKOSHI M. A new flip-chip bonding method using ultraprecision cutting of metal/adhesive layers [J]. Microelectronics reliability, 2008, 11(3): 217-222.

[187] NIMURA M, MIZUNO J, SHIGETOU A, et al. Study on hybrid Au-underfill resin bonding method with lock-and-key structure for 3D integration [J]. IEEE transactions on components, packaging manufacturing technology, 2013, 3(4): 558-565.

[188] KO C T, HSIAO Z C, CHANG Y J, et al. A wafer-level three-dimensional integration scheme with Cu TSVs based on microbump/adhesive hybrid bonding for three-dimensional memory application [J]. IEEE transactions on device materials reliability, 2012, 12(2): 209-216.

[189] NIMURA M, MIZUNO J, SAKUMA K, et al. Solder/adhesive bonding using simple planarization technique for 3D integration [C].Proceedings of the 2011 IEEE 61st Electronic Components and Technology Conference (ECTC), Lake Buena Vista, 2011.

[190] HE R, FUJINO M, AKAIKE M, et al. Combined surface activated bonding using H-containing HCOOH vapor treatment for Cu/Adhesive hybrid bonding at below 200℃ [J]. Applied surface science, 2017, 414(1): 63-70.

[191] NIMURA M, MIZUNO J, SHOJI S, et al. Hybrid au-adhesive bonding using planar adhesive structure for 3D LSI [J]. IEEE transactions on components, packaging manufacturing technology, 2014, 4(5): 762-768.

[192] OHYAMA M, NIMURA M, MIZUNO J, et al. Evaluation of hybrid bonding technology of single-micron pitch with planar structure for 3D interconnection [J]. Microelectronics reliability, 2016, 59(1): 34-39.

[193] CHEN K N, KO C T, HSIAO Z C, et al. Adhesive selection and bonding parameter optimization for hybrid bonding in 3D integration [J]. Journal of nanoscience nanotechnology, 2012, 12(3): 1821-1828.

[194] CHANG Y J, KO C T, CHEN K N. Electrical and reliability investigation of Cu TSVs with low-temperature Cu/Sn and BCB hybrid bond scheme [J]. IEEE electron device letters, 2012, 34(1): 102-104.

[195] YAO M, FAN J, ZHAO N, et al. Simplified low-temperature wafer-level hybrid bonding using pillar bump and photosensitive adhesive for three-dimensional integrated circuit integration [J]. Journal of materials science: Materials in electronics, 2017, 28(12): 9091-9095.

[196] PARGFRIEDER S, KETTNER P, PRIVETT M, et al. Temporary bonding and debonding

enabling TSV formation and 3D integration for ultra-thin wafers [C]. Proceedings of the 2008 10th Electronics Packaging Technology Conference, Las Vegas Nevada, 2008.

［197］BIECK F, SPILLER S, MOLINA F, et al. Carrierless design for handling and processing of ultrathin wafers[C].Proceedings of the 2010 60th Electronic Components and Technology Conference (ECTC), Las Vegas Nevada, 2010.

［198］姜峰. 基于临时键合拿持技术的硅通转接板背面工艺优化研究[D]. 北京：中国科学院大学, 2016.

［199］王启冰. 用于硅/玻璃通孔转接板制造的薄晶圆拿持工艺研究 [D]. 北京：中国科学院大学, 2014.

［200］FARRENS S N, BISSON P, SOOD S, et al. Thin wafer handling challenges and emerging solutions [J]. ECS transactions, 2010, 27(1): 801.

［201］ANDRY P, BUDD R, POLASTRE R, et al. Advanced wafer bonding and laser debonding[C]. Proceedings of the 2014 IEEE 64th Electronic Components and Technology Conference (ECTC), Orlando, 2014.

［202］DEVELOPPEMENT Y. Wafer starts for more than moore applications [M]. England: SPTS Technologies Ltd, 2018.

［203］LAU J H. Overview and outlook of 3D IC packaging 3D Si integration and 3D IC integration [J]. Journal of electronic packaging, 2014, 136(4): 237-252.

［204］GARROU P, BOWER C, RAMM P. Handbook of 3D integration [M].New Jersey:John Wiley & Sons, 2011.

［205］BEICA R. Flip chip market technology trends[C].Proceedings of the 2013 Eurpoean Microelectronics Packaging Conference (EMPC), Grenoble,2013.

［206］LIU F, NAIR C, KUBO A, et al. Organic damascene process for 1.5μm panel-scale redistribution layer technology using 5μm-thick dry film photosensitive dielectrics [J]. IEEE transactions on components, packaging manufacturing technology, 2018, 8(5): 792-801.

［207］HUANG Y L, CHUNG C K, LIN C, et al. Challenges of large Fan out multi-chip module and fine Cu line space[C].Proceedings of the 2020 IEEE 70th Electronic Components and Technology Conference (ECTC), Lake Buena Vista, 2020.

［208］ABTEW M, SELVADURAY G. Lead-free solders in microelectronics [J]. Materials science engineering: R: Reports, 2000, 27(5-6): 95-141.

［209］RUHMER K, LAINE E, O'DONNELL K, et al. Alternative UBM structures for lead free solder bumping using C4NP[C].Proceedings of the 57th Electronic Components and Technology Conference, Sparks, 2007.

［210］MANESSIS D, PATZELT R, OSTMANN A, et al. Stencil printing technology for 100μm flip chip bumping [J]. Global SMT packaging, 2004, 4(2): 10-14.

［211］KAY R, DE GOURCUFF E, DESMULLIEZ M, et al. Stencil printing technology for wafer level bumping at sub-100 micron pitch using Pb-free alloys[C].Proceedings of the Electronic Components and Technology Conference, Lake Buena Vista,2005.

［212］LAU J, CHANG C. Taguchi design of experiment for wafer bumping by stencil printing[C]. Proceedings of the 2000 50th Electronic Components and Technology Conference, Las Vegas,2000.

［213］LAINE E, RUHMER K, PERFECTO E, et al. C4NP as a high-volume manufacturing method for fine-pitch and lead-free flipchip solder bumping[C].Proceedings of the 2006 1st Electronic Systemintegration Technology Conference, Dresden,2006.

［214］DANG B, SHIH D Y, BUCHWALTER S, et al. 50μm pitch Pb-free micro-bumps by C4NP technology[C]. Proceedings of the 2008 58th Electronic Components and Technology Conference, Lake Buena Vista, 2008.

［215］CHAWARE R, NAGARAJAN K, RAMALINGAM S. Assembly and reliability challenges in 3D integration of 28nm FPGA die on a large high density 65nm passive interposer[C]. Proceedings of the 2012 IEEE 62nd Electronic Components and Technology Conference, Lake Buena Vista, 2012.

［216］MARIA J, DANG B, WRIGHT S, et al. 3D chip stacking with 50μm pitch lead-free micro-c4 interconnections[C].Proceedings of the 2011 IEEE 61st Electronic Components and Technology Conference (ECTC), Lake Buena Vista,2011.

［217］MA H, KUNWAR A, SHANG S, et al. Evolution behavior and growth kinetics of intermetallic compounds at Sn/Cu interface during multiple reflows [J]. Intermetallics, 2018(96): 1-12.

［218］LAU J H. Recent advances and new trends in flip chip technology [J]. Journal of electronic packaging, 2016, 138(3): 030802.

［219］HUFFMAN A, LUECK M, BOWER C, et al. Effects of assembly process parameters on the structure and thermal stability of Sn-capped Cu bump bonds[C].Proceedings of the 2007 57th

Electronic Components and Technology Conference, San Diego, 2007.

［220］WANG J, WANG Q, WANG D, et al. Study on Ar (5% H2) plasma pretreatment for Cu/Sn/Cu solid-state-diffusion bonding in 3D interconnection[C].Proceedings of the 2016 IEEE 66th Electronic Components and Technology Conference (ECTC), Lake Buena Vista,2016.

［221］WANG J, WANG Q, WU Z, et al. Solid-state-diffusion bonding for wafer-level fine-pitch Cu/Sn/Cu interconnect in 3D integration [J]. IEEE transactions on components, packaging manufacturing technology, 2016, 7(1): 19-26.

［222］BERNSTEIN L. Semiconductor joining by the solid-liquid-inter diffusion (SLID) Process: I. The systems Ag-In, Au-In, and Cu-In [J]. Journal of the electrochemical society, 1966, 113(12): 1282.

［223］LUU T-T, DUAN A, AASMUNDTVEIT K E, et al. Optimized Cu-Sn wafer-level bonding based upon intermetallic characterization[C].Proceedings of the 4th Electronic System-Integration Technology Conference, Amsterdam, 2012.

［224］TAN C S, GUTMANN R J, REIF L R. Wafer level 3D ICs process technology [M]. Berlin: Springer Science & Business Media, 2009.

［225］WU Z, CAI J, WANG Q, et al. Wafer-level hermetic package by low-temperature Cu/Sn TLP bonding with optimized Sn thickness [J]. Journal of electronic materials, 2017, 46(10): 6111-6118.

［226］ZHAO H, LIU J, LI Z, et al. Non-interfacial growth of Cu_3Sn in Cu/Sn/Cu joints during ultrasonic-assisted transient liquid phase soldering process [J]. Materials letters, 2017 (186): 283-288.

［227］KAWAMOTO S, SUZUKI O, ABE Y. The effect of filler on the solder connection for no-flow underfill[C].Proceedings of the 56th Electronic Components and Technology Conference, San Diego,2006.

［228］NAH J W, GAYNES M A, FEGER C, et al. Development of wafer level underfill materials and assembly processes for fine pitch Pb-free solder flip chip packaging[C].Proceedings of the 2011 IEEE 61st Electronic Components and Technology Conference (ECTC), Lake Buena Vista,2011.

［229］NAGAMATSU T, HONJO K, EBISAWA K, et al. Use of non-conductive film (NCF) with nano-sized filler particles for solder interconnect: Research and development on NCF material and process characterization[C].Proceedings of the 2016 IEEE 66th Electronic Components and Technology Conference (ECTC), Las Vegas, 2016.

[230] KO C, HSIAO Z, CHANG Y, et al. Structural design, process, and reliability of a wafer-level 3D integration scheme with Cu TSVs based on micro-bump/adhesive hybrid wafer bonding[C].Proceedings of the 2012 IEEE 62nd Electronic Components and Technology Conference, San Diego, 2012.

[231] CHANG Y J, KO C T, HSIAO Z C, et al. Electrical investigation and reliability of 3D integration platform using Cu TSVs and micro-bumps with Cu/Sn-BCB hybrid bonding[C].Proceedings of the 2013 IEEE 63rd Electronic Components and Technology Conference, Las Vegas,2013.

[232] TAN C, REIF R, THEODORE N, et al. Observation of interfacial void formation in bonded copper layers [J]. Applied physics letters, 2005, 87(20): 201909.

[233] XIE L, WICKRAMANAYAKA S, CHONG S C, et al. 6um pitch high density Cu-Cu bonding for 3D IC stacking[C].Proceedings of the 2016 IEEE 66th Electronic Components and Technology Conference (ECTC), Las Vegas, 2016.

[234] CHEN K N, TAN C S, FAN A, et al. Morphology and bond strength of copper wafer bonding [J]. Electrochemical and solid state letters, 2003, 7(1): G14.

[235] YU R, LIU F, POLASTRE R, et al. Reliability of a 300mm-compatible 3DI technology based on hybrid Cu-adhesive wafer bonding[C].Proceedings of the 2009 Symposium on VLSI Technology, Kyoto,2009.

[236] HSIAO Z C, KO C T, CHANG H H, et al. Cu/BCB hybrid bonding with TSV for 3D integration by using fly cutting technology[C].Proceedings of the 2015 International Conference on Electronics Packaging and iMAPS All Asia Conference (ICEP-IAAC), Kyoto,2015.

[237] RAMM P, LU J J Q, TAKLO M M. Handbook of wafer bonding [M].New Jersey: John Wiley & Sons, 2011.

[238] HE R, FUJINO M, YAMAUCHI A, et al. Combined surface activated bonding technique for low-temperature Cu/dielectric hybrid bonding [J]. ECS journal of solid state science technology, 2016, 5(7): 419.

[239] LHOSTIS S, FARCY A, DELOFFRE E, et al. Reliable 300mm wafer level hybrid bonding for 3D stacked CMOS image sensors [C].Proceedings of the 2016 IEEE 66th Electronic Components and Technology Conference (ECTC), Las Vegas, 2016.

［240］ZHANG X, LIN J K, WICKRAMANAYAKA S, et al. Heterogeneous 2.5D integration on through silicon interposer [J]. Applied physics reviews, 2015, 2(2): 021308.

［241］CHIOU W C, YANG K F, YEH J L, et al. An ultra-thin interposer utilizing 3D TSV technology [C]. Proceedings of the 2012 Symposium on VLSI Technology (VLSIT), Honolulu, 2012.

［242］SABAN K. Xilinx stacked silicon interconnect technology delivers breakthrough FPGA capacity, bandwidth, and power efficiency [J]. Xilinx, white paper, 2011, 1(1): 1-10.

［243］SANTARINI M. Stacked and loaded: Xilinx SSI, 28-Gbps I/O yield amazing FPGAs [J]. Xcell journal, 2011, 74(1): 8-13.

［244］CHEN W, LIN C, TSAI C, et al. Design and analysis of logic-HBM2E power delivery system on CoWoS® platform with deep trench capacitor[C].Proceedings of the 2020 IEEE 70th Electronic Components and Technology Conference (ECTC),Orlando, 2020.

［245］赵璋, 童志义. 3D-TSV 技术——延续摩尔定律的有效通途[J]. 电子工业专用设备, 2011, 40(3): 10-6.

［246］HENRY D, CHARBONNIER J, CHAUSSE P, et al. Through silicon vias technology for CMOS image sensors packaging: Presentation of technology and electrical results[C]. Proceedings of the Electronics Packaging Technology Conference, Singapore, 2008.

［247］GAGNARD X, MOURIER T. Through silicon via: From the CMOS imager sensor wafer level package to the 3D integration [J]. Microelectronic engineering, 2010, 87(3): 470-476.

［248］SUKEGAWA S, UMEBAYASHI T, NAKAJIMA T, et al. A 1/4-inch 8Mpixel back-illuminated stacked CMOS image sensor[C].Proceedings of 2013 IEEE International Solid-State Circuits Conference Digest of Technical Papers (ISSCC),San Francisco,2013.

［249］安彤, 武伟, 秦飞. TSV 转接板等效材料计算[C]. 北京力学会第 18 届学术年会, 北京, 2012.

［250］WANG J, CARSON J K, NORTH M F, et al. A new approach to modelling the effective thermal conductivity of heterogeneous materials [J]. International journal of heat mass transfer, 2006, 49(17-18): 3075-3083.

［251］KIM L, SHIN M W. Thermal resistance measurement of LED package with multichips [J]. IEEE transactions on components packaging technologies, 2007, 30(4): 632-636.

［252］薛恺, 陈福平, 张晓燕, 等. 高深宽比硅通孔的 SAPS 兆声波清洗技术[J]. 半导体技术, 2014, 39(5): 377-382.

［253］ZOSCHKE K, WOLF J, LOPPER C, et al. TSV based silicon interposer technology for wafer level fabrication of 3D SiP modules[C].Proceedings of the 2016 IEEE 66th Electronic Components and Technology Conference (ECTC), Lake Buena Vista,2011.

［254］HENRY D, JACQUETF, NEYRET M, et al. Through silicon vias technology for CMOS image sensors packaging[C].Proceedings of the 2008 58th Electronic Components and Technology Conference, Lake Buena Vista, 2008.

［255］WAKABAYASHI H, YAMAGUCHI K, et al. A 1/2.3-inch 10.3 mpixel 50 frame/s back-illuminated CMOS image sensor[C].Proceedings of the 2010 IEEE International Solid-State Circuits Conference-(ISSCC), San Francisco,2010.

［256］PATTI R S. Three-dimensional integrated circuits and the future of system-on-chip designs [J]. Proceedings of the IEEE, 2006, 94(6): 1214-1224.

［257］TOSHIBA W/O AUHOR. Toshiba to enhance competitiveness in image sensor business by bringing manufacturing of CMOS camera modules for mobile phones in-house [EB/OL]. (2007-10-01)[2021-07-20].https://www.global.toshiba/ww/news/corporate/2007/10/pr0101.html.

［258］MA S, LIU Y, ZHENG F, et al. Development and reliability study of 3D WLCSP for automotive CMOS image sensor using TSV technology[C].Proceedings of the 2020 IEEE 70th Electronic Components and Technology Conference (ECTC), Orlando,2020 .

［259］ZHOU T, MA S, YU D, et al. Development of reliable, high performance WLCSP for BSI CMOS image sensor for automotive application [J]. Sensors, 2020, 20(15): 4077.

［260］ZHIYIXIAO. Development and reliability study of 3D WLCSP for CMOS image sensor using vertical TSVs with 3 ：1 aspect ratio [J]. Microsystem technologies, 2016, 23(10): 4879-4889.

［261］CHEN C, WANG T, YU D, et al. Reliability of ultra-thin embedded silicon fan-out (eSiFO) package directly assembled on PCB for mobile applications[C].Proceedings of the 2018 IEEE 68th Electronic Components and Technology Conference (ECTC), San Diego, 2018.

［262］CHEN C, YU D, WANG T, et al. Warpage prediction and optimization for embedded silicon fan-out wafer-level packaging based on an extended theoretical model [J]. IEEE transactions on components, packaging manufacturing technology, 2019, 9(5): 845-853.

［263］MA S, WANG J, ZHENG F, et al. Embedded silicon fan-out (eSiFO): A promising wafer level packaging technology for multi-chip and 3D system integration[C].Proceedings of the 2018 IEEE 68th Electronic Components and Technology Conference (ECTC), San Diego, 2018.

[264] YU D, HUANG Z, XIAO Z, et al. Embedded Si fan out: A low cost wafer level packaging technology without molding and de-bonding processes[C].Proceedings of the 2017 IEEE 67th Electronic Components and Technology Conference (ECTC), Orlando, 2017.

[265] MA S, CHANG J, WANG J, et al. Progress and applications of embedded system in chip (eSinC®) technology[C].Proceedings of the 2020 IEEE 70th Electronic Components and Technology Conference (ECTC), Orlando, 2020.

[266] BRUNNBAUER M, FURGUT E, BEER G, et al. An embedded device technology based on a molded reconfigured wafer[C].Proceedings of the 56th Electronic Components and Technology Conference 2006, San Diego, 2006.

[267] BRUNNBAUER M, MEYER T, OFNER G, et al. Embedded wafer level ball grid array (eWLB) [C].Proceedings of the 2008 33rd IEEE/CPMT International Electronics Manufacturing Technology Conference (IEMT), Penang,2008.

[268] HUNT J, DING Y, HSIEH A, et al. Synergy between 2.5/3d development and hybrid 3d wafer level fanout[C].Proceedings of the 2012 4th Electronic System-Integration Technology Conference, Amsterdam, 2012.

[269] SU A J, KU T, TSAI C H, et al. 3D-MiM (MUST-in-MUST) technology for advanced system integration[C]. Proceedings of the 2019 IEEE 69th Electronic Components and Technology Conference (ECTC), Las Vegas, 2019.

[270] SEKAR D C. 3D memory with shared lithography steps: The memory industry's plan to "cram more components onto integrated circuits [C].Proceedings of the 2014 SOI-3D-Subthreshold Microelectronics Technology Unified Conference (S3S), Millbrae, 2014 .

[271] MOORE G E. Lithography and the future of Moore's law [J]. InIntegrated circuit metrology, inspection, and process control IX, 1995(2439): 2-17.

[272] FEYNMANRP. The pleasure of finding things out[J]. Primary science review,2005, 89(1):8-10.

[273] SHARMA G. Design and development of multi-die laterally placed and vertically stacked embedded micro-wafer-level packages [J]. IEEE transactions on components, packaging and manufacturing technology, 2010, 1(1):52-59.

[274] LAU J H. Overview and outlook of through-silicon via (TSV) and 3D integrations [J]. Microelectronics international, 2011, 28(2): 8-22.

[275] KIM Y H, MA S W, KIM Y H. Chip to chip bonding using Cu bumps capped with thin Sn layers

and the effect of microstructure on the shear strength of joints [J]. Journal of electronic materials, 2014, 43(9): 3296-3306.

[276] AGARWAL R, ZHANG W, LIMAYE P, et al. Cu/Sn microbumps interconnect for 3D TSV chip stacking[C].Proceedings of the 2010 60th Electronic Components and Technology Conference (ECTC), Las Vegas, 2010 .

[277] HINER D, KIM D W, AHN S, et al. Multi-die chip on wafer thermo-compression bonding using non-conductive film[C]. Proceedings of the 2015 IEEE 65th Electronic Components and Technology Conference (ECTC), San Diego,2015 .

[278] GARROU P, KOYANAGI M, RAMM P. Handbook of 3D integration: 3D process technology [M]. Weinheim:Wiley-VCH Verlag GmbH, 2014.

[279] CUNNINGHAM S J, KUPNIK M. Wafer bonding [M]. Boston: Springer, 2011.

[280] LI Y, GOYAL D. 3D Microelectronic packaging: From architectures to applications [M]. Boston: Springer Nature, 2020.

[281] PRIOR B. 3D interconnect: The challenges ahead[J]. Additional conferences (device packaging, HiTEC, HiTEN, and CICMT), 2010(DPC):000380-000405.

[282] ELOY J C. Samsung 3D TSV stacked DDR4 DRAM [R]. Lyon-Villeurbanne: Yole Développement, 2015.

[283] TYSON M. Samsung begins mass production of 128GB DDR4 modules [EB/OL]. (2015-11-26)[2021-07-19]. https://hexus.net/tech/news/ram/88400-samsung-begins-mass-production-128gb-ddr4-modules/.

[284] BRASEN H. Memory cube er 15 gange hurtigere end nutidens RAM [EB/OL]. (2014-06-27)[2021-07-21].https://www.edbpriser.dk/artikler/memory-cube-er-15-gange-hurtigere-end-nutidens-ram.

[285] SHILOV A. SK Hynix: Customers willing to pay 2.5 times more for HBM2 memory [EB/OL].(2017-08-04)[2021-07-19].https://www.anandtech.com/show/11690/sk-hynix-customers-willing-to-pay-more-for-hbm2-memory.

[286] KIM J, KIM Y. HBM: Memory solution for bandwidth-hungry processors [C].The 2014 IEEE Hot Chips 26 Symposium (HCS), Cupertino, 2014.

[287] GARREFFA A. SK Hynix shows off HBM2 wafer at NVIDIA's GTC 2015 event [EB/OL]. (2015-03-19)[2021-07-21].https://www.tweaktown.com/news/44132/sk-hynix-shows-hbm-2-

wafer-nvidias-gtc-2015-event/amp.html.

［288］ GREEN D S, DOHRMAN C L, DEMMIN J, et al. Path to 3D heterogeneous integration[C]. Proceedings of the 2015 International 3D Systems Integration Conference (3DIC), Sendai, 2015.

［289］ SCOTT D. Diverse accessible heterogeneous integration (DAHI) foundry establishment at Northrop Grumman Aerospace Systems (NGAS) [J]. Proc IPRM, 2015,51(11): 1856-1859.

［290］ GUTIERREZ-AITKEN A, SCOTT D. Diverse accessible heterogeneous integration (DAHI) foundry at Northrop Grumman Aerospace Systems (NGAS) [J]. ECS transactions, 2017, 80(4): 125-134.

［291］LEE T C, CHANG Y S, HSU C M, et al. Glass based 3D-IPD integrated RF ASIC in WLCSP[C]. Proceedings of the 2017 IEEE 67th Electronic Components and Technology Conference (ECTC), Orlando,2017 .

［292］ BEYNE E, DE MOOR P, RUYTHOOREN W, et al. Through-silicon via and die stacking technologies for microsystems-integration [M]. New York: Ieee, 2008.

［293］ MALTA D, VICK E, LUECK M, et al. TSV-last, heterogeneous 3D integration of a SiGe BiCMOS beamformer and patch antenna for a W-band phased array radar [C].Proceedings of the 2016 IEEE 66th Electronic Components and Technology Conference, Los Alamitos, 2016.

［294］ DUREL J, BAKIR B B, JANY C, et al. First demonstration of a back-side integrated heterogeneous hybrid III-V/Si DBR lasers for Si-photonics applications[C]. Proceedings of the 2016 IEEE International Electron Devices Meeting (IEDM), San Francisco,2016.

［295］ DERAKHSHANDEH J, CAPUZ G, CHERMAN V, et al. 10 and 7 μm pitch thermo-compression solder joint, using a novel solder pillar and metal spacer process[C].Proceedings of the 2020 IEEE 70th Electronic Components and Technology Conference (ECTC), Orlando,2020.

［296］LI Y, GOYAL D. 3D microelectronic packaging: From fundamentals to applications [M]. Berlin: Springer Nature, 2017.

［297］TAN C S, LIM D F, SINGH S G, et al. Cu-Cu diffusion bonding enhancement at low temperature by surface passivation using self-assembled monolayer of alkane-thiol [J]. Applied physics letters, 2009, 95(19): 192108.

［298］PANIGRAHI A K, BONAM S, GHOSH T, et al. Ultra-thin Ti passivation mediated breakthrough in high quality Cu-Cu bonding at low temperature and pressure [J]. Materials letters, 2016,

169(2): 69-72.

[299] BONAM S, PANIGRAHI A K, KUMAR C H, et al. Interface and reliability analysis of Au-passivated Cu-Cu fine-pitch thermocompression bonding for 3D IC applications [J]. IEEE transactions on components, packaging manufacturing technology, 2019, 9(7): 1227-1234.

[300] HUANG Y P, CHIEN Y S, TZENG R N, et al. Demonstration and electrical performance of Cu-Cu bonding at 150℃ with Pd passivation [J]. IEEE transactions on electron devices, 2015, 62(8): 2587-2592.

[301] SHIGETOU A, ITOH T, SAWADA K, et al. Bumpless interconnect of 6-um-pitch Cu electrodes at room temperature [J]. IEEE transactions on advanced packaging, 2008, 31(3): 473-478.

[302] CHEN M, LIN C, LIAO E, et al. SoIC for low-temperature, multi-layer 3D memory integration[C]. Proceedings of the 2020 IEEE 70th Electronic Components and Technology Conference (ECTC), Orlando, 2020.

[303] COUDRAIN P, CHARBONNIER J, GARNIER A, et al. Active interposer technology for chiplet-based advanced 3D system architectures[C]. Proceedings of the 2019 IEEE 69th Electronic Components and Technology Conference (ECTC), Las Vegas, 2019.

[304] PRASAD C, CHUGH S, GREVE H, et al. Silicon reliability characterization of Intel's foveros 3D integration technology for logic-on-logic die stacking [C]. Proceedings of the 2020 IEEE International Reliability Physics Symposium (IRPS), Dallas,2020.

[305] LAU J H. Evolution and outlook of TSV and 3D IC/Si integration[C]. Proceedings of the 2010 12th Electronics Packaging Technology Conference, Singapore, 2010.

[306] 邓丹, 吴丰顺, 周龙早, 等. 3D 封装及其最新研究进展[J]. 微纳电子技术, 2010, 47(7): 443-450.

[307] 秦飞, 王珺, 万里兮, 等. TSV 结构热机械可靠性研究综述[J]. 半导体技术, 2012,37(11): 825-831.

[308] THOMPSON S E, SUN G, CHOI Y S, et al. Uniaxial-process-induced strained-Si: Extending the CMOS roadmap [J]. IEEE transactions on electron devices, 2006, 53(5): 1010-1020.

[309] SELVANAYAGAM C, ZHANG X, RAJOO R, et al. Modeling stress in silicon with TSVs and its effect on mobility [J]. IEEE transactions on components, packaging manufacturing technology, 2011, 1(9): 1328-1335.

[310] TAN Y, TAN C M, ZHANG X, et al. Electromigration performance of through silicon via

(TSV)-A modeling approach [J]. Microelectronics reliability, 2010, 50(9-11): 1336-1340.

[311] PAK J, PATHAK M, LIM S K, et al. Modeling of electromigration in through-silicon-via based 3D IC[C].Proceedings of the 2011 IEEE 61st Electronic Components and Technology Conference (ECTC), Lake Buena Vista, 2011.

[312] RANGANATHAN N, PRASAD K, BALASUBRAMANIAN N, et al. A study of thermo-mechanical stress and its impact on through-silicon vias [J]. Journal of micromechanics microengineering, 2008, 18(7): 075018.

[313] RANGANATHAN N, LEE D Y, YOUHE L, et al. Influence of Bosch etch process on electrical isolation of TSV structures [J]. IEEE transactions on components, packaging manufacturing technology, 2011, 1(10): 1497-1507.

[314] DUTTA I, KUMAR P, BAKIR M. Interface-related reliability challenges in 3D interconnect systems with through-silicon vias [J]. JOM, 2011, 63(10): 70.

[315] DE WOLF I, CROES K, PEDREIRA O V, et al. Cu pumping in TSVs: Effect of pre-CMP thermal budget [J]. Microelectronics reliability, 2011, 51(9-11): 1856-1859.

[316] KUMAR P, DUTTA I, BAKIR M. Interfacial effects during thermal cycling of Cu-filled through-silicon vias (TSV) [J]. Journal of electronic materials, 2012, 41(2): 322-335.

[317] PANG J, WANG J. The thermal stress analysis for IC integrations with TSV interposer by complement sector models [J]. Journal of electronic materials, 2014, 43(9): 3423-3435.

[318] MA H, YU D, WANG J. The development of effective model for thermal conduction analysis for 2.5 D packaging using TSV interposer [J]. Microelectronics reliability, 2014, 54(2): 425-434.

[319] BLACK J R. Electromigration—A brief survey and some recent results [J]. IEEE transactions on electron devices, 1969, 16(4): 338-347.

[320] BLACK J R. Electromigration failure modes in aluminum metallization for semiconductor devices [J]. Proceedings of the IEEE, 1969, 57(9): 1587-1594.

[321] BLECH I A. Electromigration in thin aluminum films on titanium nitride [J]. Journal of applied physics, 1976, 47(4): 1203-1208.

[322] ARZT E, NIX W D. A model for the effect of line width and mechanical strength on electromigration failure of interconnects with "near-bamboo" grain structures [J]. Journal of materials research, 1991, 6(4): 731-736.

［323］ VAN DRIEL W D, LIU C, ZHANG G, et al. Prediction of interfacial delamination in stacked IC structures using combined experimental and simulation methods [J]. Microelectronics reliability, 2004, 44(12): 2019-2027.

［324］ VAN DRIEL W, VAN GILS M, VAN SILFHOUT R B, et al. Prediction of delamination related IC & packaging reliability problems [J]. Microelectronics reliability, 2005, 45(9-11): 1633-1638.

［325］ VAN DRIEL W, ENGELEN R, MAVINKURVE A, et al. Virtual prototyping for PPM-level failures in microelectronic packages[C]. Proceedings of the EuroSimE 2009 10th International Conference on Thermal, Mechanical and Multi-Physics Simulation and Experiments in Microelectronics and Microsystems, Delft, 2009.

［326］ VAN DRIEL W, YANG D G, ZHANG G. On chip–package stress interaction [J]. Microelectronics reliability, 2008, 48(8-9): 1268-1272.

［327］ YALAMANCHILI P, BALTAZAR V. Filler induced metal crush failure mechanism in plastic encapsulated devices[C].Proceedings of the 1999 IEEE International Reliability Physics Symposium Proceedings 37th Annual, San Diego,1999.

［328］ DE WOLF I, DUFLOS F, VANDEVELDE B, et al. Impact induced metal-crush failures[C]. Proceedings of the 2007 14th International Symposium on the Physical and Failure Analysis of Integrated Circuits, San Jose,2007.

［329］ MAVINKURVE A, COBUSSEN H, VAN DRIEL W, et al. Assembly-chip interactions leading to PPM-level failures in microelectronic packages[C]. Proceedings of the 2009 European Microelectronics and Packaging Conference, Rimini, 2009.

［330］ WANG G, MERRILL C, ZHAO J H, et al. Packaging effects on reliability of Cu/low-k interconnects [J]. IEEE transactions on device materials reliability, 2003, 3(4): 119-128.

［331］ VAN DRIEL W. Facing the challenge of designing for Cu/low-k reliability [J]. Microelectronics reliability, 2007, 47(12): 1969-1974.

［332］ KUBO A, SHLAGER L, MARKS A R, et al. Prevention of vertical transmission of hepatitis b: An observational study [J]. Annals of internal medicine, 2014, 160(12): 828-835.

［333］ WANG G. Thermal deformation of electronic packages and packaging effect on reliability for copper/low-k interconnect structures [D]. Austin: University of Texas,2004.

［334］ MERCADO L L, GOLDBERG C, KUO S M. A simulation method for predicting packaging mechanical reliability with low κ dielectrics [M]. Burlingame:Citeseer, 2002.

[335] MERCADO L L, GOLDBERG C, KUO S M, et al. Analysis of flip-chip packagıng challenges on copper/low-k interconnects [J]. IEEE transactions on device materials reliability, 2003, 3(4): 111-118.

[336] LEE S W, JANG B W, KIM J K, et al. A study on the chip-package-interaction for advanced devices with ultra low-k dielectric[C].Proceedings of the 2012 IEEE 62nd Electronic Components and Technology Conference, San Diego, 2012.

[337] WEI H P, TSAI H Y, LIU Y W, et al. Chip-packaging interaction in Cu/very low-k interconnect[C]. Proceedings of the 2009 IEEE International Interconnect Technology Conference, Sapporo, 2009.

[338] UCHIBORI C J, ZHANG X, HO P S, et al. Chip package interaction and mechanical reliability impact on Cu/ultra low-k interconnects in flip chip package[C].Proceedings of the 2008 9th International Conference on Solid-State and Integrated-Circuit Technology, Beijing, 2008.

[339] ZHANG X, WANG Y, IM J H, et al. Chip-package interaction and reliability improvement by structure optimization for ultra low-κ interconnects in flip-chip packages [J]. IEEE transactions on device materials reliability, 2012, 12(2): 462-469.

[340] LEE M W, KIM J Y, KIM J D, et al. Below 45nm low-k layer stress minimization guide for high-performance flip-chip packages with copper pillar bumping [C].Proceedings of the 2010 60th Electronic Components and Technology Conference (ECTC), Las Vegas, 2010.

[341] WANG Y, LU K H, IM J, et al. Reliability of Cu pillar bumps for flip-chip packages with ultra low-k dielectrics[C].Proceedings of the 2010 60th Electronic Components and Technology Conference (ECTC), Las Vegas, 2010.

[342] GALLOIS-GARREIGNOT S, FIORI V, MOUTIN C, et al. Chip/package interactions on advanced flip-chip packages: Mechanical investigations on copper pillar bumping [C]. Proceedings of the 2012 4th Electronic System-Integration Technology Conference, Amsterdam, 2012.